Spurensuche
in der Brenzregion

Grußwort

Willkommen im Landkreis Heidenheim! Willkommen in der Brenz-region, einer einzigartigen Landschaft im GeoPark Schwäbische Alb. Einer Landschaft, die geradezu außergewöhnlich reich ist an faszinierenden natur- und kulturhistorischen Denkmälern.

Gemeinsam wollen wir Ihnen diese beeindruckende Vielfalt an „sprechenden" Zeitzeugen der Geschichte vorstellen. Und dazu haben wir ein außergewöhnliches Angebot ausgewählt.

Wir schicken Sie auf eine spannende Spurensuche!

Entdecken Sie in 17 ausgewählten Wandertouren einzigartige geologische Formationen wie das Felsenmeer, Karstquellen, Höhlen und Meteoritenkrater. Entdecken Sie bestens erhaltene keltische Grabhügel und Viereckschanzen. Wir laden Sie ein, Gebäude und Bauten der neuzeitlichen Geschichte aufzusuchen. Von eindrucksvollen Stadtmauern, die schon Kaiser Barbarossa beschützten, bis hin zu barocken Sakralbauten und geschichtsträchtigen Rathäusern. Sie erfahren dabei viel Wissenswertes über Denkmäler und deren Geschichte.

Und tauchen Sie ein in die Entstehungsgeschichte faszinierender Formationen der Geologie und Natur. Gönnen Sie sich eine „Auszeit" zum tieferen Erleben und Kennen lernen dieser Kleinode. Genießen Sie an vielen verborgenen Stellen eine famose Bilderbuch-Landschaft. Und lassen Sie mit diesem Band die wechselvolle Geschichte der Erde und der Menschen auf Schritt und Tritt lebendig werden.

Wir danken den vormaligen Volontären des Landesamtes für Denkmalpflege Dr. Sunhild Kleingärtner und Dr. Jörg Drauschke sehr herzlich für die präzise Erarbeitung und Beschreibungen der vorgestellten Wandertouren. Der Stabsstelle für Wirtschaftsförderung und Tourismus beim Landratsamt Heidenheim für die Koordination. Und den vielen freiwilligen Helfern für deren wertvolle Unterstützung.

Nun wünschen wir Ihnen mit diesem Band viel Spaß beim Entdecken der reizvollen historischen Kulturlandschaft im Landkreis Heidenheim.

Prof. Dr. Dieter Planck
Präsident des Landesamtes
für Denkmalpflege
Baden-Württemberg

Hermann Mader
Landrat
des Landkreises Heidenheim

Die Autoren

Dr. Sunhild Kleingärtner   Dr. Jörg Drauschke

Dr. Sunhild Kleingärtner, Jahrgang 1974, stammt aus Niedersachsen. Nach dem Studium der Ur- und Frühgeschichte, Klassischen Archäologie und Kunstgeschichte an der Universität Kiel Studienabschluss als Archäologin, anschließend Promotion und Wissenschaftliches Volontariat am Landesamt für Denkmalpflege Baden-Württemberg, derzeit als Wissenschaftliche Angestellte mit Forschung und Lehre an der Universität Kiel betraut.

Dr. Jörg Drauschke, Jahrgang 1973, stammt aus Ostwestfalen-Lippe. Nach dem Studium der Ur- und Frühgeschichte, Geologie und Mittelalterlichen Geschichte an den Universitäten Göttingen und Freiburg Studienabschluss als Archäologe, anschließend Promotion und Wissenschaftliches Volontariat am Landesamt für Denkmalpflege Baden-Württemberg, derzeit Wissenschaftlicher Angestellter am Römisch-Germanischen Zentralmuseum Mainz.

Im Rahmen ihres Wissenschaftlichen Volontariates beim Landesamt für Denkmalpflege im Regierungspräsidium Stuttgart entstand die Idee, Elemente der historischen Kulturlandschaft, die heute noch in der Landschaft ablesbar sind, für Wanderer erlebbar zu machen. Die Kombination aus Wandern und Besichtigung von Kulturdenkmälern entspricht dem Interessensgebiet der Autoren. Die Textgrundlage sowie ein Teil der Fotografien stammen von ihnen.

Verfasser des geologischen Teils:
Hermann Huber, Jahrgang 1936, stammt aus Giengen an der Brenz. Nach dreijährigem Studium der Geologie in Tübingen 1959 Wechsel zum Studium für das Lehramt. Zuletzt bis 2000 als Oberstudienrat am Heidenheimer Werkgymnasium.

Alle Routen und Beschreibungen wurden von den Autoren des Buches Dr. S. Kleingärtner und Dr. J. Drauschke erstellt und selbst erwandert, von den freiwilligen Helfern getestet und korrigiert. Trotzdem konnten wir bestimmt nicht fehlerfrei arbeiten und nehmen deshalb gerne Kritik, Anregungen und Verbesserungsvorschläge entgegen:

Landratsamt Heidenheim • Wirtschaftsförderung und Tourismus
Felsenstr. 36 • 89518 Heidenheim • Tel. 07321 321-593
E-Mail: wiftour@landkreis-heidenheim.de

Handhabungshinweise

Ein paar Worte vorneweg

Sie halten hier ein sehr umfangreiches Werk in den Händen, mit dem es gelingen soll, Ihnen während der Wanderung oder bei der Vorbereitung die historische Kulturlandschaft näher zu bringen, in der Sie sich bewegen.

Nachdem wir Ihnen etwas über den **GeoPark Schwäbische Alb** und seine Auszeichnungen erklärt haben, lädt Sie der **Einführungsteil** zu einer zusammenfassenden *Zeitreise* durch die abwechslungsreiche *Entwicklungsgeschichte* der Brenzregion im Landkreis Heidenheim ein.

Der erste Teil **„Erde"**, eine Darstellung der *erdgeschichtlichen und geologischen Entwicklungen* über viele Millionen Jahre, soll Ihnen näher bringen, wie manche Landschaftsform, durch die Sie wandern werden, entstanden ist.

Die im zweiten Teil **„Menschen"** folgende (Ur-)Geschichte erläutert die verschiedenen *Entwicklungsstufen der Menschheit* bis in die Neuzeit, wie und wo sie in dieser Region ihre Spuren hinterlassen hat.

Da aber die *architekturgeschichtlichen Zeugnisse* einen weiteren Schwerpunkt des Buches bilden, erhalten Sie im dritten Teil **„Mauern"** die wichtigsten Informationen hierzu.

Zur besseren zeitlichen Orientierung finden Sie auf der hinteren Umschlagseite **Zeittafeln**.

Im **Tourenteil** können Sie in *17 ausgewählten Wandertouren* die natur- und kulturhistorischen Besonderheiten der elf Städte und Gemeinden des Landkreises Heidenheim sowie einiger benachbarter Gebiete kennen lernen. Auf den Touren werden Sie gezielt zu ausgewählten Denkmälern geführt. Die Routen richten sich dabei nicht nur nach Wegen, die im Gelände ausgeschildert sind. Sie verbinden vielmehr ausgewählte Denkmäler der Natur- und Kulturlandschaft auf zum Wandern geeigneten Wegen.

Detaillierte Wegbeschreibungen und entsprechende Kartenausschnitte in den beigefügten **Flyern** (TK 1: 25 000) ermöglichen eine einfache Orientierung im Gelände.
Wir weisen jedoch darauf hin, dass in den zu Grunde liegenden Karten nicht alle Wege und Pfade erfasst sind.

Die Längen der Wandertouren variieren zwischen ungefähr 6 und 17 Kilometer. Bei langen Touren werden Abkürzungsmöglichkeiten angeboten. Um sich auf die Spurensuche nach den Denkmälern zu begeben und etwas über sie zu erfahren, planen Sie einiges mehr an Zeit ein. Die Touren sind bis auf wenige Ausnahmen frei von größeren Steigungen.

Handhabungshinweise

Die in den Wäldern gelegenen Geländedenkmäler sind im Vergleich zu denen in ackerbaulich genutzten Gebieten besonders gut erhalten. Um diese aufzufinden, braucht es zuweilen neben einem geschulten Auge auch die Bereitschaft und den Mut, die beschriebenen Wegenetze kurzfristig zu verlassen, um auf eigene Faust nach Überresten von Grabhügeln oder Wallanlagen zu suchen. Bei entsprechendem Bewuchs kann die Suche jedoch manches mal aussichtslos erscheinen und Sie müssen sich dann mit der Vorstellung begnügen. Spannend ist es allemal. Beachten Sie dabei bitte auch die Bestimmungen und Betretungsverbote in Naturschutzgebieten.

Mehrere kulturhistorisch wertvolle Wohnhäuser und Schlösser befinden sich heute in Privatbesitz und sind daher nicht immer zugänglich. Einige der beschriebenen Kirchen sind außerhalb der Gottesdienstzeiten nicht immer geöffnet. Sollten Sie Interesse an einer Besichtigung haben, nehmen Sie bitte vorher Kontakt mit dem zuständigen Pfarr- oder Gemeindehaus auf. Die Türen werden Ihnen gerne geöffnet.

Viele Hintergrundinformationen stellen wir Ihnen in den so genannten **Wissenswert-Blöcken** bereit. Dabei wird auch immer wieder auf andere Touren verwiesen. Die erste Ziffer gibt die Tour an.

Im **Infoteil** finden Sie das *Glossar* mit einer Erläuterung zu einzelnen Fachbegriffen, einen *Literaturhinweis* sowie eine Zusammenstellung von *hilfreichen Informationen*.

17 Tourenflyer

Dem Begleitbuch sind zu jeder Tour **Flyer** beigefügt.

Darin finden Sie:
- den Ausschnitt einer Wanderkarte im Maßstab 1:25.000 (Grundlage: topographische Karte 1:50.000, Landesvermessungsamt Baden-Württemberg) mit eingezeichneter Streckenführung, Denkmalstationen und weiterer hilfreichen Infos
- die Streckenbeschreibung
- Infos zu Einkehr, Übernachtung, Museen, Entspannung und Freizeittipps in der näheren Umgebung
- Einkaufsmöglichkeiten bei Direktvermarktern

Erkundigen Sie sich vor der Wanderung nach den Öffnungszeiten der Gastronomiebetriebe. Denken Sie an ausreichend Getränke und Proviant. Denn so manche landschaftlich faszinierende Ecke lädt zu einer erholsamen Vesperpause ein.

Wir wünschen Ihnen viel Spaß bei der Suche nach den Spuren der historischen Kulturlandschaft in der Brenzregion im Landkreis Heidenheim.

GeoPark Schwäbische Alb

„Jurassic Park live"
National – Europäisch und UNESCO – ausgezeichnet

Weltweit werden seit einigen Jahren geowissenschaftlich bedeutsame Gegenden als Geoparks zusammengefasst und mit dem Gütesiegel ausgezeichnet. Es handelt sich um Landschaften mit besonderem geologischem Naturerbe, aber auch mit archäologischem, ökologischem, historischem und kulturellem Erbe. Wegen ihrer einzigartigen, über Jahrmillionen natürlich gewachsenen Landschaft wurde der Schwäbischen Alb das nationale Gütesiegel im Jahr 2002 verliehen und 2004 mit dem Europäischen und Unesco-Siegel gekürt.

GeoParks sollen ein Instrument sein, das Erbe der Erdgeschichte zu erkennen und zu bewahren, und die Öffentlichkeit für ein ausgewogenes Verhältnis zwischen Mensch und Planet Erde zu sensibilisieren. Als Alleinstellungsmerkmal trägt das Siegel insbesondere zur Förderung des Tourismus bei.

Die Landschaft der Schwäbischen Alb bietet unverwechselbar spannende Einblicke in 200 Millionen Jahre Erdgeschichte. Als höhlenreichste Landschaft Deutschlands bot die Alb beispielsweise bereits den Tieren der Eiszeit besondere Lebensräume, die auch die steinzeitlichen Menschen für sich nutzten. Sie haben dazu beigetragen, dass die Schwäbische Alb mit den ältesten bekannten Kunstwerken und Musikinstrumenten der Menschheit zurecht als eine der Wiegen menschlicher Kultur betrachtet werden kann.
Der ungewöhnliche, fossilreiche „Jurassic GeoPark Schwäbische Alb" enthält Fundstellen von weltweiter Bedeutung und man begegnet Landschaftsformationen von unglaublicher Vielfalt.

In den Wandertouren dieses Buches werden Sie all dieser Vielfalt begegnen und hier wie auch in den GeoPark-Infostellen Höhlen-Haus Giengen-Hürben, Meteorkratermuseum Steinheim, Riffmuseum Gerstetten, Burg Katzenstein und Info-Station zur Höhle des Löwenmenschen Lindenau über die geologischen und erdgeschichtlichen Besonderheiten informiert.

Kulturlandschaft – was ist das?

Während der Begriff „Kulturlandschaft" in unterschiedlichen Zusammenhängen verwendet wird, gehen wir in unserem Buch von folgenden Definitionen aus: „Naturlandschaft" bezeichnet die natürliche, nicht vom Menschen geprägte Umwelt. „Kulturlandschaft" ist das Ergebnis von Nutzung und Umgestaltung naturräumlicher Gegebenheiten durch den Menschen. Solange es Menschen gibt, die gestaltend in die Natur eingreifen, wird es auch eine Kulturlandschaft geben. Durch die dichte Besiedlung und flächendeckende Erschließung der Natur ist in Mitteleuropa heutzutage so gut wie keine natürliche, sondern nur noch eine kulturlandschaftlich geprägte Umwelt vorhanden. In der Frühzeit des Menschen dominierte die Umwelt. Der Mensch passte sich den natürlichen Gegebenheiten an. Er suchte bereits vorhande Höhlen und Felsvorhänge auf, sammelte und jagte, was die Natur bereit hielt. Durch Feuer und Kleidung versuchte er sich vor den Unwirtlichkeiten der Natur zu schützen. Seit dem Neolithikum, dass heißt seit dem Zeitpunkt, als der Mensch sesshaft wurde und erstmals an bestimmten Orten Ackerbau und Viehzucht betrieb, griff er in die Umwelt ein. Sein Ziel: Die Lebensgrundlagen zu verbessern.

Um dauerhafte Siedlungen sowie Weide und Ackerflächen anlegen zu können, wurden Wälder gerodet. Die Umwelt wurde damit durch den Menschen aktiv verändert, um sie seinen Bedürfnissen anzupassen. Durch die Umgestaltung von Naturlandschaften entstanden Kulturlandschaften, die im Laufe der Zeit von nachfolgenden Siedlergenerationen wiederholt verändert wurden.

Im heutigen Landschaftsbild zeigt sich die Jahrtausende lange Besiedlungsgeschichte des Menschen mal deutlicher, mal weniger deutlich. Wälder bieten den Geländedenkmälern häufig Schutz vor Zerstörung. Gefährdet sind dagegen Elemente der Kulturlandschaft, die in Neubaugebieten oder Arealen intensiv betriebener Landwirtschaft gelegen sind. Besonders starke Veränderungen erfolgten im Zusammenhang mit der Industrialisierung, der Verstädterung sowie des wachsenden Verkehrs und seiner Technologien im 19. Jahrhundert. Da die Umgestaltung durch den Menschen in Wechselwirkung mit den naturräumlichen Gegebenheiten erfolgt, finden sich regionale Unterschiede in Wirtschafts- und Lebensweisen. Die Veränderungen können unterschiedliche Gründe haben: religiöse, politische, soziale oder wirtschaftliche. Beispiele hierfür sind etwa imposante Grabhügel, prachtvolle Bauten oder auch planerisch gestaltete Parks und Gärten. Anhand dieser Hinterlassenschaften verschiedener Generationen lassen sich oft sehr deutlich historische Vorgänge ablesen. Der Zusammenschluss aller Zeugnisse, vorwiegend historischer, archäologischer, kunst- und kulturhistorischer Art, die einer abgeschlossenen Geschichtsepoche angehören, wird als „historische Kulturlandschaft" bezeichnet.

Wissenswert

Einführung

Teil 1
Erde

erfahren
erleben
entdecken

Teil 1 – Erde

Spuren der Erdgeschichte – Geologische Grundlagen

Kontinente zerbrechen – Meere entstehen

Die Schwäbische Alb baut sich ganz überwiegend aus Gesteinen auf, die in der Jurazeit vor etwa 206 bis 142 Millionen Jahren entstanden sind. Die erdgeschichtliche Epoche des Jura ist geprägt von gewaltigen geologischen Umsetzungen. Der Riesenkontinent Pangäa, der fast alle damals vorhandenen Landmassen umfasste und in der Permzeit vor rund 270 Millionen Jahren entstanden war, begann in dieser Zeit zu zerbrechen und in Stücke auseinander zu driften. Zwischen Europa und Amerika entstand der Atlantik, zwischen Europa und Afrika ein Vorläufer des Mittelmeers, das Tethysmeer.

Das germanische Jurameer

In Mitteleuropa, das während der 60 Millionen Jahre dauernden Pangäazeit fast flächendeckend zum Festland gehörte, wurden nun die meisten Gebiete zu einem flachen Randmeer der neu entstehenden Ozeane. Auch Südwestdeutschland wurde Teil dieses „germanischen" Meeres. Daraus geht hervor, dass die Juragesteine der Alb insgesamt Meeressedimente sind, oft mit einem erstaunlichen Reichtum an marinen Tierfossilien. Während des Unter- und Mitteljura (= Schwarzer und Brauner Jura) bestand eine Verbindung zum nördlichen Atlantik, während nach Süden zur Tethys hin eine Landbarriere bestand, das „Vindelizische Land". Im Jurameer dieser Zeit wurden in einem gemäßigten Klima vor allem Tonsteine, Mergel und Sandsteine abgelagert, nur ganz selten Kalksteine. Die Gesteine aus dieser Zeit bilden heute das Albvorland, die Albvorberge und den Fuß des Albtraufs.

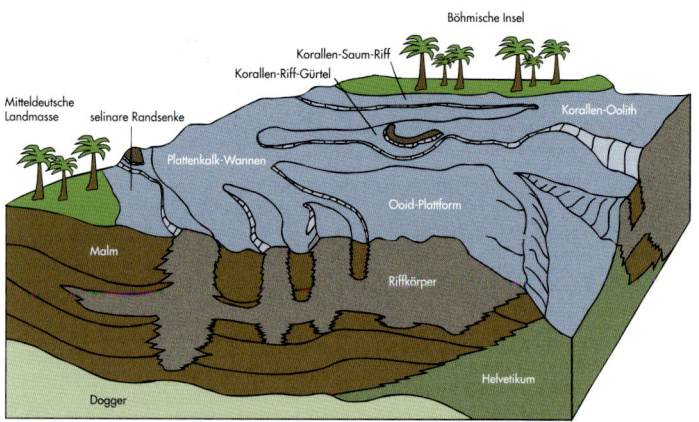

Landschaft rund um den Steinbruch Vohenbronnen – vor 140 Millionen Jahren.
Grafik: Zementwerk Schelklingen.

Die Juragesteine, die am Albtrauf selbst und auf der Albhochfläche, also auch im Kreis Heidenheim anstehen, sind im Oberjura (= Weißjura) entstanden, vor etwa 155 bis 142 Millionen Jahren, unter ganz anderen Bedingungen. Die Verbindung des germanischen Meers zum Nordatlantik wurde geschlossen. Gleichzeitig wurde durch Absinken

der vindelizischen Landbarriere eine breite Verbindung zum tropischen Tethysmeer geöffnet. In einem viel wärmeren flachen Schelfmeer entstanden nun vorwiegend Kalksteine, daneben aber auch Mergelgestein, das eine Mischung aus Ton und Kalk ist. Wirtschaftlich wichtig ist etwa der Zementmergel des obersten Weißjura, der auch im Kreis Heidenheim bei Mergelstetten abgebaut wird. Die Mergelgesteine wurden zum Teil zeitlich alternierend, zum Teil zeitgleich mit den Kalksteinen abgelagert. Die Kalksteine treten uns auf der Alb in zwei sehr verschiedenen Erscheinungsformen entgegen. Es gibt normal abgelagerte und deshalb gut geschichtete Bankkalke. In dem warmen Oberjurameer kam es aber auch großflächig zu Riffbildungen aus Kalk- und Kieselschwämmen, Kalkalgen und Bakterienkolonien, die sich schon damals buckelartig über den Meeresgrund erhoben. Sie treten uns heute auch im Kreis Heidenheim in vielen Steinbrüchen zum Beispiel bei Burgberg und im Waibertal als mächtige Massenkalke ohne jede Schichtung entgegen. Besonders verhärtete Partien dieser Massenkalke sind am Albtrauf und an den Hängen der Albtäler als imposante Felsformationen herausgewittert (Touren 1, 2, 12 und 14). Ganz am Ende der Jurazeit (Weißjura Zeta) war das Meer im Bereich der heutigen Ostalb an manchen Stellen so flach geworden, dass auch Korallenriffe entstehen konnten.
(Touren 5 und 11).

Steinbruch Mergelstetten, links: Mergel und geschichteter Kalk, rechts unten: Massenkalk (Foto: M. Suckut)

Tertiärzeit - Molassezeit
Noch vor dem Ende der Jurazeit verschwand das Meer aus Südwestdeutschland. Festländisch geworden waren die Juragesteine von nun an der Verwitterung und Abtragung ausgesetzt. In weiten Teilen der Schwäbischen Alb hält dieser Prozess seit der auf den Jura folgenden Kreidezeit, also seit etwa 142 Millionen Jahren, ununterbrochen an. Nur auf der südlichen Alb gab es während der Tertiärzeit eine „kurze" Unterbrechung von etwa 20 Millionen Jahren. Im Zusammenhang mit der Aufschiebung der Alpen entstand im nördlichen Alpenvorland ein Becken, das mit Abtragungsschutt aus den Alpen, in geringerem

Maße auch von der Alb, aufgefüllt wurde. Diese Füllung wird als Molasse bezeichnet. Für eine Zeit von etwa 20 Millionen Jahren wurde die südliche Alb in das Ablagerungsgebiet des Molassetrogs einbezogen. In der unteren und oberen Süßwassermolasse stammen die Ablagerungen von Flüssen und Seen: Kiese, Sande, Tone und Süßwasserkalke. Dazwischen wurde der Molassetrog aber für 6 Millionen Jahre zu einem Meeresbecken: Es entstand eine Meeresmolasse mit entsprechenden Fossilien. Auf der Alb schuf die Brandung dieses Molassemeers im Juragestein eine Steilküste, die so genannte Klifflinie, die auch in der heutigen Landschaft an vielen Stellen als Geländestufe erkennbar ist. Besonders gut aufgeschlossen ist das Kliff bei Heldenfingen und im benachbarten Altheim, wo im Juramassenkalk eine Brandungshohlkehle und viele Löcher von Bohrmuscheln zu sehen sind (Tour 11).

Eine Katastrophe aus dem Weltall

Im Tertiär, vor etwa 15 Millionen Jahren, entstand auch eine andere geologische Ausnahmeerscheinung, das Steinheimer Becken. Wie sein Pendant, das Nördlinger Ries, wurde es durch einen Meteoriteneinschlag geschaffen. Die Wucht des Aufpralls hat die anstehenden Gesteinsmassen in weitem Umkreis zertrümmert und zerrüttet, und die zurückfedernde Kruste hat in einem Zentralhügel Gesteine tief aus dem Untergrund (Mitteljura) an die Oberfläche gebracht. Der entstandene Krater von etwa 3,5 Kilometer Durchmesser füllte sich mit Wasser zu einem See, in dessen Ablagerungen eine ganz eigene Floren- und Faunengesellschaft fossil erhalten ist. Diese ist im Meteorkratermuseum Steinheim, Ortsteil Sontheim, zu besichtigen (Tour 9).

Verkarstung – Höhlen entstehen – Flüsse verschwinden

Aus der Tertiärzeit stammen auch die ältesten Spuren der Verkarstung auf der Schwäbischen Alb. Verkarstung ist auf dem Festland typisch für alle Gebiete, deren Untergrund aus Kalkstein besteht. Der Grund dafür ist, dass Kalk im Gegensatz zu den meisten anderen Gesteinen in Wasser im geringen Maße löslich ist, vor allem, wenn dieses Kohlendioxid enthält. Überall, wo Niederschlag fällt, sickert das Wasser zuerst durch den Boden und dann durch die natürlichen Klüfte und Fugen im Gestein zu den Quellen, wo es wieder zutage treten kann. Im Boden wird das Wasser immer mit Kohlendioxid aus Verwesungsprozessen angereichert. Sickert es dann durch Kalkgestein, werden die Klüfte und Fugen durch Auflösung und Wegführen von Kalk erweitert. Diesen Vorgang nennt man Verkarstung.

Flaches Relief (⟶ geringe Hebung): Flache Verkarstung – kleine unterirdische Gerinne.

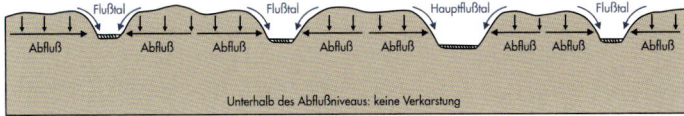

Tiefes Relief (⟶ starke Hebung): Tiefe Verkarstung – große unterirdische Gerinne.

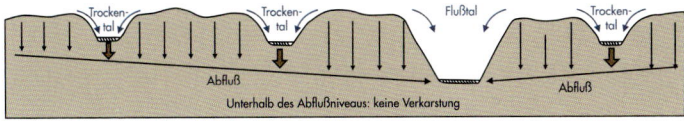

Abbildung: H. Huber aus „Lonetal – Lohnendes Tal" 1996

Für die Entwicklung der Landschaft hat dies weitreichende Folgen. Das Gestein wird immer wasserdurchlässiger, immer mehr Niederschlagswasser fließt nicht oberflächlich, sondern durch das Gestein ab, wodurch noch mehr Kalk gelöst werden kann. So ist die Verkarstung mindestens für einige Zeit ein sich selbst verstärkender Prozess. Es entsteht ein zusammenhängendes Netz von senkrechten Spalten und horizontalen Röhren. Das Endstadium ist ein System von großen Höhlen, in dem ein unterirdisches Gewässernetz das gesamte Niederschlagswasser zu einigen wenigen großen Karstquellen in den Tälern transportiert. Kleinere höher gelegene Quellen versiegen, die Hochflächen werden immer trockener. Mit der Eintiefung der Täler sinkt auch das unterirdische Abflusssystem auf tiefere Niveaus ab. Dort entstehen neue Höhlen, die höher gelegenen fallen trocken. Durch die Abtragung an den Talhängen können sie zugänglich werden, im Kreis Heidenheim zum Beispiel die Charlottenhöhle (Tour 15), die Schreiberhöhle (Tour 2) und andere Höhlen mit archäologisch wichtigen Fundstellen finden sich vor allem im Lonetal (Tour 14) und im Eselsburger Tal (Tour 12).

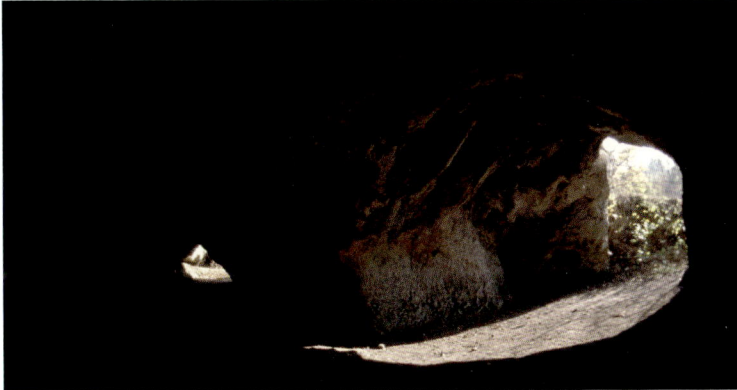

Vogelherd-Höhle (Tour 14; Foto: Dr. Bayer)

Typisch: Trockentäler

Die Absenkung der unterirdischen Abflusssysteme ist auch die Ursache für die Entstehung der Trockentäler, die ein typisches Landschaftselement aller Karstgebiete sind. Bei raschen tektonischen Hebungen, wie sie die Alb in den letzten fünf Millionen Jahren erlebt hat, tiefen sich auch die Fließgewässer sehr rasch ein, wobei sich die großen Flüsse – auf der Ostalb die Brenz – rasch einen Vorsprung zu den kleineren Flüssen in den Seitentälern erarbeiten. Dadurch entsteht zwischen deren Quelle und dem Hauptfluss ein stärkeres Gefälle, das sich auch unterirdisch auswirkt. Durch den oben beschriebenen Verkarstungsprozess kann immer mehr Wasser aus den Seitentälern direkt durch das Gestein zum Haupttal fließen. Die Quellen der Nebenflüsse bekommen immer weniger Wasser und versiegen schließlich ganz. Auf der Ostalb ist dieses Phänomen sehr ausgeprägt: Ständig wasserliefernde Quellen gibt es fast nur im Kocher- und Brenztal, etwa den Brenztopf und die Pfefferquelle in Königsbronn (Tour 3) Alle größeren Seitentäler sind heute Trockentäler, wie zum Beispiel. das Wental (Touren 1 und 2), das Krätzental (Tour 4), das Stubental (Tour 9), das Ugental (Tour 10).

Noch nicht ganz abgeschlossen ist dieser Vorgang im Hungerbrunnental. Wenn der unterirdische Karstwasserspiegel nach einer starken Schneeschmelze ansteigt, tritt am Hungerbrunnen für längere Zeit Wasser aus (Tour 11). Ein anderer Sonderfall ist das Lonetal, das in seinem oberen Teil ständig Wasser führt, gespeist durch eine starke Karstquelle in Ursspring. In normalen Niederschlagsjahren versickert aber die Lone bei Breitingen im Karst, das Wasser fließt unterirdisch zur tiefer gelegenen Quelle der Nau bei Langenau. Im Kreis Heidenheim führte die Lone bis vor kurzem nur in besonders feuchten Jahren Wasser. Heute wird allerdings aus den Kläranlagen einiger Dörfer so viel Wasser in die Lone geleitet, dass sie wieder ganzjährig bis in das Hürbetal und damit in die Brenz fließt (Touren 13, 14 und 15).

Hungerbrunnen (Tour 11; Foto: Helga Winkler)

Löcher in der Erde

Auffällige Landschaftselemente in Karstgebieten sind auch trichterartige oder wannenförmige Vertiefungen im Boden, die so genannten Dolinen (Tour 1). Im einfachsten Fall sind sie durch den Einsturz oberflächennaher Höhlen entstanden, in anderen Fällen durch die Erweiterung von Karstspalten oder Spaltensystemen durch Lösung des

Kalkgesteins. So oder so sind sie Orte, in denen das Oberflächenwasser durch größere Öffnungen – manchmal als Schlucklöcher sichtbar – direkt in das Karstsystem fließen kann. Das Wasser kann deshalb nicht nur den gelösten Kalk, sondern auch Gesteinspartikel, die an der Oberfläche als Verwitterungsprodukte entstehen (Lehm) und normalerweise nur durch Flüsse und Bäche abtransportiert werden, durch das Karstsystem wegschaffen. Auf diese Weise können sich die Dolinen ständig vergrößern. Hält dieser Prozess lange genug an, kann aus einer oder mehreren Dolinen ein viele Kilometer großes, oberirdisch abflussloses Becken entstehen. Auf der Ostalb liegt Ebnat in einer solchen „Karstwanne".

Dolinen bei Zang (Tour 1)

Gefüllt mit Schätzen des Bodens

Viele Dolinen und Karstwannen wurden aber auch mangels ausreichender Abflusskapazität von den Verwitterungsprodukten zusedimentiert und aufgefüllt. Diese Produkte bestehen aus den unlöslichen Bestandteilen der Gesteine, die beim Lösen der Kalke übrig geblieben sind: Ton, Eisenverbindungen, oft auch Feuersteine. Manchmal enthalten solche Lehme Fossilien, mit denen sie datiert werden können, die ältesten in die Mitte der Tertiärzeit, ins Oligozän. Diese Lehme sind also etwa 30 Millionen Jahre alt. Viele der Alblehme sind Bohnerzlehme, in denen die Eisenverbindungen in stecknadel- bis nussgroßen Kügelchen konzentriert sind. Diese Konkretionen entstanden bei der Verwitterung in Zusammenhang mit Bodenbildungsprozessen und können bis zu 50 Prozent Eisen enthalten. Man geht davon aus, dass solche Lagerstätten schon zur Zeit der Kelten ein wichtiger Faktor für die Besiedlung der Ostalb waren. Nachgewiesen sind Abbau und Verhüttung erst für die Völkerwanderungszeit im 4. Jahrhundert n. Chr. (Tour 4).

Im Spätmittelalter begann die industrielle Ausbeutung. Es entstanden die Hüttenwerke in Königsbronn und Itzelberg (Touren 3 und 5). Der Abbau wurde bis etwa 1900 betrieben. Seine Spuren in Form von Gruben (sog. Pingen) und Hügeln, die aus dem bei der Auswaschung der Bohnerzkörner anfallenden Lehm bestehen, sind in den Wäldern an vielen Stellen zu finden, etwa auf dem Zitter- und Alenberg bei

Nattheim (Tour 6). Auf der nördlichen Ostalb kommen beiderseits des Brenztals großflächig Feuersteinlehme aus der Tertiärzeit vor, mit einer Mächtigkeit von bis zu 30 Meter. Auch sie sind ein Produkt aus der Verwitterung der Jurakalke, die in manchen Schichten zahlreiche Feuersteinknollen enthalten. Aus diesen Lehmen entstanden für die Alb sehr untypische saure Böden mit einer entsprechenden Vegetation: Heidekraut, Heidelbeeren und anderes.

Bohnerz (Fotos: M. Suckut, U. Sauerborn)

Dolinen, Karstwannen und die darin enthaltenen Verwitterungsprodukte, wie die Feuerstein- und Bohnerzlehme entstanden in einem subtropisch warmen, wechselfeuchten Klima. Die Landschaft wurde in dieser Zeit auch durch Flusserosion geprägt. Aus dem jüngeren Tertiär sind hoch über dem heutigen Abflussniveau Spuren einer „Urbrenz" in Form von flachen Talresten mit Flussablagerungen, etwa bei Ochsenberg, beidseits des heutigen Brenztals erhalten. Am Ende des Tertiärs im Pliozän, vor etwa 4 Millionen Jahren, floss die Brenz auf dem Niveau der Flächenalb in die dort verlaufende Donau. Während des ganzen Tertiärs und noch lange Zeit später war die Brenz ein sehr großer Fluss, mit einem riesigen Einzugsgebiet im nördlichen Albvorland, das heute von Lein, Kocher und Jagst zum Neckar und damit zum Rhein entwässert wird.

Mal kalt, mal warm – das Pleistozän

Schon im Pliozän war das Klima merklich kühler geworden. Dieser Trend verstärkte sich vor 2,6 Millionen Jahren mit dem Beginn des Pleistozäns, einer Periode sich abwechselnder Kaltzeiten (Eiszeiten) und Warmzeiten. In letzteren war das Klima in etwa so wie heute, in den Kaltzeiten sanken die Jahresmitteltemperaturen um 10 bis 15 Grad ab. Das hatte in Europa eine gewaltige Ausdehnung der Gletschereismassen zur Folge. Die Schwäbische Alb wurde vor allem durch die Gletscher aus den Alpen beeinflusst. Diese erreichten die Alb allerdings nur einmal kurz bei Riedlingen, sonst lag der Eisrand im nahen Alpenvorland. Die Nähe zum Gletscher machte aber das Klima auf der Alb sehr kalt. Gehölze gab es nur an geschützten Stellen in den Tälern, ansonsten bedeckte eine Tundra aus Moosen, Flechten und Zwergsträuchern oder eine Kräutersteppe („Mammutsteppe") das Land. Anstelle der chemischen Verwitterung des Tertiärs trat die Frostsprengung des Gesteins durch häufiges Gefrieren und Auftauen des Wassers in den Gesteinsfugen ein. Dadurch entstanden riesige Schuttmengen aus Bruchsteinen, vor allem auch an den Talhängen. Das Brenztal wurde während des Pleistozäns – durch eine starke Anhebung der Albtafel – ständig eingetieft, weit unter das heutige Abflussniveau. Vor etwa 550 000 Jahren verlor aber die Brenz ihr Einzugsgebiet nördlich der Alb durch Flussanzapfung an Kocher und Jagst. Die übrig gebliebene „Minibrenz" konnte den von den Hängen herunterrutschenden Frostschutt nur noch zu einem kleinen Teil wegschaffen. Das Tal wurde aufgefüllt, bei Königsbronn um 40 Meter, bei Hermaringen um 20 Meter. Dadurch entstand die breite Talaue, die für das heutige Brenztal typisch ist.

Wichtig für die Entwicklung der Alblandschaft ist der Löss, ein Sediment aus feinem Gesteinsstaub. Dieser wurde in den Kaltzeiten auf den vegetationslosen Schotterflächen vor den Alpengletschern vom Wind ausgeblasen und auf der Alb wieder abgelagert. Erhalten ist der Löss vor allem auf der Flächenalb. Er macht die dortigen Böden (Parabraunerden) besonders fruchtbar.

Vor etwa 12 000 Jahren ging die vorerst letzte Eiszeit zu Ende. Die Erwärmung zum gemäßigten Klima das Holozäns (= Jetztzeit) führte zur allmählichen Wiederbewaldung der Alb, zunächst mit einem Birken-Kiefernwald, danach mit einem sehr unterschiedlich zusammengesetzten Eichenmischwald. Seit etwa 4 500 Jahren setzte sich mehr und mehr die Buche durch. Ohne das Eingreifen des Menschen wäre die Schwäbische Alb auch heute noch überall von einem Laubmischwald bedeckt.

Felsenmeer (Wental; Foto: W. Geiger)   Steinerne Jungfrauen (Foto: L. Hänle)

Vielfältige Landschaften

Die natürlichen Kräfte haben in Jahrmillionen die Morphologie der Landschaft im Kreis Heidenheim geprägt. Sie gliedert sich heute in einzelne Teilbereiche mit spezifischen Eigenschaften. Das nordwestliche Kreisgebiet gehört zum Albuch und zur Kuppenalb (Touren 1, 2 und 9). Dort und auf dem Härtsfeld sind die ältesten Landoberflächen der gesamten Alb vorhanden. Südlich der Klifflinie gehört der Albuch zur Flächenalb und ist nur wenig reliefiert. Die Flächenalb

Blick ins Steinheimer Becken (Foto: Peter Seidel)

oder Niedere Alb, deren Erhebungen wesentlich geringere Höhen erreichen als im Norden der Alb, wird durch die Klifflinie von der Kuppenalb (Tour 11) getrennt. Inmitten des Albuchs liegt das Steinheimer Becken (Tour 9). Östlich benachbart und durch das Brenztal getrennt befindet sich das Härtsfeld (Touren 4 bis 8), das eine ähnliche Ausbildung zeigt wie der nördliche Albuch. Es grenzt im Osten an die Riesalb.

Alle genannten naturräumlichen Einheiten werden freilich durch bereits trocken gefallene oder auch noch Wasser führende Täler durchschnitten (Touren 10, 12 bis 15).

Ganz im Süden ist schließlich der Übergang der Schwäbischen Alb zum Donautal und Donauried (Touren 16 und 17) deutlich ausgeprägt, zeigt sich letzteres doch als relativ flache, von Donauschottern gebildete Ebene.

Während der Wanderungen, die sich auf alle genannten Naturräume erstrecken, kann man die unterschiedlichen Landschaftsmerkmale dieser Einheiten gut wieder erkennen.

Teil 2
Menschen

erfahren
erleben
entdecken

Teil 2 – Menschen

Von den Neandertalern bis zu den Helfensteinern

Der Mensch greift ein

Der Mensch des Eiszeitalters – Jäger und Sammler

Mit dem Eiszeitalter des Quartärs tritt ein völlig neuer Faktor in Erscheinung, der in späterer Zeit einen nachhaltigen Einfluss auf die bis dato nicht manipulierte Naturlandschaft ausüben sollte: der Mensch. Kaum eine Region ist so gut geeignet, den Spuren der Neandertaler und der ihnen nachfolgenden, anatomisch modernen Menschen nachzugehen wie der Kreis Heidenheim und der benachbarte Alb-Donau-Kreis. Hier wie dort gibt es eine Vielzahl von Fundstellen an Höhlen und Felsschutzdächern (Abris), die ihren einstigen Aufenthalt bezeugen. Allen voran ist das Lonetal mit Bärenhöhle und Hohlenstein, Bocksteinhöhle und Bocksteinschmiede und Vogelherd zu erwähnen (Tour 14), aber auch das Eselsburger Tal mit Spitzbubenhöhle und anderen Abris (Tour 12). Weitere Aufenthaltsorte finden sich entlang der Brenz, zum Beispiel die Heidenschmiede bei Heidenheim (Tour 10) oder Felsschutzdächer am Bruckersberg bei Giengen (Tour 13).

Die ältesten Belege von Aufenthalten des Neandertalers (Homo sapiens neandertalensis) stammen von der Heidenschmiede und datieren in die mittlere Altsteinzeit (Mittelpaläolithikum) zwischen 80.000 und 40.000 Jahre vor heute. Der anatomisch moderne Mensch (Homo sapiens sapiens) tritt in der anschließenden jüngeren Altsteinzeit (Jungpaläolithikum) in Erscheinung, die in die Abschnitte des Aurignacien (bis ca. 28.000 Jahre vor heute), Gravettien (bis ca. 18.000 Jahre vor heute), Magdalénien (bis ca. 12.000 Jahre vor heute) und des Spätpaläolithikum unterteilt wird. Auch nach dem Ende der Eiszeit, in der zwischen 9.500 und 5.500 v. Chr. anzusetzenden Mittelsteinzeit (Mesolithikum), durchstreiften kleine Gruppen steinzeitlicher Jäger mit ihren Familien die nun bewaldeten Flusstäler und Hochflächen der Schwäbischen Alb. Dabei suchten sie für kürzere oder längere Aufenthalte die vorderen Bereiche von Höhlen oder Felsdächer (Abris) auf, um von diesen Lagern aus durch Jagen und Sammeln von Wildpflanzen das Überleben zu sichern.

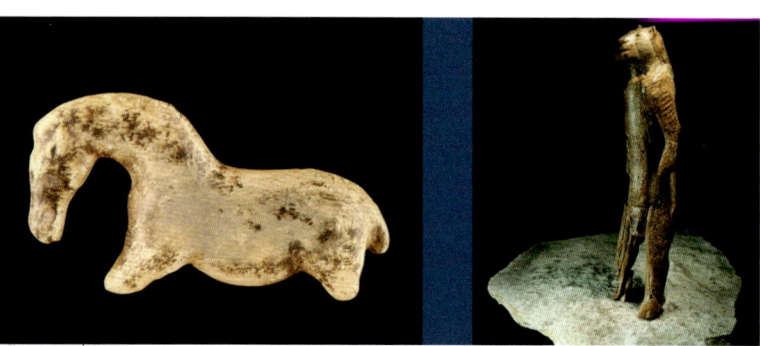

Vogelherd-Pferdchen und Löwenmensch (Tour 14; Fotos: LAD, Ulmer Museum)

Teil 2 – Menschen

An den Fundplätzen im Lonetal (Tour 14) wurden figürliche Kunstwerke aus der Zeit des beginnenden Jungpaläolithikums gefunden, die europaweit einmalig sind und die hoch entwickelten Fähigkeiten der frühen Menschen eindrücklich aufzeigen. Freilich haben die Menschen durch ihre Tätigkeiten auch in dieser frühen Epoche schon in die Natur eingegriffen. Da das Jagen und Sammeln jedoch nur der Selbsterhaltung der ohnehin sehr kleinen Gruppen diente, resultierten daraus keine einschneidenden Auswirkungen auf die Umwelt. Das sollte sich mit dem Beginn der Jungsteinzeit (Neolithikum) ab etwa 5.500 v. Chr. ändern.

Erste Ackerbauern und Viehzüchter in der Jungsteinzeit

Innerhalb der „neolithischen Revolution" vollzogen die Menschen im Vorderen Orient zwischen 12.000 und 8.000 v. Chr. den Wandel vom Wildbeutertum zur produzierenden Wirtschaftsweise mit Ackerbau und Viehzucht. Diese neue Wirtschaftsweise, die die Steuerung der Nahrungsmittelproduktion erlaubte, pflanzte sich weiter nach Westen fort und gelangte mit zeitlicher Verzögerung über die Ägäis und den Balkan auch nach Süddeutschland, wo um 5.500 v. Chr. die ersten Getreidesorten – Emmer, Einkorn und Gerste – sowie die ersten Haustiere – Rind, Schwein, Schaf, Ziege – Einzug hielten.

Sie sind eingebettet in die so genannte Bandkeramische Kultur, die nach den bandförmigen Ornamenten auf der charakteristischen Gefäßkeramik benannt wurde. Zu dieser ersten neolithischen Kultur in Mitteleuropa gehören außerdem typische Langhäuser und Steingeräte. Noch immer ist umstritten, ob die Entstehung der Bandkeramischen Kultur auf eine umfassende Einwanderung von Menschen aus dem Donauraum zurückgeht, oder ob die seit dem Mesolithikum in Süddeutschland ansässigen Wildbeuter das neolithische Kulturpaket samt domestizierten Tieren nicht eher von ihren Nachbarn übernahmen. Beide Verfahren werden wohl eine Rolle gespielt haben.

Die Fundstellen des frühen Neolithikums liegen im südlichen Teil des Kreises Heidenheim auf der Flächenalb, südlich der Klifflinie. Dort sind aus Molassegestein und Löss sehr fruchtbare, tiefgründige Böden (Parabraunerden) entstanden. Die steinigen, flachgründigeren Böden der nördlich gelegenen Kuppenalb (Rendsinen u.a.) wurden von den frühesten Bauern nicht besiedelt. Siedlungsspuren von ihnen sind dagegen z.B. aus Sontheim (Tour 16), Bissingen (Tour 14) und oberhalb des Eselsburger Tales (Tour 12) bekannt geworden. Mit dem Beginn bäuerlicher Wirtschaftsweise setzt die für die Acker- und Weideflächen sowie Gehöftplätze notwendige Brandrodung der Wälder ein. Gemäß der archäologischen Überlieferung auf der Ostalb glichen diese Weiler mit Wirtschaftsflächen wohl zunächst aufgelichteten Inseln in ausgedehnten Waldgebieten. In anderen Regionen nimmt die Besiedlungsdichte während der Dauer der Bandkeramischen Kultur (ca. 5.500 bis 4.900 v. Chr.) allerdings so stark zu, dass der Abstand der Weiler zeitweilig nur wenige Kilometer betrug.

Der Eingriff in die Naturlandschaft hatte somit begonnen, und er setzte sich in den folgenden Jahrtausenden der Jungsteinzeit weiter fort. Nach der Bandkeramischen und der ihr nachfolgenden Rössener Kultur zerfällt die einheitliche Ausprägung der neolithischen Kultur-erscheinungen und es treten nebeneinander unterschiedliche Gruppen und Kulturen auf. Während dieser Zeit greift die Besiedlung weiter in den Norden des Kreisgebietes aus, es bleibt jedoch ein Übergewicht von Siedlungsfundstellen auf der südlich gelegenen Flächenalb.

Foto: Federseemuseum Bad Buchau

Die Bronzezeit – Metallverarbeitung und Gräber

Die ersten Versuche der Metallverarbeitung reichen im Vorderen Orient bis in das 7. und 6. Jahrtausend v. Chr. zurück. Wie die „neolithische Revolution", so breitete sich auch diese Technologie in den Westen aus. Nördlich der Alpen wurde schon im 4. Jahrtausend v. Chr. zum ersten Mal das Schmelzen und Gießen von Kupfer praktiziert. Der Beginn der Bronzezeit datiert aber erst um 2.200 v. Chr. Weitere 400 Jahre später setzt sich in ganz Europa die Nutzung von Bronze aus 90 Prozent Kupfer und 10 Prozent Zinn schließlich durch. In der frühen Bronzezeit werden die Traditionen des späten Neolithikum in vielen Bereichen weitergeführt. In der mittleren oder Hügelgräberbronzezeit (ca. 1.600-1.300 v. Chr.) werden zum ersten Mal aus mehreren Hügelgräbern bestehende Friedhöfe angelegt. Die unterschiedlich verwendeten Beigabenausstattungen der Gräber lassen auf eine stärkere soziale Gliederung der Gesellschaft schließen. In der späten Bronzezeit (13. Jh. v. Chr.) setzt sich immer stärker die Brandbestattung durch, die in der darauf folgenden Urnenfelderzeit die vorherrschende Form der Bestattung wird.

Die Urnenfelderkultur (etwa 1.200-800 v. Chr.) ist eine noch rein auf der Bronzetechnologie beruhende Kultur, die aber im Sprachgebrauch nicht mehr als „Bronzezeit" bezeichnet wird. Namen gebend war die typische Bestattungsform dieser Zeit: Nach der Verbrennung der Toten wurde ihre Asche samt den verbrannten Beigaben in einer Urne bestattet und in der Grabgrube häufig noch umfangreiche weitere Beigaben wie zum Beispiel Geschirrsätze deponiert. Teilweise wurde der Leichenbrand auch ohne Gefäß im Grab verteilt. So entstanden recht umfangreiche Friedhöfe, deren Gräber gelegentlich auch mit kleinen Hügeln überdeckt waren.

Im Gegensatz zu den bronzezeitlichen Bestattungssitten sind die Strukturen der Siedlungen wenig bekannt. Eine Ausnahme stellen die Siedlungen an Bodensee und Federsee dar, die aufgrund ihrer Feuchtbodenerhaltung detaillierte Beobachtungen zu Hausbau, Dorfstruktur und materieller Kultur erlauben.

Im Kreis Heidenheim gelangten bislang nur wenige Funde der Frühbronzezeit ans Tageslicht. Auf den Feldern östlich von Niederstotzingen (Tour 17) konnte 1973 ein Depot von vier so genannten Spangenbarren geborgen werden, einer für die Frühbronzezeit typischen Form von Kupferbarren, denen bisweilen eine Art Geldfunktion zugesprochen wird. Vom „Buigen" bei Eselsburg (Tour 12) stammt ein Randleistenbeil, dessen Form als Typ „Herbrechtingen" Eingang in die Fachliteratur gefunden hat. Siedlungsfunde in Form von Keramikscherben stammen ebenfalls aus dem Eselsburger Tal, und zwar von der Kuppe des Radbergs (Tour 12). Höhensiedlungen sind in der frühen Bronzezeit in Süddeutschland keine Seltenheit.

Spuren mittelbronzezeitlicher Siedlungen sind etwas häufiger beobachtet worden, doch sind Funde aus den prägnanten Hügelgräbern wesentlich bekannter. Aus einem Grabhügel südwestlich von Eselsburg (Tour 12) stammen Gefäße einer mittelbronzezeitlichen Bestattung. In der Umgebung des nahe gelegenen „Buigen" (Tour 12) wurde ein Schwert der ausgehenden Hügelgräberbronzezeit gefunden. Überhaupt dürfte ein Teil der gerade im Kreis Heidenheim noch so zahlreich erhaltenen Grabhügel in der mittleren Bronzezeit angelegt worden sein.

Siedlungsfundstellen aus der Urnenfelderzeit sind in einiger Zahl bekannt. Unter anderem liegen Scherben vom Areal der Burg Katzenstein (Tour 8) und von der Wallanlage Ravensburg südlich von Hermaringen vor (Tour 13). Auch von der Wallanlage des „Buigen" (Tour 12) sollen Keramikfragmente der Urnenfelderzeit stammen, doch sind die Funde von dort schwer einzuordnen. Typisch wäre auch in dieser Epoche die erneute Besiedlung von Höhenbefestigungen. Unter den Gräbern ragt besonders eine in Königsbronn entdeckte Bestattung heraus, die dem Übergangshorizont von der späten Bronze- zur frühen Urnenfelderzeit angehört. Zur reichen Grabausstattung zählen unter anderem Teile eines Wagens und Pferdegeschirr sowie eine Lanzenspitze.

Ein neues Metall:
Die Eisenzeit (Hallstatt- und La-Tène-Zeit) – Die Zeit der Kelten
Ein deutliches Ausgreifen der Besiedlungsspuren in das nördliche und östliche Kreisgebiet ist in der im 8. Jahrhundert v. Chr. beginnenden Eisenzeit festzustellen, deren erster, bis etwa 475/50 v. Chr. andauernder Abschnitt als Hallstattzeit bezeichnet wird. Mehrere interessante Phänomene prägen diese Epoche. So findet zwischen der älteren und jüngeren Hallstattzeit (Beginn um 620 v. Chr.) ein erneuter Wechsel der Bestattungssitte von der Brand- zur Körperbestattung

statt. Die Sitte, regelrechte Hügelgräberfelder anzulegen, wird wieder aufgegriffen. Mit dem Beginn des jüngeren Abschnitts lassen sich einige besonders reich ausgestattete, so genannte „Fürstengräber" benennen, so zum Beispiel das Grab des „Fürsten" von Hochdorf, Kreis Ludwigsburg –, die ihre Pendants in Siedlungen besonderer Ausprägung besitzen, eben den „Fürstensitzen". Dazu zählte auch der Ipf bei Bopfingen im Ostalbkreis, wie jüngste Forschungen ergeben haben.

Die herausragenden Siedlungen werden durch ihre exponierte Lage, umfangreiche Befestigungen, Siedlungsverdichtungen und Konzentration von Handwerk und Handel – unter anderem Importe von Keramik- und Bronzegefäßen sowie Wein aus dem Mittelmeerraum – charakterisiert. Am Ende der Hallstattzeit im 5. Jahrhundert v. Chr. erhalten wir durch die Nachrichten von Geschichtsschreibern aus dem Mittelmeerraum zum ersten Mal Bezeichnungen für die in Mitteleuropa lebende Bevölkerung: Kelten. Besonders die Phänomene der „Fürstengräber" und „-sitze" werden daher als „frühkeltisch" aufgefasst.

Ipf bei Bopfingen (Foto: Stadt Bopfingen)

Im Kreis Heidenheim ist die Konzentration von Grabhügelgruppen dieser Zeit um Großkuchen und Nattheim auffällig, zumal viele der bislang zeitlich unbestimmten Hügelgräber ebenfalls der Hallstattzeit angehören dürften. Es liegt auf der Hand, die plötzliche Besiedlungsverdichtung mit den ebenfalls in diesem Gebiet anstehenden Bohnerzen in Verbindung zu bringen, oder mit deren Abbau und Verhüttung zwecks Eisengewinnung. Allerdings ist auch mit den Auswirkungen der besonders guten Überlieferungsbedingungen in den ausgedehnten Wäldern dieser Region zu rechnen.

Hervorzuheben sind die Grabhügelnekropolen bei Großkuchen (Tour 4) – mit 68 erhaltenen Hügelgräbern wohl die größte im Kreis Heidenheim –, in den Seewiesen bei Schnaitheim und bei Nattheim (Tour 5), Fleinheim (Tour 6) sowie bei Mergelstetten (Tour 10). Die zeitgleichen Siedlungen sind wenig erforscht, Funde liegen unter anderem vom Radberg im Eselsburger Tal (Tour 12) und vom Gelände der Burg Katzenstein (Tour 8) vor.

Teil 2 – Menschen

Der jüngere Abschnitt der Eisenzeit wird nach einem Fundort in der Schweiz als La-Tène-Zeit bezeichnet und umfasst die Epoche von etwa 450/75 bis um Christi Geburt. Der Kunststil dieser Epoche ist stark von mediterranen Einflüssen geprägt, die bereits auf die Importe der jüngeren Hallstattzeit zurückgehen werden. Neue Impulse erhielt die La-Tène-Zivilisation durch die ab 400 v. Chr. einsetzenden und von antiken Schriftstellern überlieferten Wanderungen keltischer Gruppen, die sie sogar bis nach Kleinasien führen sollten. Während in der frühen La-Tène-Zeit noch typische „Fürstengräber" angelegt wurden, ist vor allem im 4. und 3. Jahrhundert eine Hinwendung zu kleineren Nekropolen mit Körperbestattungen ohne Hügel zu verzeichnen. Anhand der Beigaben lassen sich aber immer noch soziale Unterschiede der Bevölkerung festmachen.

Viereckschanzen

Im 2. und 1. Jahrhundert v. Chr. findet in vielen Regionen abermals ein Wechsel zur Brandbestattung statt, doch sind Gräber dieser Zeit ohnehin selten überliefert. Dafür treten zwei für die späte La-Tène-Zeit äußerst charakteristische Siedlungsformen in Erscheinung: *Oppida* und Viereckschanzen. Caesar beschreibt in seinem Bericht über den Gallischen Krieg befestigte, stadtartige Siedlungen der Kelten, die als Vororte der einzelnen Stämme dienten. Diese *oppida* sind auch archäologisch nachgewiesen und verteilen sich über den Siedlungsraum der Kelten von Frankreich bis in die Slowakei. Die weit entwickelte wirtschaftliche Struktur, die in der Anlage stadtartiger Plätze deutlich wird, findet ihren Ausdruck auch in der beginnenden Münzprägung der Kelten, die zumindest in der Spätphase zu einem voll entwickelten Münzsystem mit Prägungen aus Gold, Silber und Kupfer führte.

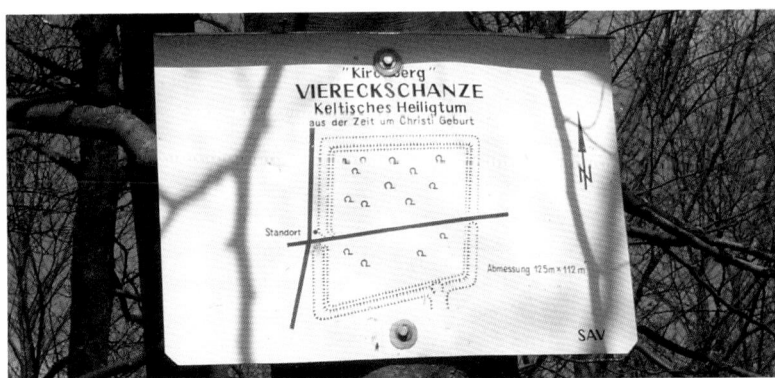

Viereckschanzen (Tour 5) stellen in der Siedlungslandschaft der La-Tène-Zeit den Gegenpol zu den stadtartigen *oppida* dar. Sie bestehen aus rechteckigen, durch Wall und Graben bewehrten Hofarealen, die mit verschiedenen ebenerdigen Gebäuden bebaut waren. Die ältere Forschung sah in ihnen umhegte Kultplätze, vor allem aufgrund so genannter „Kultschächte", die in den Ecken der Hofareale gefunden wurden. Durch neuere Ausgrabungen wurde jedoch deutlich, dass es sich dabei in erster Linie um Brunnen handelte, die sekundär mit Siedlungsabfall verfüllt wurden. Letztendlich stellen die Viereckschanzen für die in der Umgebung ansässige Bevölkerung eine zentrale Siedlungseinheit dar, die neben rein wirtschaftlichen auch kultische Funktionen übernommen haben wird.

Oppida sind im Kreis Heidenheim bislang nicht nachgewiesen, dafür aber eine große Zahl von Viereckschanzen, die sich unter der großflächigen Waldbedeckung teilweise hervorragend erhalten haben. Einige Wanderungen führen an einer oder sogar mehreren Schanzen vorbei (Touren 5, 6, 8 und 17). Sie zeigen alle die typischen Eigenschaften keltischer Viereckschanzen und besitzen teilweise noch mehrere Meter hoch erhaltene Wälle.

Am nördlichen Ortsrand von Giengen (Tour 13) konnte ein kleiner Friedhof aus der Zeit um 200 v. Chr. ausgegraben werden. Die Männer- und Frauengräber enthielten als typische Beigaben Waffen und Schmuckensembles. Herausragend ist der Fund einer Goldmünze, der älteste keltische Münzfund Mitteleuropas aus einem Grab. Etwa 50 bis 100 Jahre jünger sind die sechs Goldmünzen, die bei der Pfefferquelle in Königsbronn (Tour 3) gefunden wurden und möglicherweise als Quellopfer zu deuten sind.

Die Römer kommen

In ganz Süddeutschland gehen die Nachweise einer flächendeckenden Besiedlung im 1. Jahrhundert v. Chr. stark zurück. Durch den römischen Alpenfeldzug 15. v. Chr. geraten die Alpenbewohner unter römische Herrschaft und die nördlich angrenzenden Regionen zumindest in die Einflusssphäre des Imperiums. Dies kann seinen Machtbereich während des 1. Jahrhunderts n. Chr. weiter ausdehnen. So wird um 40 n. Chr. an der Donau eine Kette von Kastellen errichtet und damit die Grenze des Reiches befestigt. Schon in den 80er Jahren unter Kaiser Domitian wird die Grenzlinie – der Limes – auf die Schwäbische Alb vorverlegt. Zu diesem so genannten Alb-Limes gehört auch das Kastell von Heidenheim.

Darin war eine 1000 Mann starke Reitereinheit stationiert, die vorher im Kastell von Günzburg untergebracht war und um 150 n. Chr., als der Limes abermals nach Norden verschoben wurde, in das Reiterkastell von Aalen verlegt worden ist. Das römische, wahrscheinlich mit dem Namen „AQUILEIA" belegte Heidenheim (Tour 10) blieb aber auch danach ein wichtiger Mittelpunkt und Verwaltungssitz für das Umland, nicht zuletzt aufgrund seiner verkehrsgeografisch günstigen Lage im Brenztal, das mit seiner Fortsetzung im Kochertal eine wichtige Nord-Süd-Verbindung von der Donau bei Günzburg bis zum Raetischen Limes bei Aalen bildete.

Mit der Einbindung in das Römische Reich entsteht auf ehemals keltischem Boden eine völlig neue Zivilisation. Im Tross der Legionäre entstehen an den Kastellplätzen so genannte Lagerdörfer mit Händlern, Handwerkern, Wirtsleuten und nicht zuletzt den Familien der Soldaten. Sie entwickeln sich nach dem Vorverlegen der Truppen teilweise zu stadtartigen Plätzen mit hoch entwickelter Wirtschaftsstruktur und zentralen Einrichtungen. Überhaupt ist die Staatlichkeit des römischen Weltreiches mit seiner auf einer Münzgeldwirtschaft basierenden und fast modern erscheinenden Wirtschaft kennzeichnend auch für die Provinzen nördlich der Alpen.

Foto: Limes Museum Aalen

Weiterhin grundlegend blieb aber die Landwirtschaft, deren Grundeinheit in römischer Zeit der Gutshof oder *villa rustica* (Tour 16), war. Es handelt sich dabei um bäuerliche Einzelgehöfte, die weit verstreut zwischen den ackerbaulich genutzten Wirtschaftsflächen lagen und eine großflächige Aufsiedlung und Urbarmachung der Landschaft belegen. Sie bestanden aus Haupt- bzw. Wohnhäusern und einer Reihe von Wirtschaftsbauten. Zur häufigen Ausstattung gehörten zusätzlich Badegebäude oder kleine Tempel. In Baden-Württemberg bestanden wohl einige Tausend dieser Gehöfte und auch im Kreis Heidenheim sind viele Villenplätze bekannt geworden, unter anderem durch die in den letzten Jahren intensivierte Luftbildprospektion. Es zeigt sich eine Konzentration auf die besseren und leichter zu bewirtschaftenden Böden im Südosten des Kreises, während auf den Hochflächen von Albuch und Härtsfeld nur wenige oder keine Nachweise von Gutshöfen existieren.

Neben einer bereits im 19. Jahrhundert teilweise ergrabenen Villa am Rand des Lonetals (Tour 14) ist besonders die Dichte von Gutshöfen zwischen Sontheim und Niederstotzingen bemerkenswert (Tour 16). Sie liegen entlang der Römerstraße, die, von der Donau kommend, bei Sontheim auch an der römischen Straßenstation im Gewann „Braike" vorbeiführt. Diese römische Einrichtung ist bislang einzigartig in ganz Baden-Württemberg und vereint die Funktion einer Straßenstation mit der eines Kultplatzes, ließen sich doch zahlreiche Grundrisse von

Tempeln und kleineren Sanktuarien im Zuge archäologischer Grabungen aufdecken (Tour 16). Eine Abzweigung dieser Römerstraße führt östlich von Stetten i. L. an einer Viereckschanze vorbei (Tour 17).

Vase aus römischer Straßenstation, Sontheim (Tour 16, Foto: Hans Weiß und Gemeinde Sontheim)

Frühe Alamannen und Merowinger

Kurz nach der Mitte des 3. Jahrhunderts wird der Südwesten Deutschlands von den Römern aufgegeben, nachdem die römische Infrastruktur schon Jahrzehnte vorher durch germanische Einfälle empfindlich gestört worden war. Die Grenze des Römischen Reiches bestand nun an Rhein, Iller und Donau. In das nun herrenlose Land sickerten nach und nach germanische Gruppen ein, die bereits im Vorfeld des Limes gesiedelt hatten oder weiter aus dem Norden kamen. Erst im ehemals römischen Gebiet sollten sie sich zur Stammesgemeinschaft der Alamannen zusammenfinden, die aus der schriftlichen Überlieferung der Spätantike gut bekannt sind.

Die gesellschaftliche Organisation der frühen Alamannen ist charakterisiert durch eine kleinteilige Struktur aus verschiedenen Stammeseinheiten, deren Namen teilweise bekannt sind. Ihre Anführer residierten wohl auf den zahlreich nachgewiesenen Höhensiedlungen des 4. und 5. Jahrhunderts, wie zum Beispiel dem Runden Berg bei Urach oder dem Zähringer Burgberg bei Freiburg. Ihr Verhältnis zum Römischen Reich war wechselhaft. Einerseits war es von weiteren Raubzügen in die Provinzen und kriegerischen Auseinandersetzungen, andererseits von Verträgen und friedlicher Koexistenz geprägt. Einige Germanen dienten sogar in der Grenzüberwachung des spätantiken Limes bis das Römische Reich auch diese Grenze in der ersten Hälfte des 5. Jahrhunderts aufgeben musste. Daraufhin versuchten die Alamannen ihr Siedlungsgebiet nach Westen und Norden auszudehnen.

Für diese in anderen Regionen archäologisch nur spärlich belegte Zeit hat gerade der Kreis Heidenheim einige interessante Fundpunkte aufzuweisen. Das Gehöft des 3./4. Jahrhunderts aus Sontheim i. St. (Tour 9) war einer der ersten, großflächig ergrabenen Siedlungsausschnitte der Völkerwanderungszeit in Baden-Württemberg außerhalb von Höhensiedlungen. Bedeutende Nachweise germanischer Besiedlung gelangen auch in Großkuchen (Tour 4) und in Heidenheim (Tour 10). In letzterem siedelten die frühen Alamannen inmitten des alten Kastellareals, wie gerade die jüngsten Ausgrabungen der letzten Jahre nachweisen konnten. Einzelfunde von spätrömischen Münzen an anderen Orten des Kreisgebietes geben ebenfalls Hinweise auf die frühalamannischen Siedler. Auffällig ist der hohe Anteil von Eisenschlacken unter dem Fundmaterial der Siedlungen, was auf die Ausbeutung der Bohnerzlagerstätten der Schwäbischen Alb hindeutet. Möglicherweise liegt darin der Grund für den Nachweis einer vergleichsweise intensiven Besiedlung im Kreis Heidenheim zur Völkerwanderungszeit.

Die Germanen übten die Brandbestattung aus, nur herausragende Persönlichkeiten wurden unverbrannt beigesetzt. In dieser Weise wurden auch Gräber von den frühen Alamannen angelegt, von denen jedoch noch keine im Kreis Heidenheim entdeckt werden konnten.

Die Zeit ab der zweiten Hälfte des 5. Jahrhunderts bis in die Mitte des 8. Jahrhunderts wird nach dem herrschenden Königsgeschlecht des Fränkischen Reiches Merowingerzeit genannt. Die Alamannen waren aufgrund ihrer Expansionsbestrebungen mit den Franken in Konflikt geraten und wurden von diesen in der Zeit um 500 mehrmals besiegt. Infolgedessen geriet der nördliche Teil Alamanniens unter fränkische Herrschaft. Dasselbe passierte mit den übrigen Regionen in den 530er Jahren. Die nunmehr zum östlichen Teilreich des fränkischen Königreiches gehörende Alamannia stand unter der Herrschaft eines Herzogs und wurde nach und nach auch institutionell – zum Beispiel über die Einführung kirchlicher Einrichtungen – in das Frankenreich eingegliedert.

Goldblattkreuz und Fibeln, Gräberfeld Sontheim (Tour 16; Foto: LAD, M. Suckut)

Archäologisch zeichnet sich die Merowingerzeit durch die oftmals großen, so genannten Reihengräberfriedhöfe aus, auf denen die Toten unverbrannt und mit Blick gen Osten beigesetzt worden sind. Die teilweise recht umfangreiche Ausstattung mit Beigaben lässt tief gehende Einblicke in das alltägliche Leben in diesem ersten Abschnitt des frühen Mittelalters zu, ebenso wie die zwar in geringerem Umfang bekannten, aber nicht minder aussagekräftigen Siedlungen.

Teil 2 – Menschen

Einzelne Bestattungen, die sicherlich zu größeren Gräberfelder gehören, sind aus vielen Orten im Kreis Heidenheim bekannt geworden. Das verwundert nicht, wenn man bedenkt, dass die Gründung der Orte, deren Namen auf -heim oder -ingen enden hauptsächlich im 6. und 7. Jahrhundert erfolgte. Größere Ausschnitte von Nekropolen konnten in Großkuchen (Tour 4) und Sontheim an der Brenz (Tour 16) aufgedeckt werden. In Niederstotzingen wurde der kleine, nur zwölf Gräber umfassende Friedhof einer reichen, vielleicht „adelsähnlichen" Familie vollständig ausgegraben (Tour 17). Bedeutende Nekropolen bzw. Grabgruppen sind außerdem aus Giengen, Herbrechtingen und Heidenheim bekannt.

Helm aus Adelsnekropole, Niederstotzingen (Tour 17; Foto: Landesamt für Denkmalpflege LAD)

In den Seewiesen südlich von Schnaitheim wurde eine merowingerzeitliche Siedlung archäologisch untersucht. Sie bestand aus ebenerdigen Pfostenhäusern, also Wohnhäusern mit Scheunen und anderen
Ökonomiebauten sowie aus Grubenhäusern, die bis zu einem halben
Meter in den Boden eingetieft waren. Die Bewohner der Siedlung
bestatteten ihre Toten in unweit südlich gelegenen, hallstattzeitlichen
Grabhügeln. Für das 7. Jahrhundert ist das nicht ungewöhnlich. Auch
direkt am Rande eines Gehöfts vorgenommene Bestattungen – so genannte Hofgrablegen – kommen im Verlauf des 7. Jahrhunderts auf.
In der Zeit um 700 bricht die Belegung vieler Gräberfelder ab, was
wahrscheinlich mit der Anlage neuer Friedhöfe bei den Kirchen in Zusammenhang steht. Eine im gesamten süddeutschen Raum erstaunlich
frühe Kirche der Zeit um 600 konnte unter der romanischen St. Gal-
lus-Kirche in Brenz nachgewiesen werden (Tour 16).

Das Mittelalter beginnt

In diesem Abschnitt des frühen Mittelalters befinden wir uns an einer
quellenmäßig schwach belegten Schnittstelle: Einerseits wird die Ausstattung der Toten mit Beigaben weitestgehend aufgegeben, womit
eine wichtige archäologische Quellengattung wegbricht, andererseits
setzt die schriftliche Überlieferung zu Orten oder Höfen nur langsam
ein und wird erst ab dem hohen Mittelalter dichter.
Die Eingliederung des ehemals eigenständigen alamannischen Ge-
biets in das Fränkische Königreich wurde durch die schwindende
Macht der merowingischen Könige nicht gerade gefördert. Dem Un-
abhängigkeitsstreben des alamannischen Herzogtums wurde im so
genannten „Blutgericht von Cannstatt" im Jahr 746 ein Ende gesetzt.
Bezeichnenderweise von dem karolingischen Hausmeier Karlmann
und nicht vom merowingischen König selbst, der wenige Jahre später
von Pippin, dem ersten König aus karolingischem Haus, abgesetzt
wurde. Inwieweit die herrschaftliche Durchdringung des Herzogtums
Alamannien mithilfe der Einrichtung von Grafschaften während der
bis an den Beginn des 10. Jahrhunderts andauernden Karolingerzeit
tatsächlich voranschritt, ist umstritten.

Als früher fränkischer Herrschaftsmittelpunkt erweist sich die von
Abt Fulrad von St. Denis 760 oder 774/76 gegründete *cella* in Herbrechtingen, die Karl der Große mit Gütern aus königlichem Besitz
am Ort ausstattete (Tour 12). In der zweiten Hälfte des 8. Jahrhunderts erwarb auch das Kloster Fulda Besitzungen im Kreisgebiet, zum
Beispiel in Großkuchen, Heidenheim und Steinheim. Die Abtei St.
Gallen erhielt 895 unter anderem die Kapelle von Brenz (Tour 16).

Die Durchsiedelung der Landschaft war bereits im 6. und 7. Jahrhundert weit vorangeschritten. Den Orten, deren Namen auf -heim und -
ingen enden, folgten weitere Ausbausiedlungen, die an Ortsnamenen-
dungen wie -dorf, -hausen, -hofen, -stetten und -weiler zu erkennen
sind. Erst ab dem hohen Mittelalter, also ab dem 10./11. Jahrhundert,
setzt eine erneute Erweiterung der Siedlungsflächen ein.

Die Orte des so genannten „Landesausbaus" sind ebenfalls an ihrer Namensform zu erkennen, die häufig einen räumlichen Bezug haben oder auf die wirtschaftliche Nutzung der Umgebung verweisen. Bestes Beispiel dafür ist die Rodungsinsel bei Zang (Tour 1), südwestlich von Königsbronn. Der Ortsname Zang, abgeleitet vom mittelhochdeutschen Wort *sanc*, verweist auf Brandrodung. Der Name Bibersohl (Tour 2), mit der Endung -sohl, wird als „Siedlung am morastigen Bibersee" oder „schlammiges Wasser" gedeutet, was einen Bezug zu Landschaft oder Boden beinhaltet. Ortsnamen auf -bronn, beispielsweise Königsbronn, verweisen dagegen auf Wasserläufe und Quellen.

Verlassene Dörfer des Albuchs

Abgesehen vom Steinheimer Becken wurde die Landschaft des Albuchs erst in hoch- oder spätmittelalterlicher Zeit intensiv besiedelt, und zwar stärker als es heute noch der Fall ist. Allerdings bedeuteten das rauere Klima der Albhochflächen mit kürzeren Wachstumsphasen und die Wasserarmut eine nur eingeschränkt ertragreiche Landwirtschaft (Tour 6). Nicht mehr alle gegründeten Siedlungen sind noch existent. Es gibt rund 130 heute nicht mehr bestehende, so genannte wüstgefallene Orte, die eine besondere Häufung im Westen und Nordwesten des Kreises, also im Albuch und auf dem Härtsfeld, aufweisen (Touren 1, 2, 3 und 5). Dabei handelt es sich dann zumeist um Dörfer und Weiler, die in für die Landwirtschaft besonders ungünstigen Gebieten angelegt waren. Aufgrund zumeist herrschaftlicher Entscheidungen wurden wirtschaftlich wenig ertragreiche Rodungsflächen gezielt aufgeforstet und die Siedlungen verlassen.

Ein weiterer Faktor für den Rückgang an Siedlungsfläche war die spätmittelalterliche Pestepidemie, die den Bevölkerungsbestand deutlich verringerte.

Güssenburg (Tour 13)

Häuser aus Stein – die Burgen

Im 10. und vor allem im 11. Jahrhundert beginnt eine Entwicklung, die über erste repräsentative Steingebäude, so genannte „feste Häuser", und Wohntürme zur Entwicklung der mittelalterlichen Burg führt. Sie nimmt im Idealfall markante Bergplateaus, Sporn- oder

Felsenlagen ein und besteht aus dem zentralen Wehrturm (Berg- oder Burgfried), dem Haupthaus des Burgherren (Palas), weiteren Gebäuden und der Ringmauer. In der Ebene wurden für Burganlagen Hügel aufgeschüttet. Die Entwicklung der klassischen Burgen ist Ausdruck der sich nun als Stand und Adel im eigentlichen Sinn verfestigenden Herrschaftsschicht. Sie unterteilt sich in den hohen und den niederen Adel, auch als Dienstmannen oder Ministerialen bezeichnet.

Im Süden und Nordosten des Kreisgebietes befindet sich eine Vielzahl an Burgruinen (Touren 3 und 8). Eine besondere Konzentration zeigt sich zwischen dem Kloster Anhausen und Herbrechtingen mit den Burgen Falkenstein, Hürgenstein und Eselsburg sowie Bindstein (Tour 12). Weiter östlich führen Wanderungen an der Kaltenburg (Tour 15) und an der Güssenburg (Tour 13) vorbei. Für die Niederungsburg in Sontheim wurde als Erhebung ein wohl hallstattzeitlicher Großgrabhügel verwendet (Tour 16). Die Ruinenstätten bezeugen heute das Aussehen adeliger Herrschaftssitze, die zumeist aufgrund geänderter Herrschaftsstrukturen abgegangen sind und fortan als „Burgställe" bezeichnet wurden. Auch der Ursprung vieler Schlösser liegt nachweislich in hochmittelalterlichen Burganlagen. Das trifft auf Schloss Hellenstein zu (Tour 10), aber auch auf die Schlösser von Ober- und Niederstotzingen sowie Brenz (Touren 16 und 17).

Neben Siedlungen und Burgen sind beim Bau von Wasserversorgungsanlagen und aufgrund struktureller Veränderungen in der Landwirtschaft auch Mühlen und Mühlensiedlungen abgegangen, beispielsweise die an der Egau gelegene Buchmühle oder die Guldesmühle im Raum Dischingen (Tour 7).

Die neuzeitliche Besiedlung zeichnet sich nicht durch Neugründungen, sondern durch beträchtliche Siedlungserweiterung besonders seit der Mitte des 20. Jahrhunderts aus. Eine besondere, verhältnismäßig junge Siedlungsgruppe sind die erst im 19. Jahrhundert aufgekommenen Ziegelhütten, südöstlich von Steinheim am Albuch (Tour 9). Nur wenige Orte des Kreises Heidenheim entwickelten sich im Laufe der Zeit zu Städten. Zu nennen sind Herbrechtingen, Niederstotzingen sowie Giengen und Heidenheim, wobei die beiden letztgenannten in heutiger Zeit den größten Einfluss auf das Umland ausstrahlen.

Herrschaft und Territorien seit dem hohen Mittelalter
– Der Weg nach Württemberg
Die politische Geschichte des Kreises Heidenheim ist mangels eindeutiger Quellen bis in das 11. Jahrhundert nur schwer zu beschreiben. Im Allgemeinen wird angenommen, dass seit dem frühen Mittelalter die Brenz eine trennende Rolle spielte. Östlich des Flusses lag der Herrschaftsbereich der „Hupaldinger" mit dem Zweig der „Diepoldinger", westlich davon das Herrschaftsgebiet der „Adalbertsippe". Im 11. Jahrhundert soll es durch Einheirat einer „Hupaldingerin"

zur Spaltung der „Adalbertsippe" gekommen sein. Ihr Sohn Adalbert war der spätere Stammvater der Herren von Stubersheim, aus denen unter anderem die Herren von Ravenstein und Helfenstein hervorgingen. Der andere Sohn Manegold heiratete die Tochter des Ries- und Pfalzgrafen Friedrich (1030-53), dem „staufischen Stammvater". Die staufische Position im Brenztal wurde gefestigt, als durch die Eheschließung zwischen dem späteren Kaiser Friedrich Barbarossa und Adela von Vohburg im Jahr 1147 reicher Besitz in den heutigen Kreis Heidenheim gelangte. Auch Degenhard von Hellenstein, als Angehöriger einer adeligen Familie nach der gleichnamigen, bei Heidenheim gelegenen Burg benannt, taucht ab 1150 in königlichem und kaiserlichem Zusammenhang auf. Darüber hinaus bezeugen die Aufenthalte Barbarossas seit 1171 in Giengen die Bedeutung dieses und anderer Orte für die Staufer.

Schloss Hellenstein, Ruinen der Burganlage (Tour 10; Foto: L. Hänle)

Die Grafen von Helfenstein

Während des 13. Jahrhunderts erfolgte der Aufstieg der Grafen von Helfenstein, die für die darauf folgenden zwei Jahrhunderte eine dominierende Territorialmacht bildeten. Sie gründete sich einerseits auf ansehnliches Eigengut, andererseits auf Erbgut der Grafen von Dillingen, wie beispielsweise der Vogteigewalt über Stift Herbrechtingen (Tour 12) und Kloster Anhausen (Tour 12). Im 14. Jahrhundert kamen Burg und Reichsstadt Giengen sowie Burg Hellenstein und Heidenheim als Pfand Ludwigs des Bayern hinzu. Ein weiteres wichtiges Pfand war die 1353 erhaltene Vogtei über das Kloster Königsbronn (Tour 3) durch Karl IV.

Die Herrschaft Hellenstein/Heidenheim

Von zentraler Bedeutung für die spätere Herrschaft Heidenheims war die Spaltung der Helfensteiner Besitztümer im Jahre 1356. Der Wiesensteiger Zweig erhielt Besitzungen im Brenztal und die Blaubeurer Linie unter Graf Ulrich d. J. Besitzungen einer Linie westlich von

Gerstetten bis nach Irmannsweiler. Infolgedessen wurde Heidenheim zur Residenz ausgebaut, was mit einem Aufschwung von Burg und Stadt einherging. Bis 1434 etablierte sich die Herrschaft der Helfensteiner im Brenztal. Aber spätestens an der Wende zum 15. Jahrhundert scheint es – nach Ausweis der Verpfändung einzelner Orte – Schwierigkeiten finanzieller Art gegeben zu haben. 1445 kam es zu einer Teilung der Besitzungen der Blaubeurener Linie, 1447 erfolgte der Verkauf der Herrschaft Blaubeuren an die Uracher Linie der Grafschaft Württemberg. Weitere Besitzungen wurden 1448 durch Graf Ulrich V. von der Stuttgarter Linie erworben. Für diese Zeit ist die Bezeichnung „Herrschaft Hellenstein" erstmals urkundlich belegt, womit der helfensteinische Besitzkomplex um den Mittelpunkt Heidenheim gemeint ist.

Im Zuge der Verwüstung des Brenztales durch Ulmer Truppen im Jahr 1449 wurden die Burgen Hürben und Güssenberg (Tour 13) zerstört sowie die drei Brenztalklöster – Anhausen, Herbrechtingen und Königsbronn – niedergebrannt. In der Folgezeit kam es zu einer Bindung an Bayern aufgrund des Verkaufs der Herrschaft „Das Brenztal" an Herzog Ludwig den Reichen von Bayern zur Tilgung der Kriegsschulden im Jahr 1450.

Erst infolge des bayerischen Erbfolgestreites nach dem Tod Herzog Georgs von Bayern-Landshut gelangte die Herrschaft Heidenheim wieder an Württemberg, und zwar in Form einer Mitgift von Sabine, der Tochter Albrechts von Bayern-München, die Herzog Ulrich von Württemberg heiratete. 1519 wurde Herzog Ulrich durch den Schwäbischen Bund vertrieben und Heidenheim eingenommen. Österreich, über den Schwäbischen Bund in Besitz Württembergs gelangt, verkaufte 1521 die Herrschaft Heidenheim an die Reichsstadt Ulm. Nach der Wiederinbesitznahme des Herzogtums durch Herzog Ulrich im Jahr 1534 erwarb dieser die Herrschaft Heidenheim 1536 zurück. Der Kauf wurde teilweise durch den Abtritt von Besitzrechten an den Klöstern Herbrechtingen und Anhausen getilgt.

Eine Steigerung der rechtlichen und räumlichen Geschlossenheit der Herrschaft Heidenheim wurde durch die Eingliederung der Klöster Anhausen, Herbrechtingen und Königsbronn in den direkten und unmittelbaren Herrschaftsbereich des Herzogtums im Zuge der Reformation erzielt. Die württembergische Politik der Folgejahre zielte auf eine Verdichtung des Herrschaftskomplexes. Neu erworben wurden die eng benachbarten Herrschaften Falkenstein und Eselsburg (Tour 12). Im frühen 17. Jahrhundert kam auf diese Weise auch der Ort Brenz an Württemberg. Nachdem die Herrschaft Heidenheim während des Dreißigjährigen Krieges für kurze Zeit (1635-48) erneut unter bayerischer Verwaltung gestanden hatte, folgte 1701/07 zwar noch der Kauf der beiden Höfe Kerben und Bibersohl (Tour 2), die Expansion war aber bereits in der Mitte des 17. Jahrhunderts abgeschlossen. Das Herzogtum konzentrierte sich nun auf den Ausbau der Herrschaft Heidenheim zu einem geschlossenen Territorium.

Weitere Herrschaftsterritorien im Kreis Heidenheim

Das nordöstliche Kreisgebiet stand unter der Macht der Grafen von Oettingen. Sie kauften 1354 die Burg Katzenstein, verloren sie aber bald danach. Erst nach dem Aussterben der Herren von Westerstetten-Katzenstein im späten 16. Jahrhundert gelangte die Burg wieder in ihren Besitz. Sie wurde infolge des Dreißigjährigen Krieges die Residenz der wallersteinschen Teillinie Oettingen-Baldern. Nach deren Aussterben kam sie 1786 in Besitz der 1774 in den Fürstenstand erhobenen Linie Oettingen-Wallerstein.

Im nordöstlichen Kreisgebiet erscheint im frühen 18. Jahrhundert ein umfangreicher Territorialkomplex der Fürsten von Thurn und Taxis (Tour 7). Sie kauften von 1723 bis 1786 systematisch kleinere Adelsherrschaften des Gebietes auf, die 1786 zum Großteil im Oberamt Dischingen zusammengefasst wurden: Herrschaft Eglingen (1723), Schloss Trugenhofen mit Dischingen und Iggenhausen (1734), Herrschaft Duttenstein mit Demmingen und Wagenhofen (1735), Trugenhofen (1741), Ballmertshofen (1749) und Dunstelkingen (1786). Das zu einer repräsentativen Residenz ausgebaute Schloss Trugenhofen wurde 1819 mit königlicher Einwilligung in Schloss Taxis umbenannt (Tour 7).

Als Folge der Napoleonischen Kriege brachen die Rechts- und Verfassungsstrukturen zusammen. Es wurden keine kleineren Fürstenhäuser mehr etabliert, sondern stattdessen zentrale Herrschaftskomplexe zusammengelegt. Obwohl Württemberg die Reichsstadt Giengen erwerben konnte, vermochte es seine dominierende Position im Kreisgebiet – ebenso wie die Fürsten von Oettingen-Wallerstein – nicht weiter auszubauen. Dagegen übernahm Bayern verschiedene Gebiete, darunter auch die Reichsstadt Ulm. Die Fürsten von Thurn und Taxis bauten dank der Säkularisation des Klosters Neresheim ihre Position auf dem Härtsfeld deutlich aus.

Grundlegende territoriale Umgestaltungen erfolgten erst wieder im Zuge des dritten Koalitionskrieges. Als Verbündete Napoleons bekamen Bayern, Württemberg und Baden 1805 die Oberhoheit über die Besitzungen der Reichsritterschaft zugesprochen. Die Reichsritterschaft war in der ersten Hälfte des 16. Jahrhunderts entstanden und setzte sich aus Ritterbünden der Adelsfamilien zusammen, die schon seit dem Spätmittelalter existierten. Die im Südwesten des Kreisgebietes gelegenen Besitzungen hatten sich bislang dem Zugriff benachbarter Territorien entziehen können. Die kleineren Reichsfürsten und Grafen wurden der Souveränität der ebenfalls 1805 zu Königreichen erhobenen Bayern und Württemberg unterworfen. Nach mehreren Besitzverschiebungen kam es am 18.05.1810 im Vertrag von Paris zu einer Festlegung der Grenze zwischen Bayern und Württemberg, die bis heute Bestand hat.

Teil 3
Mauern

erfahren
erleben
entdecken

Teil 3 – Mauern

Architekturgeschichte

Mauern erzählen Geschichte – Ein architekturgeschichtlicher
Streifzug durch den Landkreis Heidenheim
Architekturgeschichtlich interessante Zeugnisse sind im Kreis Heidenheim nicht aus allen Zeiten überliefert. Während Bauten älterer
Epochen (11.-16. Jahrhundert), wenn überhaupt, nur teilweise oder
stark verändert überdauerten, sind erst in jüngerer Zeit vorgenommene Neu- oder Umbauten (17.-20. Jahrhundert) häufig überliefert.
Grund dafür sind einerseits die Zerstörungen während des Dreißigjährigen Krieges, in denen es beispielsweise zu einer fast vollständigen
Niederbrennung der Stadt Giengen kam. Andererseits zeigt sich am
Ende des 17. und während des 18. Jahrhunderts eine sehr rege Bautätigkeit sowohl im sakralen als auch im profanen Bereich. Die Klöster
Anhausen, Herbrechtingen und Königsbronn beispielsweise verloren
im Zuge der Reformation zunehmend an sakraler Bedeutung. In ihrer
neuen Nutzungsabsicht – zumeist als Amtssitze – wurden sie daher
entsprechend der nun benötigten Funktionen baulich umgestaltet.

Im Zuge der Industrialisierung kam es im 19. Jahrhundert vor allem
in der Stadt Heidenheim zum Ausbau eines der wichtigsten Wirtschaftsstandorte in Ostwürttemberg mit allen Folgen hinsichtlich
Stadtplanung und der Errichtung von neuen Haustypen (Industrie-,
Wohn- und Kulturbauten der Fabrikanten) für das Stadtgebiet.

Im Folgenden werden schlaglichtartig die im Landkreis Heidenheim
überlieferten, für die Zeit ihrer Entstehung charakteristischen Gebäude in chronologischer Abfolge vorgestellt.

Romanik – Erinnerung an die Antike

Insgesamt sind nur sehr wenige Bauten aus dieser frühen kunstgeschichtlichen Epoche (1000-1200), der romanischen Zeit überliefert.
Daher sind die aus dem Landkreis Heidenheim bekannten Gebäude
von besonderem Wert. Die Benennung als Romanik, im Jahr 1820
von französischen Gelehrten als Fachbegriff eingeführt (romanesque),
erfolgte aufgrund starker Ähnlichkeiten mit architektonischen Elementen römischer Zeit, wie etwa Rundbogen, Pfeiler, Säule und Gewölbe. Romanische Bauten zeichnen sich vor allem durch Rundbögen,
starke festungsartige Mauern, Würfelkapitelle sowie flache Kassettendecken aus. Als Dokument einer hochmittelalterlichen Kirche ist die
Galluskirche in Brenz an der Brenz aufgrund ihrer einzigartigen Überlieferung von unschätzbarem Wert und überregionaler Bedeutung.
Dieser Bau erfuhr im Laufe der Jahrhunderte zwar Umgestaltungen
und Teilrekonstruktionen, weist darüber hinaus aber wesentliche
Charakteristika romanischer Zeit auf. Von ganz besonderem Wert ist
die Kirche von Brenz aufgrund der bei Ausgrabungen nachgewiesenen
Vorgängerbauten, anhand derer grundlegende Entwicklungsschritte
von Sakralbauten seit dem frühen Mittelalter nachvollzogen werden
können (Tour 16). Aus spätromanischer Zeit sind weiterhin die Arka-

denkapitelle des Kirchturmes in Bissingen o. L. überliefert (Tour 14). Im Inneren dieser Kirche wurden Fresken frühgotischer Zeit freigelegt. Arkaden und Obergadenfenster der Zeit um 1200 haben sich in der Pfeilerbasilika von Giengen an der Brenz erhalten (Tour 13).

Für den frühmittelalterlichen Burgenbau bedeutsam ist die Burg Katzenstein (Tour 8), deren älteste Bauteile aus dem 11. und 13. Jahrhundert stammen, so beispielsweise der über quadratischem Grundriss aufgeführte, im Sockelbereich staufische Buckelquader aufweisende Bergfried.

Galluskirche Brenz (Tour 16)   Burg Katzenstein (Tour 8; Foto: Autoren)

Gotik – weltliche Architektur setzt ein

Die Grundlage der als Gotik bezeichneten Stilepoche wurde 1140 in der Nähe von Paris gelegt. Die Bezeichnung Gotik, abgeleitet vom italienischen gotico mit der Bedeutung fremdartig, barbarisch, wurde ursprünglich als Schimpfwort in der nachfolgenden Kunstepoche der Renaissance vom italienischen Kunsttheoretiker Giorgio Vasari eingeführt und zunächst als Ausdruck der Geringschätzung mittelalterlicher Kunst im Vergleich zum „goldenen Zeitalter" der Antike gedacht.

Charakteristisches Bauwerk der Gotik ist die Kathedrale, eine Art Gesamtkunstwerk, in dem Architektur, Plastik und Glasmalerei vor dem Hintergrund der Verbildlichung der christlichen Ideenwelt vereint sind. Kathedralen zeichnen sich durch hohe Wände mit großen schmalen Fenstern aus. Während die Wände zur Zeit der Romanik nur kleine Fensteröffnungen besaßen, leitete man in der Gotik das Gewicht von den Wänden auf am Außenbau angebrachte Strebepfeiler ab. Da die Wandflächen nun keine tragenden Funktionen mehr besaßen, konnten sie geöffnet werden. Ebenfalls neu im Vergleich zum romanischen Rundbogen war nun der gotische Spitzbogen. Charakteristisch waren weiterhin die Betonung der Vertikalen und der Gebrauch geometrischer Ornamentik.

In Deutschland hatten sich gotische Formen erst leicht verzögert ausgebreitet, so dass es an manchen Orten einen regelrechten Übergangsstil gab. Neben großen Bischofskirchen entstanden nun zahlreiche Pfarrkirchen. Im Laufe der Zeit löste sich die deutsche Gotik immer mehr vom westlichen Vorbild. Es entwickelte sich die so genannte „Deutsche Sondergotik", auch als „Reduktionsgotik" bezeichnet. Charakteristisch dafür sind meist eine wesentlich „schlichtere" äußere Erscheinung mit Verzicht auf aufwändige offene Strebesysteme und Vereinfachung der Grundrisse bei einer Bevorzugung der Hallenbauweise. In Mitteleuropa dauerte die Gotik von etwa 1220 bis 1450/1500.

Während zur Zeit der Romanik Planung und Bau noch fest in der Hand der Klöster lagen, Baukunst also anonym betrieben wurde, übernahmen in der Gotik erstmals weltliche Planer und Handwerker das Baugeschehen. Diese Baubetriebe wurden als Bauhütten bezeichnet.

Im Landkreis Heidenheim gibt es keine vollständig erhaltenen Kirchenbauten der Gotik. Überliefert sind lediglich einige Bauteile vor allem aus dem 15. Jahrhundert. Die Michaelskirche in Heidenheim (Tour 10) geht auf eine in der zweiten Hälfte des 15. Jahrhunderts errichtete spätgotische Pfarrkirche zurück. In der Pfarrkirche St. Nikolaus in Gerstetten (Tour 11) erinnern freigelegte Fresken an die ehemalige gotische Raumfassung. In der Burgkapelle Katzenstein (Tour 8) sind Kalkmalereien aus dem 13. und 15. Jahrhundert überliefert, die einen Beleg für die stilistische Entwicklung von der Frühbis zur Spätgotik darstellen. In der Stadtpfarrkirche von Giengen finden sich Merkmale gotischer Architektur in Form des polygonalen Chorraums mit Fünfachtel-Abschluss und Sakristei (Tour 13). Die heute evangelische Pfarrkirche in Herbrechtingen zeichnet sich durch einen spätgotischen Chor mit Maßwerkfenstern aus, ein über vier Joche reichendes Rippengewölbe sowie einen dreiseitigen Abschluss (Tour 14). Darüber hinaus wurde in der Herbrechtinger Kirche die Bemalung von 1516 freigelegt. Die um den einstigen Hof des ehemaligen Benediktinerklosters in Anhausen (Tour 12) angeordneten vormaligen Konventsgebäude weisen noch Teile des spätgotischen Kreuzganges auf.

Renaissance – neue Wohnkultur in Schlössern

Mit dem französischen Wort Renaissance, um 1820/30 aus dem Italienischen von rinascimento abgeleitet, wird eine Übergangsepoche vom Mittelalter zur Neuzeit bezeichnet, die im 14. Jahrhundert als geistige Bewegung einsetzte und sich seit dem 15. Jahrhundert im europäischen Abendland vor allem in der Kunst manifestierte. Die Übersetzung des Begriffs Renaissance bedeutet Wiedergeburt und bezeichnet die Wiedergeburt der Antike, die als Ideal jener Zeit galt.

Während die Renaissance in Italien bereits von 1420-1600 existierte, zeigte sie sich im übrigen Europa mit nationalem Einschlag durchsetzt erst in der Zeit von 1500-1600. Die Elemente der neuen Formensprache wurden vor allem im mittel- und nordeuropäischen Raum im Sinne der mittelalterlichen Baukunst variiert. Während es im Kernland

Italiens zu einer korrekten Übernahme der antiken Säulenordnung kam, wurden nördlich der Alpen antike Bauelemente wie Gesimse und Kapitelle gemäß der mittelalterlichen Baupraxis nur imitierend verwendet, der Säulenschaft war nun nicht mehr wie in der Antike glatt oder kanneliert, sondern zusätzlich mit Ornamenten überzogen. Statt Arkaden gab es nun Kolonnaden. Im Süden erfolgte die Betonung der Horizontalen, im Norden die weitere Betonung oder Fortführung der Vertikalen in der Tradition der Gotik. Im Norden war man weiterhin der Tradition mittelalterlicher Handwerksbetriebe verpflichtet, in Italien waren die Baumeister in der Regel Intellektuelle.

Schloss Ballmertshofen (Tour 7)   Schloss Hellenstein (Tour 10, Foto: L. Hänle)

Aufgrund der reformatorischen Bewegung stagnierte der Kirchenbau im 16. Jahrhundert, so sind auch aus dem Landkreis Heidenheim kaum Bauten sakraler Natur aus dieser Zeit bekannt. Einzig erwähnenswert ist der neue Turmabschluss der Giengener Stadtkirche – der so genannte Blasturm – von 1579 (Tour 13). Dagegen war im 16. Jahrhundert von größter Wichtigkeit die Errichtung von Schlossbauten, welche als Ausdruck neuer Wohnkultur die mittelalterlichen Burganlagen ersetzten. Daher ist es auch nicht verwunderlich, dass der erste evangelische Sakralraum in der Schlosskapelle des Schlosses Hellenstein in Heidenheim 1605 eingerichtet wurde (Tour 10). Das Hohe Schloss in Dischingen-Trugenhofen (Tour 7), Schloss Ballmertshofen (Tour 7) sowie Schloss Duttenstein (Tour 8) entsprechen in ihrer Anlage renaissancezeitlichen Formvorstellungen vor allem aufgrund ihrer regelmäßigen, klar gegliederten Grundrisse. Während sich das stattliche aus Stein errichtete Schloss Ballmertshofen durch eine symmetrische Grundrissanlage und einen Eckturm im Südosten auszeichnet, handelt es sich beim Schloss Duttenstein um eine Vierflügelanlage mit Arkadenhof. Schloss Hellenstein wurde nach Plänen einer der ersten deutscher Baumeister der Renaissance, Heinrich Schickhardt (gest. 1635) und Elias Gunzenhäuser (gest. 1606) Ende des 16. Jahrhunderts unterhalb der gleichnamigen Burg errichtet. Aus dieser Zeit stammen Schlosskirche, Obervogtei, Burgvogtei und Altanenbau mit dem Unteren Tor.

Barock – Wiederaufbau nach dem Dreißigjährigen Krieg

Im Barock (17. bis erste Hälfte 18. Jahrhundert), der sich durch Formenreichtum und üppige Verzierungen auszeichnet, war das Bauwerk nicht mehr ein aus verschiedenen Einzelteilen entstandenes Ganzes, sondern ein Gesamtkunstwerk, das sich durch mehrere Merkmale auszeichnet, beispielsweise großflächige Deckengemälde, den dramaturgischen Gebrauch des Lichts durch Hell- oder Dunkelkontraste oder die einheitliche Durchflutung der Räume durch zahlreiche Fenster. Hinzu kam der häufige Gebrauch plastischer Zierelemente wie Girlanden und Putten aus Stuck, sowie illusionistische Effekte wie Scheinarchitektur, die dem Beobachter nur das Vorhandensein baulicher Einrichtungen und Elemente vorspiegelte. Es zeigte sich nun verstärkt ein Verschmelzen von Architektur und Malerei. Mächtige Säulen, Fenster oder Kapitelle wurden nun aus Farbe oder Stuck vorgetäuscht. Architektonisch herrschen runde oder ovale Formen, wie etwa Kuppeln, vor. In Bayern und Schwaben sind Zwiebeltürme stark verbreitet. Darüber hinaus kam es im Barock zur Ablösung der schmalen, langen Kirchenschiffe durch breitere, bisweilen runde Formen.

Michaelskirche Heidenheim (Tour 10)   Stadtkirche Giengen (Tour 13)

Hinsichtlich qualitätsvoller Fresken, die die illusionistische Bildsprache des Barock beherrschen, sind aus dem Landkreis Heidenheim zwei Beispiele hervorzuheben. Das Deckenfresko im Chor der Pfarrkirche zu Eglingen (Tour 8), in den 1770er Jahren vermutlich vom Lauinger Maler Johann Anwanderer geschaffen, gibt die Himmelfahrt des heiligen Martin wider. Von besonderer Bedeutung ist das Gemälde „Anbetung der Heiligen Drei Könige" in der Heidenheimer Michaelskirche (Tour 10). Seine Stiftung erfolgte durch Melchior Metschger, einen Nürnberger Patrizier. Die Komposition des Bildes folgt einer asymmetrischen Anlage. In barocker Manier zeichnet sich die Darstellung durch dramatische Bewegtheit aus, unterstützt durch Licht- und Farbeffekte.

In Mitteleuropa und Deutschland setzte der Barock in Folge des Dreißigjährigen Krieges erst verzögert ein, so lässt sich erst ab 1650 eine verstärkte, bis in die erste Hälfte des 18. Jahrhunderts anhaltende Bautätigkeit registrieren, die nun nicht mehr nur auf Sakralbauten beschränkt war, sondern auch Profanbauten, wie Herrschaftsgebäude und Amtshäuser, umfasste. Der Wiederaufbau folgte gewissen Gesetzmäßigkeiten, die sich aufgrund der im historischen Stadtgebiet Giengens erhaltenen Ortsstruktur sowie des dort ebenfalls überlieferten Hausbestandes besonders gut ablesen lassen (Tour 13).

Giengen war 1634 durch einen Stadtbrand zerstört worden. Der Wiederaufbau erfolgte zwar unter Berücksichtigung des traditionellen Stadtbildes, allerdings wurde die kleinteilige mittelalterliche

Parzellierung zugunsten einer größeren aufgegeben. Am Beispiel der Giengener Spitalkirche ist abzulesen, dass man versucht war, zwar der architektonischen Konzeption des Vorgängerbaus zu folgen, dass darüber hinaus aber auch die barocke Formensprache Beachtung fand, vor allem im Bereich der Innenausstattung.

Das ebenfalls im Dreißigjährigen Krieg zerstörte Kloster Königsbronn wurde nach barocken Vorstellungen wieder instand gesetzt. Diese sind ablesbar anhand des zweigeschossigen Torhauses, in dem sich ehemals die Oberamtei befand. Darüber hinaus wurde die evangelische Pfarrkirche in den Jahren 1710/13 mit einer Stuck verzierten Flachdecke und Emporen versehen (Tour 3).

Die im Dreißigjährigen Krieg zerstörten Schlösser in Stetten ob Lontal (Tour 17) und Brenz an der Brenz (Tour 16) wurden unter Einbeziehung überlieferter Reste der Vorgängerbauten in der zweiten Hälfte des 17. Jahrhunderts errichtet.
Sakralbauten wurden im 18. Jahrhundert im katholischen Raum besonders gefördert. Beispiel dafür ist die Erweiterung und Neugestaltung der ursprünglich spätgotischen Kirche in Dunstelkingen (Tour 8) im Jahr 1708 mit der bemerkenswerten künstlerischen Leistung Kaspar Buchmüllers aus Hochaltingen bei der Ausgestaltung der Deckenstukkatur.

Die Kirchen in Auernheim (Tour 6) und Großkuchen (Tour 4) wurden auf Veranlassung des Benediktinerklosters Neresheim (Tour 6) in den Jahren 1729-35 und 1736 in Sichtbeziehung zur Klosteranlage neu errichtet. Beide zeichnen sich durch für den süddeutschen Barock charakteristische Zwiebeltürme aus sowie durch eine traditionelle Konzeption des Raumes mit Saalschiffen rechteckiger Form, eingezogenen Chören und Osttürmen.

Charakteristische barocke Formen zeigt der Eglinger Keller (Tour 8). Er wurde im Zusammenhang mit der Einrichtung einer Brauerei des Fürstenhauses Thurn und Taxis in Eglingen 1775 in der Nähe des etwa zeitgleichen Zeughauses nach Plänen Joseph Dossenbergers erbaut. In diesem Gebäude sind sowohl Lager- und Eiskeller als auch eine Sommerwirtschaft untergebracht. Es gilt als frühes Beispiel eines Bautyps, der besonders im 19. Jahrhundert weite Verbreitung fand. Erste Hinweise auf Bierbrauereien im Kreis Heidenheim stammen aus der zweiten Hälfte des 15. Jahrhunderts, im 16. Jahrhundert erfolgte eine starke Ausweitung des Brauereiwesens. In einer Statistik von 1618 wurden von 13 Brauereien sechs in Heidenheim aufgezählt. In Heidenheim befand sich auch der Sitz der beiden württembergischen Zunftladen der Bierbrauer, deren Brauereiordnung von 1618 bis 1828 Gültigkeit besaß. 1711 gab es bereits 40 Braustätten, darunter acht in Heidenheim und fünf in Steinheim. Im Grunde wurde fast in jedem Dorf gebraut (Touren 6, 16 und 17). Einige Bierkeller sind heute noch im Landkreis Heidenheim bewahrt (Touren 5, 6, 11 und 16).

Teil 3 – Mauern

Rokoko – Die Zeit Dossenbergers

Rokoko bezeichnet keine eigenen Architekturformen, sondern lediglich Dekorationselemente, die als Weiterentwicklung des Barock, in Deutschland ihren Niederschlag von 1720/30 bis 1770/80 fanden. Charakteristisch sind die überbordende Verzierung von Bauten, Innenräumen, Möbeln und Gerät unter Aufgabe der im Barock noch gebräuchlichen figürlichen Symmetrie. Statt fester Formen dominieren leichte, zierlich gewundene Linien und häufig rankenförmige Umrandungen. Der Begriff leitet sich vom französischen „Rocaille" ab, was soviel wie „Muschelwerk" bedeutet. Im Sinne des Rokoko ausgeführte Stukkaturen befinden sich in der äußerlich schlicht gestalteten Kirche St. Anna in Ballmertshofen (Tour 7). Darüber hinaus sind qualitätvolle Holzschnitzarbeiten überliefert, beispielsweise die Emporenbrüstung, die Sakristeitür, die Chorschranken, die Wangen der Kirchenbänke sowie die Eingangstür. Charakteristika des süddeutschen Rokoko zeigt das Deckenfresko im Chor der Dischinger Pfarrkirche (Tour 7), gefertigt von Johann Nepomuk Schöpf.

Ebenfalls in die Zeit des Rokoko fällt der Landerwerb der Fürsten von Thurn und Taxis (Tour 7) im Landkreis Heidenheim, die durch gezielte Landschaftsgestaltung im Laufe des 18. und 19. Jahrhunderts eine fürstliche Residenzlandschaft schufen. Planerisch daran beteiligt waren der Baumeister Johann Georg Hitzelberger und der Architekt Joseph Dossenberger (Tour 7).

Besonders ortsbildprägend sind die von den Fürsten in Auftrag gegebenen Umgestaltungen von Kirchenbauten. Unter der Regie Joseph Dossenbergers wurde 1758 die Wallfahrtskapelle zu den 14 Nothelfern (Tour 7) im Sinne des Rokoko umgestaltet. Ebenfalls von Joseph Dossenberger sind Bau und Turm der Pfarrkirche in Eglingen (Tour 8). Der Chor, ausgeführt über einem quadratisch angelegten Grundriss mit einem flachen Gewölbe über einer hohen Hohlkehle, und der halbovale, im Osten angefügte Altarraum sind charakteristische Ausprägungen des Rokoko. Das Eglinger Langhaus, 1774-77 von Johann Georg Hitzelberger erweitert und umgestaltet, weist mit seiner zurückhaltenden Art der Ausgestaltung bereits Merkmale des Frühklassizismus auf. Am anschaulichsten ist der Übergang von Rokoko zum Frühklassizismus an der 1765 eingeweihten Pfarrkirche in Dischingen (Tour 7) abzulesen, deren Entwurf ebenfalls von Joseph Dossenberger stammt. Während die Grundkonzeption des Baus noch weitgehend Raumvorstellungen folgt, die im Rokoko Gültigkeit besaßen, stellen die Pilastergliederung im Langhaus, der Übergang vom Wand- zum Deckenbereich sowie die Ausgestaltung von Empore und Kanzel bereits Ausprägungen einer neuartigen Formensprache dar.

Von besonderem Wert für diese Zeit sind die im 18. Jahrhundert errichteten protestantischen Kirchenbauten. Sie zeigen eine eigenständige Form der Kirchenraumausgestaltung, die auf die evangelische Liturgie abgestimmt ist. Beispiel dafür ist die Saalkirche in Sontheim an der Brenz (Tour 16), die 1717-19 im barocken Stil ausgestaltet wurde. Korrespondierend ist hier je eine Orgel an West- und Ost-empore oberhalb des Altares angebracht. Charakteristisch ist der zu- rückhaltend ausgeführte, floral gestaltete Stuck. Von be- sonderem Wert ist die Pfarrkirche in Fleinheim (Tour 6), bei deren Gestaltung sich der vorwiegend im ka-tholischen Sakralbau beschäftigte Joseph Dossenberger mit dem protestantischen Sakralbau auseinandersetzte. In der Pfarrkirche St. Michael in Ger-stetten (Tour 11) befindet sich ein aufwändig geschnitzter Kanzelaltar.

Kapelle zu den 14 Nothelfern (Tour 7)   St. Anna Ballmertshofen (Tour 7)

Eine hohe Zahl von Pfarrhäusern wurde im 18. Jahrhundert neu erbaut. Zusammen mit Pfarrkirchen, dazugehörigen Nebengebäu-den und einem häufig vorhandenen Pfarrgarten sind sie noch heu-te in verschiedenen Fällen ortsbildprägend, beispielsweise in Zang (Tour 1), Fleinheim (Tour 6), Ballmertshofen und Dischingen (Tour 7) und Bissingen ob Lontal (Tour 14). Im ersten Jahrzehnt des 18. Jahrhunderts entstanden anstelle von Vorgängerbauten zumeist zweigeschossige Gebäude mit Satteldachabschluss, wie beispielswei-se im Falle der Pfarrhäuser von Auernheim (Tour 6) und Gerstetten (Tour 11). Ab den 1720er Jahren wurden die Pfarrhäuser als stattliche Putzbauten errichtet mit Walm- oder einem Krüppelwalmdach. Sie zeichnen sich durch charakteristische barocke Proportionen mit re-präsentativem Charakter aus. Dazu gehören die breite Lagerung des Gebäudes, seine symmetrische Anlage mit Mittelflur-Erschließung, eine großzügige Grundrissstruktur sowie die aufwändige Ausgestal-tung des Treppenhauses. Beispiele dafür finden sich in Großkuchen (Tour 4) und Oberstotzingen (Tour 17).

Klassizismus – antikes Erbe wiederbelebt

Während des Klassizismus, also vom Ende des 18. Jahrhunderts bis zum frühen 19. Jahrhundert (etwa 1770-1830), wird die Antike wiederum zum Ideal erhoben und vor allem die griechische Klassik zu erneuern versucht. Aus architektonischer Sicht bedeutet dies die Rückkehr zu geradlinigen Elementen und eine stärkere Anlehnung an klassisch antike Formen. Mit diesen puritanischen Ausprägungen zur Vereinfachung steht der Klassizismus im Gegensatz zur barocken „Verschwendungssucht".

Teil 3 – Mauern

Als bestes Beispiel für die Art des herrschaftlichen Profanbaus am Übergang vom Rokoko zum Klassizismus gilt das Schloss Niederstotzingen (Tour 17). Herausragend ist darüber hinaus die von den Fürsten Alexander Ferdinand und Carl Anselm von Thurn und Taxis im Raum Dischingen geschaffene Residenzlandschaft, die vorrangig dem Sommeraufenthalt der Fürstenfamilie diente (Tour 7). Kerngebäude war das extra umgestaltete Schloss Trugenhofen, das später in Schloss Taxis umbenannt wurde. In dieser Zeit wurden mehrere Repräsentationsbauten errichtet, um die fürstliche Familie samt Hofstaat beherbergen zu können: Die Grundrissstruktur des im 16. Jahrhundert errichteten so genannten Hohen Schlosses wurde durch Johann Georg Hitzelberger im Stil des Rokoko verändert. Der Vorbau der Kapelle zeigt bereits Elemente aus frühklassizistischer Zeit, beispielsweise aufgrund der dekorativen Ausgestaltung der sorgfältig behauenen Werksteine.

Repräsentativ für die in dieser Zeit neu errichteten Wirtschaftsbauten ist die vermutlich von Joseph Dossenberger konzipierte Reithalle, die 1775/76 im frühklassizistischen Stil mit Eckfassungen und bemalter Portalrahmung errichtet wurde. Bereits Mitte des 18. Jahrhunderts wurden im Inneren des Schlossbereichs Rokokogärten angelegt. 1783 wurde auf Veranlassung Fürst Carl Anselms von Thurn und Taxis der Englische Wald eingerichtet, dessen Anlage der im frühen 18. Jahrhundert in England entwickelten Konzeption des Landschaftsgartens folgt, dem in den 1770er Jahren in Deutschland der Durchbruch gelang. Noch heute ist die ursprüngliche Anlage der Wege überliefert und die gezielt berücksichtigten Blickbeziehungen zu den Pfarrkirchen in Dischingen und Trugenhofen sowie dem Kloster Neresheim ablesbar.

Kloster Neresheim (Tour 6, Foto: R. Lanzinger)   Schloss Thurn und Taxis (Tour 7)

Industriearchitektur im 18. Jahrhundert – Fabriken entstehen

Das Spektrum an Gebäuden, die im 18. Jahrhundert errichtet wurden, umfasst auch frühe Industriebauten. Die wirtschaftliche Entwicklung des Landkreises Heidenheim war im Wesentlichen von zwei Faktoren bestimmt, einerseits Textilverarbeitung, andererseits Eisenindustrie. Bereits vor der Industrialisierung stellten Leinenweber die größte Gruppe an Dorfhandwerkern dar, die überwiegend – als so genannte Haus- oder Kundenweber – den örtlichen Bedarf deckten (Tour 9). Höherwertige Waren wurden von Stückwebern für den überregionalen

Handel hergestellt. Im 18. Jahrhundert kam es auch vor dem Hintergrund des allgemeinen Bevölkerungswachstums zu einer deutlichen Zunahme an Webern und Webermeistern. Auch Seldner, also Tagelöhner oder Kleinhandwerker, wurden in großer Zahl als Arbeitskräfte in die Textilproduktion eingebunden. Die örtlichen Weber in der Stadt Heidenheim werden für das Jahr 1346 in der Ulmer Zunftordnung erwähnt. 1601 wurde eine im Süden des heutigen Stadtgebietes gelegene Webersiedlung, die so genannte Untere Vorstadt, neu angelegt (Tour 10). Die Produktion gipfelte 1736 schließlich in der Errichtung der Leinwandhandlungscompagnie.

Teil der mittelalterlichen und neuzeitlichen Geschichte der Ostalb ist die bereits in vorgeschichtlicher Zeit praktizierte Gewinnung und Verhüttung von Eisenerzen. Vom Abbau der Bohnerze zeugen die vielen im Wald bewahrten Pingen (Tour 6). Erste schriftliche Nachrichten stammen aus der Mitte des 14. Jahrhunderts. In einer Urkunde von 1365 ist die königliche Verleihung, Eisenverarbeitung vorzunehmen, an den Grafen Ulrich d. J. von Helfenstein bezeugt. Seit dieser Zeit hielten Abbau und Verarbeitung von Bohnerz an. Nach einer erneuten Blüte Mitte des 19. Jahrhunderts kam der Abbau erst zu Beginn des 20. Jahrhunderts zum Erliegen (Touren 3 und 5). Die Hüttenwerke waren auf den regelmäßigen und umfangreichen Bezug von Holz und Holzkohle aus der Nachbarschaft angewiesen. Eine Reihe von Ortsnamen, wie „Kohlplatte" oder auch noch eine intakte Köhlerei deuten daraufhin (Tour 4).

Im Zusammenhang mit der langen Tradition der Eisenwerke steht das in den 1770er Jahren am Brenzursprung in Königsbronn errichtete Wohnhaus des damaligen Hüttenpächters Johann Georg Blezinger (Tour 3). Es weist eine im Sinne des Barocks durch Pilaster gegliederte Fassade mit einem volutenverzierten Giebel auf. Im Dachraum ist die Sommerstube untergebracht mit opulenter Stuck- und Freskendekoration. Ein anschauliches Beispiel der frühen Industriebauten bietet das um 1700 an der Landesstraße Aalen-Heidenheim gelegene ehemalige Faktoreigebäude. Darüber hinaus verweist es auf die lange Tradition der Schwäbischen Hüttenwerke.

Historismus

Der Historismus des 19. Jahrhunderts zeichnet sich durch einen Rückgriff auf bekanntes Formenrepertoire vergangener Epochen aus. Entsprechend der stilistischen Ausprägung werden die Epochenbezeichnungen mit dem Zusatz „Neu-" oder „Neo-" verwendet (Neugotik: 1830-1900, Neorenaissance: 1870-90). In Anlehnung an die ehemalige Funktion der retrospektiv nachgeahmten Gebäude wurde nun den verschiedenen reaktivierten Baustilen unterschiedliche Funktionen zugeschrieben und ausschließlich für bestimmte Gebäudetypen verwendet. Elemente von Neugotik und Neuromanik waren beispielsweise Kirchenbauten vorbehalten, Banken, Bürgerhäuser und Bildungseinrichtungen wurden vorrangig im Stil der Renaissance errichtet, im Sinne des Barock wurden Adelspalais und Theater ausgeführt. Mithilfe des bereits bekannten Formenrepertoires wurden aber auch neue architektonische Aufgaben wahrgenommen, die die Industrielle Revolution mit sich brachte. Dazu gehörte vor allem der Bau von Bahnhöfen, Fabriken und Wassertürmen. Unabhängig davon wurde bei allen im Historismus entstandenen Bauten weniger Wert auf Funktionalität als vielmehr auf Repräsentation gelegt. So wurden antike Bauelemente wie Säulen keinesfalls aufgrund baustatischer Notwendigkeit eingesetzt, sondern rein dekorativ zur Schaffung einer „historischen Atmosphäre".

Als herausragender Beleg für die Gestaltungsvielfalt des 19. Jahrhunderts ist die Anlage des Wildparks um das Schloss Duttenstein zu nennen (Tour 8), den Fürst Karl Alexander im Jahr 1816 anlegen ließ. In seiner ursprünglichen Anlage überliefert, zeigt er heute die der Ausgestaltung zugrunde liegenden Anforderungen einerseits an den klassischen Landschaftsgarten, andererseits an das damals vom Adel eingerichtete Jagdareal. Darüber hinaus wurde das Schloss Taxis in den 1850/60er Jahren von Ludwig Foltz, einem Münchner Architekten und Bildhauer, umgebaut. Die damaligen Instandsetzungen prägen das heutige Erscheinungsbild. Die Fassadengestaltung wurde in Anlehnung an Elemente der Bauformen der englischen Gotik dekorativ ausgestaltet. Charakteristisch dafür ist das Motiv des Zinnenkranzes. Von großem bau- und konstruktionsgeschichtlichem Wert ist darüber hinaus das „Glashaus" (Palmenhaus) im Norden des Ziergartens. Der Entwurf geht auf den bereits erwähnten Ludwig Foltz zurück. Der Bau wurde in den Jahren 1864-66 von den Hüttenwerken Wasseralfingen als Glas-Eisen-Konstruktion ausgeführt.

Um 1850 wurden im Zusammenhang mit der neugotischen Zeit eine Reihe von Bauwerken, vor allem Kirchen im romanischen Stil nachgebaut. In diesem Zusammenhang wurde die häufig originale Barockausstattung entfernt. Während die rege Bautätigkeit hinsichtlich der Errichtung von Sakralbauten im 19. Jahrhundert in den katholischen Gebieten nachließ, gibt es im Kreis Heidenheim im protestantischen Kirchenbau mehrere neue Gebäude dieser Zeit. 1861 wurde auf der Kirchenkonferenz zu Eisenach das so genannte Eisenacher Regulativ beschlossen, worin Grundsätze zum Aussehen und Bau evangelischer Kirchen festgehalten wurden. Ein herausragendes Beispiel, bei dem diese theoretischen Beschlüsse und Richtlinien in die Praxis umgesetzt wurden, ist die im neuromanischen Stil gestaltete Kirche in Nattheim (Tour 5). Sie wurde 1864-67 unter der Leitung des Stuttgarter Oberbaurats und Professors Christian Friedrich Leins errichtet, der an der Aufstellung oben genannter Grundsätze maßgeblich beteiligt war.

Als Beispiel für einen im Stil der Neorenaissance ausgeführten Bau kann die Kornschranne in Giengen (Tour 13) angeführt werden. Sie wurde 1869, entworfen vom Stadtbaumeister Carl Friedrich Rau, als Hallenbau errichtet.

Industriearchitektur im 19. Jahrhundert – Wo Mühlen standen

Die Mahlmühlen des Landkreises Heidenheim konzentrierten sich naturgemäß an den Flüssen Brenz und Egau (Touren 7 und 12). Früheste schriftliche Erwähnungen, beispielsweise der Mahlmühlen in Dischingen und Ballmertshofen, stammen aus dem 13. Jahrhundert. In der Neuzeit wurden so gut wie keine neuen Mahlmühlen mehr angelegt, da gegenseitige Konkurrenz und Wassermangel sowieso schon zur vorübergehenden Einstellung des Mahlbetriebs führte. Um die Egau möglichst intensiv zu nutzen, wurde in der Guldesmühle bei Dischingen 1764 eine Papiermühle eingerichtet, in der Rappenmühle bei Ballmerthofen im späten 18. Jahrhundert eine Tuchwalke (Tour 7). Aber keine der beiden erzielten den erhofften Erfolg.

Im Zusammenhang mit der industriellen Entwicklung kam es im Verlauf des 19. und am Beginn des 20. Jahrhunderts zu einem Aufstieg bestimmter Orte. Besonders in Heidenheim kam es an den ehemaligen Standorten der Mühlen zur Entwicklung großflächiger Fabrikanlagen. Der Betrieb von Fabriken zog dann die Entstehung von Wohnsiedlungen für die Arbeiter und Villenviertel für die Fabrikanten nach sich.

Aus der zweiten Hälfte des 19. Jahrhunderts sind aus den Schwäbischen Hüttenwerken Königsbronn (Tour 3) wertvolle Beispiele von Industriearchitektur überliefert. 1860/61 wurde am Brenzursprung eine Hammerschmiede errichtet, 1890 folgte ein Turbinenanbau. Besonders aus der zweiten Hälfte des 19. Jahrhunderts sind viele Neubauten der damaligen Zeit in den Eisenhüttenwerken überliefert (Tour 3). Darüber hinaus gehörten zu den vorrangigsten Bauaufgaben des 19. Jahrhunderts die Entwicklung und Anlage des Eisenbahnbaus (Tour 13).

Das 20. Jahrhundert - funktionalistisch

Stellvertretend für die Architektur des 20. Jahrhunderts seien hier die Fabrikbauten der Spielwarenfirma Margarete Steiff GmbH in Giengen an der Brenz (Tour 13) genannt, denen nationale Bedeutung zugeschrieben wird. Die Glas-Skelett-Bauten wurden in den Jahren 1903-1908 errichtet und gelten als Vorreiter funktionalistischer Architektur. Charakteristisch sind dafür die kubische Gestalt der Bauten, ihre Konstruktionsweise sowie funktionale Anordnung zueinander.

Fabrikbau der Margarete Steiff GmbH (Tour 13; Foto: Autoren)

Wandertouren

Tour 1
Oberes Wental – Zang

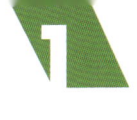

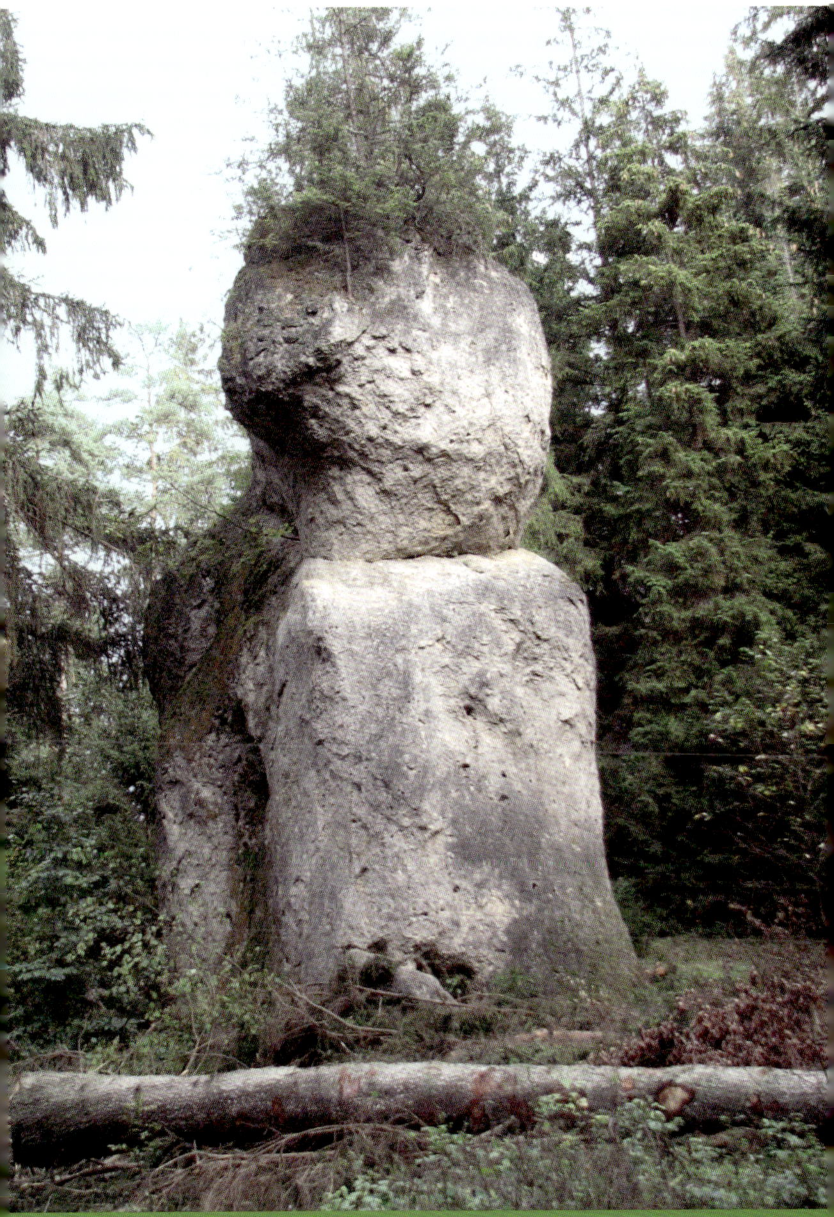

Inseln im Wald

Inseln im Wald

Kurzinfo

i

Start:	Wanderparkplatz bei Königsbronn-Zang an der *K 3013*
Anfahrt:	Über die *B 19* von Heidenheim oder Aalen kommend nach Königsbronn fahren. In der Ortsmitte auf die *L 1123* nach Steinheim am Albuch abbiegen und nach etwa 3 km rechts in Richtung Zang fahren. Von Steinheim a. A. auf der *L 1123* kommend am Kreisverkehr die *K 3035* in Richtung Zang nehmen. Etwa 1,7 km hinter dem Ortsausgang von Zang liegt rechts an der *K 3013* ein Wanderparkplatz im Wald.
ÖPNV:	Busverbindungen aus Heidenheim
Strecke:	ca. 14 km, abgekürzt: 10 km
Dauer:	reine Gehzeit ca. 4 Stunden Abkürzung: ca. 3 Stunden
Charakter:	Rundwanderung ohne bemerkenswerte Höhenunterschiede mit Ortsbesichtigung

Vom Parkplatz aus überqueren wir die Kreisstraße und nehmen den Schotterweg entlang des Waldrandes. Bei der nächsten Möglichkeit biegen wir links auf einen asphaltierten Weg ab, der mittig über die Rodungsinsel an einer Hülbe Richtung Zang vorbei führt.

1 Die ehemalige Siedlung Kerbenhof

Der gesamte westliche Teil der Zanger Rodungsinsel wird von einer überwiegend als Ackerland genutzten Fläche eingenommen, deren Flurname „Kerbenhof" heute noch auf eine dort ehemals liegende kleine Siedlungsstelle verweist. Anhand der Ortsnamen lässt sich ermitteln, dass die Höhenlagen von Albuch und Härtsfeld ab dem Hohen Mittelalter verstärkt aufgesiedelt worden sind. Wissenswert! Die damals geschaffenen Freiflächen haben sich bis heute erhalten und prägen nachhaltig das Landschaftsbild. Dabei ist im heutigen Areal „Kerbenhof" bereits für 1143 eine Ausbausiedlung namens „Chorben" belegt. Im Gegensatz zur Siedlung Zang überdauerte sie das ansonsten von Siedlungsrückgang gekennzeichnete Spätmittelalter, wurde dann aber um 1848 verlassen. Einziges siedlungsanzeigendes Relikt ist die heute als Naturdenkmal aufgenommene **1.1** „Hülbe".

„Hülben" – Relikte historischer Wasserversorgung

1.1

Auf der chronisch wasserarmen Albhochfläche war die Versorgung mit Wasser für Mensch und Vieh eine wichtige Voraussetzung für menschliche Ansiedlungen. Die durch Sackungserscheinungen im Gesteinsuntergrund Wissenswert! entstandenen Mulden oder Wannen fielen nicht immer trocken aus, sondern stießen bisweilen mit ihrer Sohle an wasserundurchlässige oder wasserführende Schichten, wodurch sich in der Grube Wasser sammeln konnte. Diese Mulden wurden mit den mittelhochdeutschen Wörtern „hülwe" beziehungsweise „hülbe" belegt. Auf Weideflächen wurden vielfach Hülben künstlich durch das Einbringen einer gestampften Lehmsohle in den natürlichen oder gegrabenen Bodenwannen angelegt. Es waren durchweg nur vom Regenwasser gespeiste „Himmelsteiche". Hülben dienten vor allem zur Wasserversorgung der Tiere. Auf der weitgehend gewässerlosen Alb kommt diesen Kleingewässern mit ihren teilweise vermoorten Verlandungsbereichen heute eine besonders hohe ökologische Bedeutung für Wasserpflanzen und andere an Wasser gebundene Organismen, wie Libellen, Wasserwanzen und -käfer zu. Sie dienen auch als Laichplätze für Amphibien.

Wissenswert

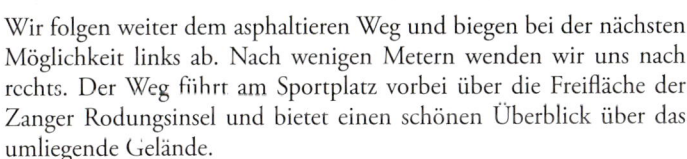

Wir folgen weiter dem asphaltieren Weg und biegen bei der nächsten Möglichkeit links ab. Nach wenigen Metern wenden wir uns nach rechts. Der Weg führt am Sportplatz vorbei über die Freifläche der Zanger Rodungsinsel und bietet einen schönen Überblick über das umliegende Gelände.

Wer hier abkürzen möchte, verzichtet auf die Ortswanderung durch Zang. Noch vor dem Sportplatz biegen wir nach rechts auf einen schmalen Waldweg ab, umgehen nach wenigen Metern eine Durchfahrtschranke und erreichen die Kerbenhofhütte.
Die Tour kann nun bei Zeichen **A** fortgesetzt werden.

Als vierte Einmündung von der linken Seite führt nach etwa 1,1 Kilometer ein asphaltierter Weg im spitzen Winkel nach Zang hinunter. Auf diesem gelangen wir zur *Weiherstraße* und in den alten Ortskern von Zang. Wir biegen nach links in die *Brunnenstraße* ein und an deren Ende nach rechts in die *Kirchstraße*, die schließlich auf die *Zanger Hauptstraße* trifft. Linker Hand liegen die Pfarrkirche und weitere wichtige Baudenkmale des Ortes an der *Zanger Hauptstraße* bzw. der *Struthstraße*, auf denen wir weiter wandern.

2 Der mittelalterliche Ausbauort Zang

Das Ortsbild von Zang wird in erster Linie von dem Ensemble aus Schul- und Rathaus (Haus-Nr. 1) sowie dem benachbarten Pfarrhaus (Haus-Nr. 3) geprägt, zu dem außerdem die 100 Meter weiter östlich liegende Pfarrkirche zu zählen ist. Sie ist ein schlichter Saalbau mit einem Reitertürmchen über dem westlichen Giebel und wurde um 1780 an dem Platz eines älteren Kirchenbaus errichtet. Erst 1831 wurde eine von Königsbronn unabhängige Pfarrei eingerichtet, was 1867 den Bau des Pfarrhauses nach sich zog. Obwohl Zang schon seit dem ausgehenden 17. Jahrhundert einen eigenen Schulmeister hatte, wurde der zweigeschossige, mit einem Satteldach versehene Schulbau erst 1834 errichtet. Mehr als 100 Schulkinder zu dieser Zeit hatten den Bau erforderlich gemacht. Doch erst ein königlicher Spendenaufruf an alle evangelischen Pfarreien Württembergs ermöglichte dessen Finanzierung. Von Anfang an diente das Gebäude auch der Gemeindeverwaltung.

Die weitgehend heute noch erkennbare Aufreihung der einzelnen Grundstücke entlang der Hauptstraße im Westen des Ortes mit daran anschließenden, langen und schmalen Parzellen erinnert an die wohl ursprüngliche Aufteilung gemäß einer „Waldhufensiedlung". Diese ist auf den mittelalterlichen Eingriff des Menschen in die umliegende Natur zurückzuführen. Auf der Freifläche um Zang herum lässt sich dieser besonders gut nachvollziehen. Der Ort ist zwar erst 1356 urkundlich erwähnt, dürfte aber bereits im Zuge des hochmittelalterlichen **1.2** Landesausbaus gegründet und die umgebende Rodungsinsel angelegt oder zumindest stark erweitert worden sein. Den Neusiedlern wurden jeweils von der Landstraße ausgehende und bei der Rodung des Waldes entstandene Ackerfluren – die Hufen – verpachtet. Da der Ort im späten Mittelalter von seinen Bewohnern verlassen und erst ab 1537 wieder neu angelegt wurde, ist das Ortsbild vor allem im Osten von den Merkmalen einer locker gestreuten Seldnersiedlung überprägt.

Die bis dahin sehr kleine Zanger Feldflur wurde um 1850 und zuletzt um 1920 beträchtlich vergrößert. Dabei wurde auch der den Kerbenhof und Zang im Bereich der Strut-Dolinen trennende Waldgürtel gerodet. Die heutige Parzellenstruktur geht auf die etwa 1975 durchgeführte Flurbereinigung zurück.

Nach neuen Erkenntnissen reicht die Geschichte der Rodungsinsel möglicherweise wesentlich weiter zurück, denn archäologische Funde deuten die Existenz einer menschlichen Ansiedlung an, die bereits in die Jungsteinzeit von etwa 5500 bis 2200 v. Chr. datiert werden kann. Sollten sich die bislang vagen Hinweise verdichten, so müsste man davon ausgehen, dass Waldflächen im nördlichen Albuch nicht erst im Hochmittelalter aufgelichtet wurden, sondern dass schon während der Jungsteinzeit Waldflächen gerodet und die besiedelten Flächen ausgeweitet worden sind.

Es wäre außerdem ein Beleg für die schon in der Frühphase menschlicher Aktivitäten stärker einsetzende Überprägung der Natur und ihrer Umwandlung in eine Kulturlandschaft, deren historische Relikte heute noch greifbar sind.

Landesausbau und Rodungsinseln im Hohen Mittelalter

1.2

Wohl auf Grund eines erhöhten Bevölkerungswachstums und damit einhergehenden Siedlungsdrucks wurden seit dem 10. und besonders im 11. und 12. Jahrhundert Waldgebiete für neue Dörfer und ihre Wirtschaftsflächen urbar gemacht. Während die meist abhängigen Bauern versuchten, Neuland für ihr wirtschaftliches Auskommen zu gewinnen, sahen Adel und Kirche darin eine Chance, ihre Herrschaft und Macht zu erweitern. Dabei wurden bis dato weitgehend unberührte Flächen aufgesiedelt, und zum Teil griff der so genannte „Landesausbau" sogar über die Areale hinaus, die heute noch von Orten und ihren Wirtschaftsflächen eingenommen werden. Die bis ins hohe Mittelalter unberührten Landflächen waren natürlich von dichten Wäldern bewachsen, die zunächst gerodet werden mussten, wobei die Bäume als willkommenes Bau- und Heizmaterial gefällt und deren Stümpfe und Wurzeln danach mit Bränden beseitigt wurden. Im Zuge dieses so genannten „äußeren" Landesausbaus – im Gegensatz zum „inneren", der durch eine Siedlungsverdichtung innerhalb des alten Siedellandes charakterisiert ist – entstanden unter anderem durch Waldgürtel voneinander getrennte Freiflächen, die Rodungsinseln.

Die Namen der in dieser Zeit neu angelegten Orte sind oft nachvollziehbar, da sie häufig Bezug nehmen auf die landschaftlichen Begebenheiten in ihrer Umgebung. Dazu gehören Ortsnamen, die auf *-tal*, *-berg* oder *-stein* enden. Andere verweisen mit den Endungen *-hart*, *-buch* oder *-tann* auf die Wälder, in denen sie angelegt wurden. Manche beinhalten einen direkten Verweis auf die Rodungstätigkeit, so zum Beispiel der Ort Zang, dessen Name sich vom mittelhochdeutschen *sanc* ableiten lässt. Es bedeutet absengen.

Die durch Rodung entstandenen Siedlungen bestanden auf dem Albbuch nicht sehr lange. Die mageren kalkarmen Böden waren schon nach wenigen Jahren ausgelaugt. Das raue Klima tat das Übrige. Auf den meisten dieser abgegangenen Siedlungsflächen findet man heute nur Viehweiden und Sommerweiden für Schafe oder Wald.

Wissenswert

1 Oberes Wental - Zang

Nach dem Ortsausgang von Zang biegt man von der Kreisstraße in Richtung Bartholomä vor dem alten Gehöft „Schafhof" nach links in einen Schotterweg ab. Nach wenigen Metern erstreckt sich auf der rechten Seite des Weges ein bedeutendes Naturdenkmal: die Zanger Doline. Der Weg trifft auf den bereits bekannten Asphaltweg. Wir wenden uns nach rechts und hinter dem Sportplatz gleich wieder nach links auf einen schmalen Waldweg.

Hier geht es weiter, wenn man die Wanderung durch Zang auslässt. **A**

Wiederum auf der rechten Seite befindet sich eine weitere, wannenförmige Doline, die mit Bäumen und Büschen bewachsen ist.

3 Dolinen in der Flur „Strut"

Die Geländestruktur, die sich auf der rechten Seite des Weges in den Wiesenflächen abzeichnet, könnte man zunächst als Tal oder als Spur menschlicher Aktivitäten deuten. Ihr Ursprung ist jedoch rein geologischer Natur. Es handelt sich um eine ausgedehnte **1.3** Doline, oder auch einen Erdfall. Derartige Erscheinungen sind Anzeichen stärkerer Verkarstungen, die typisch sind für die Schwäbische Alb. In der Flur „Strut" haben sich diese Formationen besonders gut erhalten. Ihre Ausprägung verhinderte jedoch eine Nutzung des Geländes als Ackerland. Die Doline, die südlich des Weilers „Schafhof" liegt, besitzt eine Struktur, die wesentlich verschachtelter ist.

Dolinen, Erdfälle, Karstwannen
Verkarstungserscheinungen der Albhochfläche

1.3

Wissenswert

Mit dem Begriff „Karst" oder „Verkarstung" beschreibt man einen Vorgang, bei dem das versickernde Oberflächenwasser das direkt unter dem Oberboden gelegene Kalkgestein mit der Zeit auflöst und zersetzt. Dadurch entstehen im Gesteinsuntergrund Risse, Löcher und Höhlen, in denen das Grundwasser teilweise wie in Röhren abgeleitet wird. Das immer poröser werdende Gestein kann unter Umständen nachgeben und einbrechen. Große eingebrochene Höhlen zeichnen sich an der Oberfläche dann als längere Wannen, den Karstwannen ab. Kleinere Hohlräume ähneln eher Erdtrichtern und werden Dolinen oder Erdfälle genannt.

Bei den Dolinen und Karstwannen in der Flur „Strut" handelt es sich im geologischen Sinn um relativ junge Erscheinungen, die zwischen dem ausgehenden Miozän und dem Pleistozän entstanden. Andere Karsterscheinungen sind dagegen schon mit Verwitterungsprodukten, zum Beispiel Rot- und Bohnerzlehmen aus dem Oligozän verfüllt und müssen daher schon vorher eingebrochen sein.

Die Karsteinbrüche zwischen Königsbronn und dem Wental sind Hinweise auf ein ausgedehntes Höhlensystem unter diesem Gebiet, das weite Teile des Albuchs und die Umgebung des Wentales entwässert und das Grundwasser dem Brenzursprung in Königsbronn zuführt.

Unser Weg führt uns weiter, links an der Kerbenhofhütte vorbei. Nach wenigen Metern stoßen wir auf einen grasbewachsenen Waldweg, dem wir nach rechts folgen und geradeaus weitergehen, bis er an einer Kreuzung auf einen Schotterweg stößt. Hier gehen wir rechts, gelangen zum Waldrand und gehen dort links entlang. Wir gehen immer weiter, vorbei am Hauptweg *Irmannsweilerplanie* und an einer links liegenden Hülbe. Am nächsten Hauptweg, dem *Blümlesbronnensträßle* gehen wir wieder links in den Wald hinein und an der nächsten Kreuzung nach rechts auf dem geschotterten *Lechfeldsträßle* weiter. Es führt in einem Bogen auf die *L 1165* zu. Auf der Landesstraße gehen wir ein kurzes Stück nach links und biegen bei der nächsten Möglichkeit nach rechts in das geschotterte *Judenmahdsträßle* ab. Nach etwa 600 Meter knickt dies nach rechts ab und führt zu einer Kreuzung, die wir geradeaus überqueren. Auf dem Waldweg gelangen wir auf einen von rechts kommenden Schotterweg und schließlich zum „Mühlgrund" im Wental. Hier biegen wir nach rechts in das Tal hinein – talaufwärts – ab.

4 Das Untere Wental

Der Talcharakter in diesem Abschnitt des Wentales ist deutlich ausgeprägt, da sich der einstmals hier fließende, aber schon lange trocken gefallene Fluss tiefer in die Gesteinsschichten einarbeiten konnte als weiter nordlich. Dies erfolgte während der Eiszeiten, als der Boden bis in große Tiefen gefroren war und so trotz starker Verkarstung Wissenswert das Oberflächenwasser nicht sofort versickern konnte, sondern als Flusswasser abgeführt wurde. Der durch die starke Frostverwitterung entstandener Gesteinsschutt wurde dabei abtransportiert. Das Ergebnis ist heute noch als markante Talform deutlich sichtbar.

Auf dem Talgrund wandern wir nun durch das Wental mit seinen Felsformationen aufwärts, begleitet von den Informationstafeln eines Waldlehrpfades. Am Ende des Weges gelangen wir zum Wanderparkplatz beim Wental-Gasthof. Auf der gegenüberliegenden Seite der Landesstraße geht der Wanderweg weiter. Hier beginnt der nächste Abschnitt des Wentales, das so genannte „Felsenmeer", dessen Entstehungsbedingungen am Eingang des Tales auf einer Hinweistafel erläutert werden. Der Pfad führt durch das Felsenmeer hindurch zum oberen Abschnitt des Wentales.

Oberes Wental – Zang

❺ Das Obere Wental mit Felsenmeer

Angesichts der Umgebung möchte man nicht vermuten, dass man sich hier im oberen Abschnitt eines alten Flusstals befindet. Das so genannte „Felsenmeer" besteht aus etwa 30 bizarr aussehenden, unterschiedlich großen Felsen aus widerstandsfähigem **1.4** Dolomitgestein, die der ursprünglich in das Steinheimer Becken fließende Fluss zurückgelassen hat. Ihre heutige Form verdanken sie vor allem den Bedingungen der letzten Eiszeit, als die Gesteine durch die Einwirkung von gefrierendem und auftauendem Wasser und den allgemeinen Temperaturwechseln einer starken Frostverwitterung ausgesetzt waren.

Dolomit auf der Alb:

1.4 Der Dolomit, ein Calcium-Magnesium-Mischkarbonat ist nur sporadisch auf der Alb zu finden. Typisch sind für ihn abgerundete Verwitterungsformen. Sein Verwitterungsprodukt, der Dolomitsand war ein begehrter Bau- und auch Fegsand zum Scheuern der Holzfußböden.

Wenn wir das Felsenmeer hinter uns gelassen haben, erstreckt sich auf der linken Seite eine baumfreie Anhöhe, deren Flurname „Heide" schon auf die früher vorwiegende Nutzung als Schafweide hindeutet.

Gegenüber, wenige Meter hinter der auf der linken Seite liegenden und als „Hexenloch" bekannten Doline, führt ein Weg in den Wald hinein, dem wir folgen. Wir überqueren einen Schotterweg und gehen weiter geradeaus, bis wir zu einem Kreuzungspunkt vieler Wege – einer Wiese im sogenannten Gemeintal – gelangen. Dort wählen wir den nach rechts abbiegenden Schotterweg – den *Irmannsweiler Weg* – der nach einer kurzen Strecke in einem Bogen den Hang hinauf führt. Diesen Weg gehen wir entlang bis zum Parkplatz und unserem Ausgangspunkt.

Tour 2
Unteres Wental – Steinheim

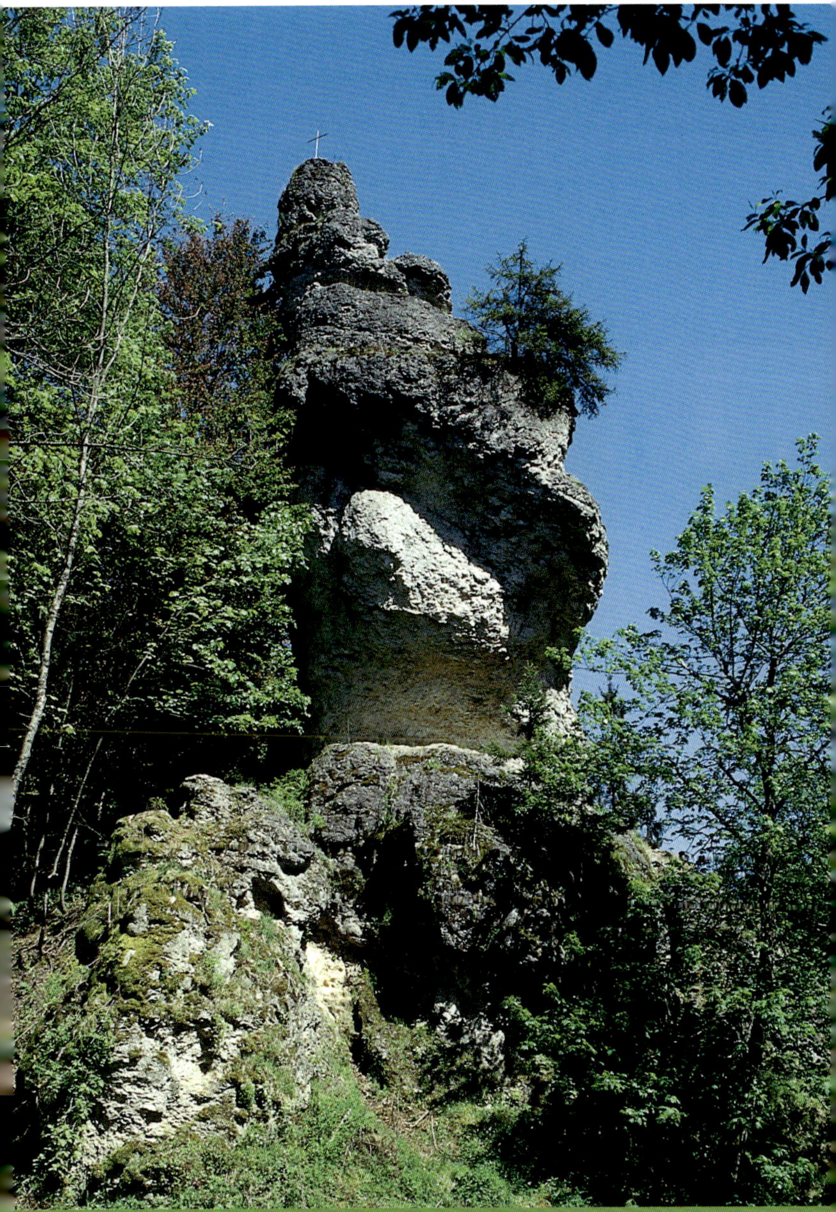

Zu Besuch beim
„Wentalweible"

2 Unteres Wental – Steinheim

Zu Besuch beim „Wentalweible"

Kurzinfo ℹ

Start:	Parkplatz am Hirschfelsen bei Steinheim am Albuch
Anfahrt:	Auf der *B 466* von Böhmenkirch kommend nach Söhnstetten fahren. Am Ende des Ortes nach links in Richtung Neuselhalden abbiegen. In Neuselhalden in Richtung Steinheim am Albuch fahren. Vor Erreichen des Ortes der Beschilderung „Wental" folgen. Aus Heidenheim kommend in Steinheim am Albuch innerorts von der *Hauptstraße* in Richtung Neuselhalden abbiegen. Etwa 700 Meter hinter dem Ortsausgang liegt rechts der Wanderparkplatz am Hirschfelsen.
ÖPNV:	Busverbindungen aus Heidenheim
Strecke:	Ca. 14,5 km, abgekürzt: 11 km
Dauer:	reine Gehzeit ca. 4 Stunden Abkürzung: ca. 3 Stunden
Charakter:	Rundwanderung mit wenigen Anstiegen

Wir wenden uns auf dem Asphaltweg nach links (Westen) und gehen vom Parkplatz aus in Richtung der ersten Felsen. Rechter Hand sehen wir sogleich den Hirschfelsen. Wir passieren eine Hinweistafel am Wegesrand mit Erläuterungen zur Kulturlandschaft **2.1** Wachholderheide, die sich östlich des Hirschfelsens vor uns ausbreitet.

Wachholderheide

2.1 Wachholderheiden prägen seit jeher das Bild der Schwäbischen Alb. So trifft man sie auch immer wieder auf der Heidenheimer Ostalb an. Wacholderheiden sind Trockenrasen oder auch Magerrasen und werden als besondere Biotope bezeichnet, die sich an trockenen, nährstoffarmen Standorten ausbilden. Trockenrasen entwickeln sich auf trockenen Standorten mit häufig nur gering entwickelten Bodenprofilen. Das meist schon spärliche Niederschlagsangebot wird schnell abgeführt oder verdunstet. Aufgrund von Trockenheit und Nährstoffarmut siedeln sich auf Trockenrasen Pflanzenarten an, die eine hohe Trockenheitsresistenz besitzen. Um den Trockenrasen zu schützen und seine Weiterentwicklung zum Gehölz zu verhindern, müssen die Flächen regelmäßig durch Schafbeweidung und manuelle Maßnahmen gepflegt werden.

Unterhalb des Felsens zweigt auf der linken Seite ein Waldweg ab, dem wir solange folgen, bis er uns schließlich zurück auf die Asphalt-straße führt. An dieser angekommen wenden wir uns nach links. An der nächsten Abzweigung folgen wir nicht rechts den Wegweisern ins Wental, sondern gehen geradeaus die *„Rauhe Steige"* hoch. Kurz darauf gabelt sich die Straße. Wir nehmen den rechten Schotterweg. Von diesem Weg zweigt ein weiterer Schotterweg nach rechts ab, den Hang hinauf. Auf der Hügelkuppe kreuzt ein weiterer Schotterweg. Wir biegen nach links in das *Hombergsträßle* ab. Genau vor der zwei-ten Einmündung von links liegt linker Hand eine kleine Erhebung mit einem ungefähren Durchmesser von 4 Meter bei einer Höhe von etwa 80 Zentimeter. Diese wurde zunächst als Grabhügel angespro-chen. Eine Ausgrabung konnte dies aber nicht bestätigen. Eine Inter-pretation als Relikt mittelalterlicher Erzverhüttung/Kalkgewinnung kann daher nicht ausgeschlossen werden.

Wir bleiben auf dem geschotterten Hauptweg. Gleich links folgt die Homberghülbe Wissenswert! Nach einer Linkskurve gabelt sich der Weg. Wir biegen nach links ab, um kurz danach wieder nach rechts zu gehen. Auf der rechten Seite der sich nun eröffnenden Freifläche befand sich einst das heute nicht mehr sichtbare „Klösterle". Ein gras-bewachsener Weg führt von unserem Weg im rechten Winkel auf den Standort des „Klösterles" zu. Wir erkennen ihn an den im Boden erhaltenen Strukturen, die sich im Relief abzeichnen. Wer möchte, kann vorher einen Abstecher zum Kalkofen machen.

❶ „Klösterle" auf dem Hochberg

Archäologische Untersuchungen haben hier nicht stattgefunden. Die einzigen Informationen, die über das „Klösterle" bekannt sind, stam-men aus urkundlichen Zeugnissen. Aus diesen geht hervor, dass es sich beim „Klösterle" um einen Wirtschaftshof handelte, der in Ab-hängigkeit eines Klosters stand. Die Überlieferung besagt, dass das bei Illertissen gelegene Prämonstratenserstift Roggenburg im Jahr 1126 gegründet wird. Zu seiner Ausstattung gehört unter anderem der Fel-genhof sowie der „Alte Hohenberg". Des Weiteren ist für das Jahr 1368 überliefert, dass das Kloster Roggenburg unter anderem seinen „hoff ze Höchenberg und den alten Höchenberg" an Abt Heinrich vom Kloster Königsbronn verkauft. Laut dem Königsbronner Lager-buch, einem Grundbesitzregister, war der Hof im Jahr 1471 bereits verödet.

Andere Quellen sprechen von einem – bisher nicht lokalisierbarem – Kloster Rechenzell auf dem Albuch. Vom einstigen „Klösterle" sind heute noch erkennbar: Die Reste eines ummauerten Gevierts mit Ziegelbruchstücken, markiert durch einen Hecken- und Gehölzstrei-fen. Eine kleine Wasserstelle, die sogenannte „Klösterleshülbe", etwas abgesetzt in einer Buschgruppe auf dem freien Feld. Der Mauerschutt eines ehemaligen Steinhauses mit einer gut erhaltenen steinernen Tür-schwelle, nördlich der alten Weidbuchen.

Längliche Bodeneinschläge zwischen den Altbuchen sind wohl als Suchgräben nach Dolomitsand Wissenswert! aus dem 19. Jahrhundert zu deuten.

Abstecher: Wir gehen auf unserem Ausgangsweg in der ursprünglich eingeschlagenen Richtung weiter. Kurz darauf passieren wir die Überreste eines am rechten Wegesrand gelegenen Kalkofens.

2 Kalkofen

Wenig südwestlich des abgegangenen Klosterhofes „Klösterle" konnten Nachweise eines 2.2 Kalkofens erbracht werden. Der Kalkofen steht vermutlich in Zusammenhang mit der Errichtung des benachbarten „Klösterle" und kann somit in die spätmittelalterliche Zeit (14.-15. Jahrhundert) datiert werden.

Kalkbrennerei

2.2 Neben seiner Verwendung als Dünger in Landwirtschaft und Gartenbau dient Kalk vor allem auch als Baustoff. Mit Sand und Wasser wird er zu Mörtel vermischt. Bevor Kalk verwendet werden kann, muss er gebrannt und gelöscht werden. Beim Brennen wird dem Kalkstein Wasser und Kohlensäure entzogen, wodurch der Kalkstein fast die Hälfte seines Gewichts verliert.

Aufgrund seiner unmittelbaren Nähe zum Kloster, kann man mit Sicherheit davon ausgehen, dass Kalkbrennofen und Bau des Klosters in Zusammenhang standen.

Vom „Klösterle" aus wandern wir vor den Altbuchen auf der Heide gen Norden, queren auf einem Grasweg den nahen Fichtenhochwald leicht bergab und gelangen nach etwa 250 Meter auf das geschotterte *Klösterles-Sträßle*, dem wir nach links folgen. Der Grasweg kann sich teilweise in einem schlechten Zustand befinden. Über den anschließenden *Tannäckerweg* erreichen wir das Gemeindeverbindungsträßchen Gnannenweiler-Bibersohl und gehen rechts weiter. Kurz vor Bibersohl biegen wir nach rechts ab ins 2.3 Wental.

❸ Abgegangene Siedlung Bibersohl

Der heutige Hof Bibersohl liegt inmitten einer kleinen Feldinsel. Das Wohnhaus wird heute als „Jagdhaus" genutzt. Wie durch schriftliche Quellen bezeugt wird, gehörte Bibersohl ursprünglich zur Herrschaft Herwartstein Wissenswert! und befindet sich 1302 unter den Dotationsgütern des Klosters Königsbronn. Spätestens im 14. Jahrhundert muss der Hof abgegangen sein. Eine erneute Aufsiedlung ist für das Jahr 1540 überliefert. Ständige Eigentümer- und Pächterwechsel kennzeichnen die ungünstigen landwirtschaftlichen Bedingungen – rauhes Klima und saure Böden. Ende des 17. Jahrhunderts noch im Besitz des Kloster Elchingen kommt es 1701 an Württemberg. 1875 wird es unter den Grafen von Rechberg als Forsthaus genutzt, die landwirtschaftlichen Flächen werden zum großen Teil aufgeforstet.

Der zweite Namensteil von Bibersohl leitet sich von *sol* oder *sul* ab und bedeutet sumpfige Stelle oder Suhle.

Auf dem Hof Bibersohl arbeitete für wenige Jahre auch eine vom Kloster Elchingen errichtete Glashütte. Wegen der dafür benötigten großen Holzmengen wurde der Betrieb nach dem Erwerb durch Württemberg eingestellt. Das Herzogtum benötigte das Holz dringender für die Erzverhüttung im Brenztal.

Unteres Wental – ein Trockental

2.3

Das Wental – heute ein Trockental – war vor Millionen von Jahren noch ein wassergefülltes Bett eines Nebenflusses der Ur-Brenz. Heute präsentiert es sich als verkarstetes Gebiet mit eindrucksvollen freistehenden Felsformationen. Grund für das Trockenfallen des Tales war die zunehmende Verkarstung des Untergrundes durch die Vergrößerung von Rissen und Klüften. Das Wasser verschwand im Laufe der Zeit immer mehr im Untergrund. Jetzt fließt es unterirdisch und tritt erst am Brenztopf wieder an die Oberfläche. Einzig in Zeiten mit extrem starken Regenfällen und Schneeschmelze füllt sich das Tal manchmal noch mit Wasser.

Die rechts und links des Weges zu sehenden Felsformationen des an dieser Stelle nur 20 bis 30 Meter breiten Trockentales bestehen aus Dolomitkalk. Wissenswert! Durch die ehemaligen Wassermassen wurden die zumeist kegelförmigen bis zu 12 Meter hohen Formen ausgewaschen.

Schließlich erreichen wir den „Mühlgrund" im Wental. An dieser Kreuzung wenden wir uns wieder nach rechts und gehen das Wental hinab. Wer eine Pause machen möchte, hätte hier die Möglichkeit zu einem Abstecher. Das Wental hinauf, etwa 1,5 Kilometer, gelangt man zur Wentalgaststätte.

❹ Grenzstein

Auf der rechten Seite weist eine Tafel auf einen alten **2.4** Grenzstein hin, der das Wappen von Ulm trägt und somit bezeugt, dass dieses Gebiet bis 1773 zum Ulmer Besitz zählte.

Grenzsteine

Wissenswert

2.4 Seit alters her ist die Unverletzlichkeit von Grenzen allgemein anerkannt und die Grenzsteinsetzung ein feierlicher und hochoffizieller Akt. Demjenigen, der Grenzzeichen verrückte, drohte körperliche Strafe oder Verfluchung. Dies bezeugt die früheste schriftliche Erwähnung von Grenzsteinen im Alten Testament (5. Buch Mose 27,17), in der es heißt: „Verflucht, wer den Grenzstein seines Nachbarn verrückt."
Man vermutet, dass der Wunsch nach gegenseitiger Abgrenzung und somit die Notwendigkeit von Grenzziehungen erst zur Zeit der Sesshaftwerdung, also im Neolithikum aufkam. Aus dieser Zeit stammen in Europa auch die ersten markanten Steine, denen eine solche Funktion zugesprochen werden könnte. Während die Römer nachweislich sogenannte „termini" als Grenzsteine setzten, beispielsweise um Landgüter voneinander abzugrenzen, wurden Grenzen in der nachfolgenden Zeit durch naturräumliche Gegebenheiten und Landmarken, wie Flussläufe und Bergrücken oder gezielten Bewuchs durch Hecken oder hölzerne Grenzpfähle gekennzeichnet. Darüber hinaus wurden Bäume und Felsen mit Einritzungen markiert. Ab dem 8. Jahrhundert setzte der Gebrauch von Grenzsteinen erneut ein und nahm stetig zu, bis er in der Mitte des 18. Jahrhunderts seinen Höhepunkt erreichte. Einerseits wurden die Grenzsteine immer aufwändiger und kunstvoller, etwa mit Wappen und Symbolen versehen, wie es das Beispiel im Wental zeigt. Andererseits gab es nun neben Territorial- und Markungssteinen auch Grenzsteine mit spezifischer Abgrenzung beziehungsweise Nutzungsrecht, wie beispielsweise Forst-, Jagd-, Weide- oder Fischereigrenzsteine.

Wir gehen auf dem bisherigen Hauptweg im Wental weiter und kommen schließlich an einer besonders auffallenden Steinformation mit Gipfelkreuz vorbei – dem „Wentalweible". Die Legende vom ㉕ „Wentalweible" ist auf einer vor Ort aufgestellten Hinweistafel erläutert.

Die Sage vom „Wentalweible"

㉕

Entlang des Weges durch das Wental finden sich immer wieder herausgewitterte Felsformationen, so auch das etwa ein Kilometer südlich vom Mühlgrund gelegene „Wentalweible". Der Sage nach ist hier eine geizige Krämerin aus Steinheim vom Blitz erschlagen und versteinert worden. Sie soll ihre Kunden betrogen haben, indem sie Wucherpreise verlangte und ihre Waren falsch abmaß. Der Sage nach macht ihr Geist in der Nacht des 30. November die Gegend im Wental noch heute unsicher. In stürmischen Nächten könne man sie klagen hören:

> „Ei, ei, ei ond au, au, au,
> hätt i blooß des Deng ed dao:
> Drei Vierleng send koi Pfood,
> Drei Schoppa send koe Maoß!
> Ei, ei, ei ond au, au, au,
> hätt i blooß des Deng ed dao,
> nao müsst i ed em Wedel gao!".

Wissenswert

Unser Weg führt uns weiter bis zum „Steinhüttle", wo sich besonders auch bei Regenwetter in einer dort befindlichen Schutzhütte ein geeigneter Platz zum Rasten bietet. „Steinhüttle" heißt eine links oben am halben Hang gelegene kleine Höhle, die einst dem Herzog Paul von Württemberg, der um 1830 herum hier die Jagd innehatte, gelegentlich zur Übernachtung diente. Die bizarren, rundköpfigen Felstürme bestehen an dieser Engstelle ebenso wie die Gesteine des Felsenmeeres aus dolomitisiertem und daher abgerundet verwittertem Massenkalk des Mittleren Weißen Jura.

400 Meter weiter talab zweigt hinter dem letzten Felsen auf der linken Seite ein grasbewachsener ansteigender Waldweg ab, der uns aus dem Wental heraus hochführt auf das geschotterte ㉖ *Felgenhof-Sträßle*.

🅰 Wer die Tour hier abkürzen möchte, wandert im Wental weiter talabwärts.

Hier stand einst der Felgenhof

2.6 Der heutige Name „Felgenhof" der von uns durchquerten Flur ist seit 1589 bezeugt, zuvor verwendete man die Bezeichnung „Felwenhoff". Der erste Namensteil leitet sich von *velwe*, das heißt Weide beziehungsweise Weidenbaum ab. Die Umbenennung könnte sich auf *velge* als Bezeichnung für umgeackertes Land beziehen. Der überlieferte Gewannname verweist auf die ehemalige Existenz eines Hofes, der für das Jahr 1126 erstmals urkundlich als Ausstattung des Klosters Roggenburg überliefert ist. Im Jahr 1368 wird er an das Kloster Königsbronn verkauft. Laut klösterlichem Besitzregister war der Hof im Jahr 1471 bereits abgegangen.

Wir folgen dem Sträßle nach rechts, kommen dabei an einem beidseits des Weges liegenden kleinen Steinbrüchle mit schönen eben aus der Bruchwand herauswitternden Feuersteinen vorbei. Nach 500 Meter halten wir uns an der Wegkreuzung links und gelangen so am Wanderparkplatz „Straßenhau" an die *Landesstraße L 1163* (Steinheim-Bartholomä).

Der Landesstraße folgen wir nach links, um nach rund 100 Meter dann auf der gegenüberliegenden Seite wieder nach rechts in den Wald hineinzugehen. Der grasbewachsene Waldweg stößt auf eine Kreuzung, die wir geradeaus überqueren. Auf dem *Gschweinweg* überqueren wir eine weitere Kreuzung. Der Schotterweg biegt hinter einer größeren Doline nach rechts ab. Auf der linken Seite sieht man rechts vier und links zwei flache Grabhügel Wissenswert!

4.1

➎ Grabhügelfeld „Blümlesbrünnle"

Das Grabhügelfeld soll im Jahr 1912 noch aus zwölf flachen, allerdings „nicht durchweg gesicherten" Hügeln bestanden haben. Heute sind nur noch sechs von ihnen als flache Erhebungen im Gelände zu erkennen.

Da bisher keine wissenschaftlichen Untersuchungen erfolgten, ist der Zeitpunkt ihrer Entstehung nicht bekannt.

Wo der Schotterweg nach links abknickt, gehen wir geradeaus auf einen Waldweg und bei der nächsten Möglichkeit rechts. Über ein kurzes Stück „Ameisenbuckel-Heide" gelangen wir wieder zur *Kreisstraße 1165*. Schräg rechts gegenüber führt der Waldweg weiter, zunächst am Waldrand entlang. Schließlich sehen wir auf der rechten Seite den Steinbruch und die Schreiberhöhle. Das Betreten des Höhlenvorplatzes ist mittlerweile verboten! Als wichtiges Winterquartier für Fledermäuse ist sie als Naturdenkmal ausgewiesen. Vom 10. September bis 30. April jeden Jahres ist der Zugang mittels Schutzgitter gesperrt.

❻ Schreiberhöhle

Die Höhle wurde 1960 von Doschentalhöhle in Schreiberhöhle zum Gedenken an den Heidenheimer Höhlenforscher Walter Schreiber umbenannt. Entdeckt wurde sie schon davor im Zusammenhang mit Abbauarbeiten im kleinen Steinbruch. Ihre Gesamtlänge umfasst rund 200 Meter, ihr tiefster Punkt liegt 8,3 Meter unter der Eingangshöhe. Darüber hinaus ist sie durch Knochenfunde bekannt. Sie gilt als Musterbeispiel einer Schichtfugenhöhle.

Der Weg führt schließlich durch das enge Doschental wieder in das Wental hinab, das in diesem Abschnitt den Namen Gnannental trägt. Wenige Meter dem Waldrand entlang nach Westen finden wir einen historischen Grenzstein Wissenswert!, der beurkundet, dass der dahinter liegende Wald dem Klosteramt Königsbronn gehört hat. Auf dem breiten Talboden wenden wir uns nach links und wandern in anmutiger Heidelandschaft zunächst auf sanftem Grasweg, dann auf geschottertem und schließlich asphaltiertem Weg zum Staudamm.

Ⓐ Wenn wir als Abkürzung das Wental weiter entlang gewandert sind, führt unser Weg hier weiter. Wir kommen auf dem gut befestigten Schotterweg aus dem Wald herunter ins offene Tal und gehen auf dem oben genannten Grasweg weiter zum Staudamm.

7 Staudamm

Dieser Staudamm wurde 1958 errichtet. Auch wenn es sich beim Wental um ein so genanntes Trockental handelt, wurden 2.7 Damm und Rückhaltebecken aus Sicherheitsgründen erbaut. Es dient zur Aufnahme größerer Regen- oder Schmelzwasserfluten, die sich besonders dann im Tal auftreten können, wenn der Boden durch Frost undurchlässig geworden ist.

Hochwasserschutz

Wissenswert

2.7 Vor dem Bau des Staudammes kam es bei starken Regenfällen durch den Wildwasserabfluss „Wedel" in Heidenheim gelegentlich zu Hochwassern mit entsprechenden Schäden. Seit dem Jahr 1384 gibt es bereits urkundliche Belege für wiederholte „Wedel-Hochwasser". Der „Wedel" von 1849 erreichte mit 86 Kubikmeter pro Sekunde eine katastrophale Höhe. Mit Hilfe von Aufforstung und Bewaldung wurde versucht, die Intensität der Hochwasser einzudämmen. Damit konnten sie zwar gemindert, aber nicht gänzlich aufgehalten werden. Einziger wirkungsvoller Schutz stellte die Einrichtung von Rückhaltemöglichkeiten dar. Bis 1987 wurden im Kreis Heidenheim in einem Einzugsgebiet von 160 Quadratkilometer zehn Rückhaltebecken mit einem Stauvolumen von 6,22 Mio. Kubikmeter gebaut. Diese Rückhaltebecken wurden alle durch den Bau von Erddämmen in Trockentälern eingerichtet. Ihre Anlage erfolgte im Bereich verkarsteter Oberjura-Kalksteine, also in einem wasserdurchlässigen Untergrund, wodurch ihre allmähliche Versickerung direkt in den Untergrund und somit in das Karstgrundwasser gesichert ist.

Wir gehen der Straße entlang weiter, wenden uns nach links und erreichen so wieder den Hirschfelsen und unseren Ausgangspunkt der Wanderung.

3

Tour 3
Königsbronn – Itzelberg

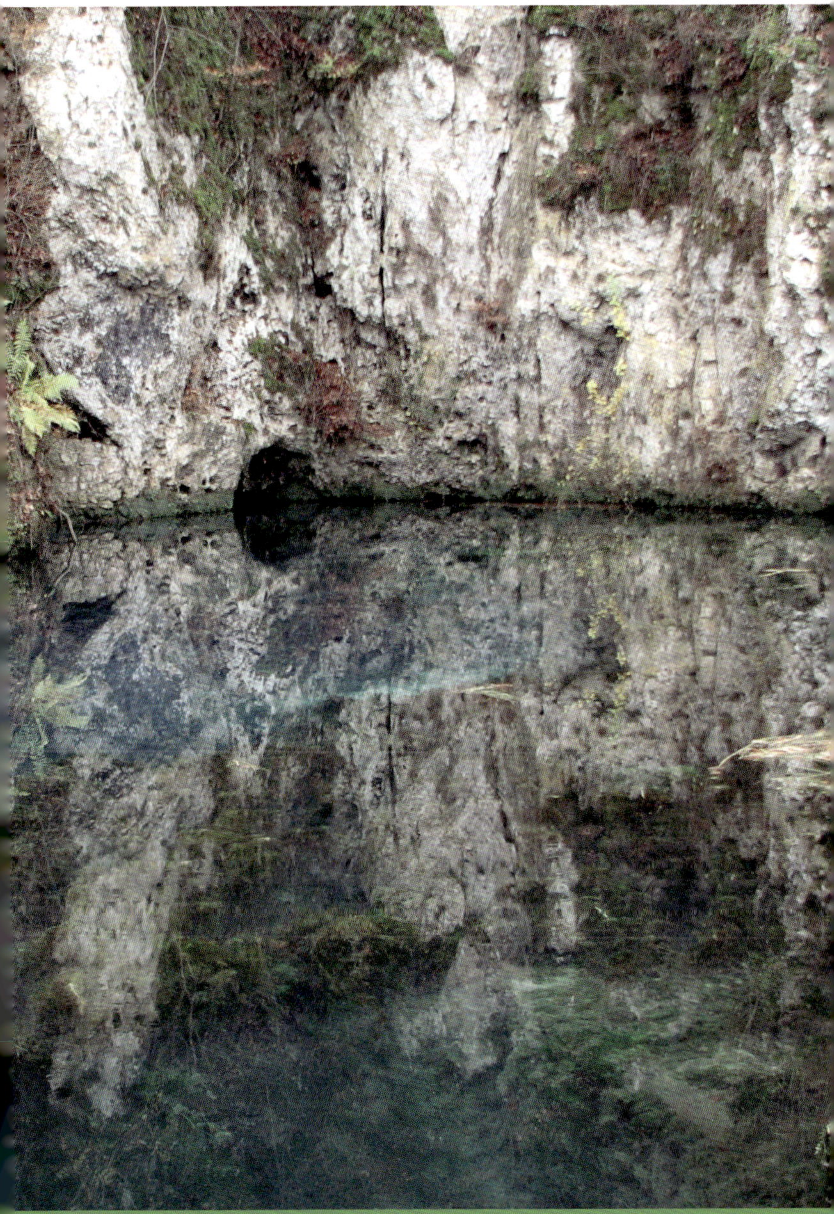

Eisenverhüttung
am Brenztopf

3 Königsbronn – Itzelberg

Eisenverhüttung am Brenztopf

Kurzinfo

Start: Parkplatz beim Rathaus und Brenztopf, *Herwartstraße*, Königsbronn

Anfahrt: Über die *B 19* erreicht man Königsbronn von Norden über Aalen oder von Süden über Heidenheim a. d. Brenz. Innerorts vor bzw. nach dem Bahnhof der Beschilderung zum Rathaus über *Brenzquell-* und *Herwartstraße* folgen.
Auf der linken Seite liegt der Parkplatz.

ÖPNV: Bahnverbindungen aus Ulm oder Aalen

Strecke: ca. 12 km, abgekürzt: ca. 11 km

Dauer: reine Gehzeit ca. 3,5 Stunden,
für die Abkürzung: ca. 3 Stunden

Charakter: Rundwanderung mit einem steileren Treppenabstieg

1 Der Brenztopf und das umliegende Gebäudeensemble

Dem Parkplatz schräg gegenüber liegt der Durchgang zur Quelle des Brenzflusses, auch als „Brenztopf" bekannt. Er gilt als einer der größten und schönsten Quelltöpfe der Schwäbischen Alb. Wasser, das noch in den Tälern und Gebieten der ersten beiden Touren versickert ist, tritt hier wieder zu Tage. Es handelt sich dabei um eine **3.1** Karstquelle, wie sie im Bereich der Schwäbischen Alb häufig in Erscheinung tritt.

Die Quelle der Urbrenz lag ursprünglich etwa 80 Kilometer weiter im Norden und somit nördlich der heutigen Europäischen Wasserscheide, die das Tal im Bereich des Weilers „Seegartenhof" quert. Direkt südlich von Oberkochen liegt die Kocherquelle. Sie ist ebenfalls eine Karstquelle, die ein Stück des einstmals von der Urbrenz geschaffenen Tales nutzt, nun aber nach Norden fließt und dem Entwässerungssystem Rhein angehört, während die Brenz nach Süden zur Donau hin entwässert.

Der Brenztopf ist eine Station des „Karstquellenrundweges", der die vier verschiedenen Karstquellen (Brenz, Pfeffer, Ziegel- und Leerausbach), die im wasserreichen Brenztal entspringen, miteinander verbindet. Weitere Infos im Flyer.

Die Bedeutung von Wasser auf der tendenziell wasserarmen Alb wird dadurch deutlich, dass die frühesten Belege menschlichen Aufenthaltes in der Umgebung aus dem Bereich der Brenzquelle stammen. Die Funde gehören ins Mesolithikum, als die Menschen ihr Überleben noch durch Jagen und Sammeln sicherstellten.

Karstquellen

3.1

Wissenswert

Der Name Karst bezeichnete ursprünglich eine spezielle Kalkregion in Slowenien. Heute wird der Begriff Karst allgemein als Fachausdruck für Landschaften verwendet, die sich durch unterirdische Entwässerung aufgrund von Höhlen sowie oberirdische Erscheinungen wie Dolinen und Karstwannen Wissenswert! auszeichnen.

1.3

Karstquellen sind natürliche Stellen, an denen Wasser austritt. Es handelt sich dabei nicht um Grundwasser, das in der Regel nur in geringen aber gleichmäßigen Mengen austritt, sondern um Regen- und Oberflächenwasser, das in den rissigen und zerklüfteten Karstgebieten sehr schnell in unterirdische Höhlen- und Gangsysteme versickert. Darin fließt es zunächst weiter, bis es an den Karsträndern schließlich wieder austritt. Die Stärke des Austritts ist stark wetterabhängig. Nach starkem Regen oder Schneeschmelze ist er besonders kräftig. In trockenen Sommern dagegen kann es zum Trockenfallen von Karstquellen kommen.

Als Quelltopf wird die kesselartige Vertiefung bezeichnet, an deren Grund sich der Wasseraustritt befindet. Bei größerer Wassertiefe zeigt sich eine intensive blaue oder grüne Färbung des Wassers. Grund dafür ist die Sättigung des Wassers mit gelöstem Kalk. Der Brenztopf ist jedoch künstlich angelegt.

In sehr viel jüngerer Zeit wurde dann vor allem die Kraft des Wassers durch den Menschen ausgenutzt. Davon zeugt heute noch die 1860/61 erbaute Hammerschmiede, die von zwei Brenzarmen umflossen wird. Eine solche Einrichtung, die über Wasserräder die Energie der Quelle ausnutzt, ist hier bereits seit dem frühen 16. Jahrhundert belegt. Sie gehörte zu den Königsbronner Hüttenwerken Wissenswert! 1890 wurde seitlich ein Turbinenhaus zwecks Stromerzeugung angebaut. Über eine Stromleitung, die zunächst zum heute noch vorhandenen Stromgittermasten auf dem benachbarten Schmiedefelsen und dann auf die andere Talseite führte, wurde bis 1905 die Walzendreherei der Hütte versorgt. Während die Hammerschmiede heute als Kulturhaus genutzt wird, ist die Turbinenhalle wieder in Betrieb genommen worden und liefert wie früher Strom. Insgesamt stellt das Ensemble ein wichtiges Zeugnis für den ehemals am Brenzursprung angesiedelten Teil des Königsbronner Hüttenwerkes dar.

3.3

Dazu gehört zweifellos auch das östlich benachbarte Rathaus, *Herwartstraße 2*. Es entstand als repräsentatives Wohnhaus im Barockstil in den 1770er Jahren nach einem Umbau des Gasthauses „Löwen" durch dessen Besitzer und Pächter des Hüttenwerks Johann Georg Blezinger.

Auf der gegenüberliegenden Straßenseite der Hammerschmiede befindet sich am Ende der *Herwartstraße* die Georg-Elser-Gedenkstätte. Weitere Infos im Flyer und S. 292.

Bei dem gegenüberliegenden stattlichen, über massivem Sockel in Fachwerk errichteten Gebäude, *Brenzquellstraße 42*, handelt es sich um die alte Kanzlei und Hüttenschreiberei der Königsbronner Hüttenwerke. Auch im Inneren haben sich einige Ausstattungsdetails aus der Erbauungszeit um die Mitte des 18. Jahrhunderts erhalten. Zwei zugehörige, in den Felsen eingetiefte Keller befinden sich hinter dem Haus, rechts daneben steht ein mächtiger, zweigeschossiger Satteldachbau des 18. Jahrhunderts mit dreigeschossigem Dachstuhl und markantem, dreiachsigem Zwerchhaus. Das Gasthaus „Zum Weißen Rössle", *Zanger Straße 1*, ist ein über massivem Unterbau in verputztem Fachwerk ausgeführtes barockes Gebäude, das aus dem alten Klosterwirtshaus hervorgegangen ist.

Wir gehen nicht über die Brenzbrücke, sondern nehmen den auf der rechten Seite der Brenz verlaufenden Fußgängerweg. Nach einem kurzen Stück führt eine Fußgängerbrücke nach links über die Brenz. Auf der anderen Seite angekommen, befinden wir uns schon mitten im historischen Komplex des ehemaligen Zisterzienserklosters.

2 Ehemaliges Zisterzienserkloster Königsbronn

Die Ortsgeschichte von Königsbronn ist untrennbar mit der Einrichtung des 3.2 Zisterzienserklosters im Jahre 1302 verbunden. Seit dieser Zeit war der Baubestand des Klosters mehrfachen Veränderungen unterworfen. Die heute noch bestehenden und unter Denkmalschutz gestellten Gebäude verteilen sich auf dem ehemaligen Klosterhofkomplex und stammen aus der zweiten Hälfte des 16. Jahrhunderts und später.

Rechter Hand liegt die so genannte Pfisterei, *Klosterhof 6*, in einem wohl dem späten 16. Jahrhundert angehörenden, zweigeschossigen Bau im Süden des Klosterhofes. Bemerkenswert sind das kreuzgratgewölbte Erdgeschoss mit Vierkantstützen und zwei gedeckte hölzerne Außentreppen des 19. Jahrhunderts an den Giebelseiten, die zum Obergeschoss führen. Hier war die Bäckerei des Klosters und die Schlossküche untergebracht.

Der nächste Gebäudekomplex auf der rechten Seite ist die winkelförmig angelegte, zweigeschossige Prälatur, *Klosterhof 7*, der Wohnsitz des Prälaten aus dem Jahre 1757, die heute als Pfarramt benutzt wird.

Die Zisterzienser in Königsbronn

3.2

Der habsburgische König Albrecht I. stiftete im Jahre 1303 das auf der linken Brenzseite gelegene Kloster, das in schriftlichen Quellen des 14. Jahrhunderts auch als „Kungsprunen" oder lateinisch als *„monasterium Fontis Regis"* bezeichnet wird. Die Voraussetzungen dafür hatte er schon ein Jahr vorher durch den Ankauf der Herrschaft Herwartstein Wissenswert! von den Helfensteiner Grafen geschaffen.

3.5

Das Kloster verweist mit seinem Namen einerseits auf den königlichen Ursprung, andererseits auf seine Lage in der Nähe der Brenzquelle. Seine Einrichtung war Teil der Territorialpolitik Albrechts, der dadurch zu einer strategisch wichtigen Position innerhalb des ehemaligen Herzogtums Schwaben gelangte. Die der Abtei Salem unterstellte letzte mittelalterliche Zisterze im deutschen Südwesten musste jedoch nach der Ermordung Albrechts 1308 schwierige Zeiten überstehen, ehe Kaiser Karl IV. durch Schenkungen und Erteilung von Privilegien (unter anderem zum Abbau von Eisenerzen 1366) zur Konsolidierung der Lage beitrug. Die Grafen von Helfenstein gaben jedoch während des gesamten Spätmittelalters ihre Ansprüche nicht auf. Die wirtschaftliche Lage verschlechterte sich durch Zerstörungen in Folge kriegerischer Auseinandersetzungen und durch den starken Bevölkerungsrückgang seit dem 14. Jahrhundert. Der Trend wurde erst am Beginn des 16. Jahrhunderts umgekehrt, bevor Reformation, Fürstenkrieg und schließlich Dreißigjähriger Krieg institutionell und baulich zur Auflösung des eigentlichen Klosters führten. Die letzten Zisterziensermönche verließen den Konvent 1648.

Wissenswert

Wir gehen ein Stück zurück und wenden uns zum Gebäude *Kloster-hof 4 und 5*. Es handelt sich um das sogenannte alte Pfarrhaus. Im späten 16. Jahrhundert wurde es an der Stelle des östlichen Konvents-flügels erbaut. Dabei wurden Teile des mittelalterlichen Konventflü-gels in den neuen Baukörper einbezogen. Im frühen 18. Jahrhundert erfolgte im Nordosten des zweigeschossigen Gebäudes mit Satteldach ein kleiner Fachwerkanbau, der die Verbindung zu weiteren Relikten des ehemaligen Klosterkomplexes herstellt. Diese bestehen aus Resten der noch etwa zwei Meter hoch erhaltenen Chorwand der spätestens im 16. Jahrhundert zerstörten Klosterkirche, die sich nördlich an den Gebäudekomplex anschließen. Auf ihren Fußboden stieß man bei Bauarbeiten in den Jahren 1842 und 1958.

Wendet man dem Alten Pfarrhaus den Rücken zu, erblickt man die evangelische Pfarrkirche, die allerdings nicht zum eigentlichen Kloster gehört. Es handelt sich um eine ehemals von einem Friedhof um-gebene Saalkirche, deren Schiff 1564-65 erbaut wurde. Die heutige Innenausstattung mit Emporen, stuckierter Flachdecke und einem Teil der barocken Ausstattung gehen auf einen Umbau aus den Jah-ren 1710/13 zurück. Jüngeren Datums sind freilich der benachbarte Stockbrunnen aus dem Jahr 1729, der Turm von 1744 und das Ge-fallenendenkmal. Als Vorgängerbau wurde 1974 eine frühromanische Saalkirche aus dem ersten Drittel des 11. Jahrhundert ergraben. De-ren Süd- und Westwand sind in der heutigen Kirche noch erhalten.

Die ehemals an den Kirchenwänden innen und außen angebrachten, in Gusseisen ausgeführten Epitaphien des 17./18. Jahrhunderts befin-den sich heute zum größten Teil an dem Teilstück der Klostermauer, das sich hinter der Pfarrkirche nach Süden erstreckt. Eine weitere, längere Partie der ehemaligen Klosterumfassung ist zwischen *Paul-Reusch-Straße* und Pfarramt sowie südlich der Pfisterei erhalten. Von dem der Mauer ursprünglich vorgelagertem Wassergraben sind heute nur noch Abschnitte vorhanden.

Den Hauptzugang des alten Klosterhofkomplexes stellt das rechts der Pfarrkirche liegende, zweigeschossige Torhaus, *Klosterhof 1*, aus der Zeit um 1700 dar. Heute befindet sich darin das Torbogenmuseum Weitere Infos im Flyer und S. 292. Früher war es Sitz der Oberamtei. Im Inneren weist es noch eine reiche barocke Ausstattung (Stuckde-cken, Türen) auf.

Nördlich anschließend und heute durch die Bahnlinie vom Klosterareal getrennt liegt der so genannte „Lange Bau", ein zweigeschossiges
Gebäude mit Satteldach, das im Kern zwar dem späten 16. Jahrhundert angehört, aber im 18. Jahrhundert verändert wurde (man beachte
die Sonnenuhr mit Jahreszahlen). Erdgeschoss und Dachraum waren
wirtschaftlichen Zwecken vorbehalten. Das Erdgeschoss diente als
Stallung der berittenen herzoglichen Jäger. Im Obergeschoss wohnte
das Gesinde.

Bevor wir uns nach der Besichtigung des ehemaligen Klosterkomplexes zurück auf den Wanderweg begeben, lohnt ein weiterer Blick
auf die gegenüberliegende Seite der Bahngleise. Dort befindet sich
das Bahnhofsgebäude von Königsbronn, das 1864 im Zusammenhang mit der Bahnlinie Aalen–Ulm erbaut worden ist. Wissenswert!
Als typischer Bestandteil der Bahnhofsanlage hat sich südöstlich des
Stationsgebäudes auch der Güterschuppen mit verbretterten Außenwänden erhalten.

Wir gehen nun durch das Torhaus auf die *Brenzquellstraße* zu und
wenden uns nach rechts über die Bahngleise. Die Straße führt auf
die *B 19* zu. Linker Hand befindet sich das alte Torwarthaus, auf der
gegenüberliegenden Straßenseite das alte Faktoreigebäude der Eisen-
hütte. Biegt man nach rechts ab, kann man durch eine Straßenun-
terführung ungefährdet auf die andere Straßenseite gelangen und die
Heidenheimer Straße / B 19 hinuntergehen bis links der *Ochsenberger
Weg* abzweigt. Die Fabrikanlagen der Schwäbischen Hüttenwerke
(SHW) befinden sich nun auf der linken Seite.

3 Eisenverhüttung in Königsbronn

Die **3.3** Eisenverhüttung in Königsbronn war für viele Jahrhunderte
der wichtigste Industriezweig und Arbeitgeber vor Ort. Gerade Industrieanlagen greifen besonders stark in die natürliche Umgebung
ein und prägen nachhaltig das Bild der historischen Kulturlandschaft.
In Königsbronn ist es nicht anders, wie auch heute noch an den erhaltenen Baudenkmälern der Verhüttungsanlage ablesbar ist. Bereits
die Hütten des Zisterzienserklosters Königsbronn Wissenswert! ent-
falteten sich zu einem Zentrum mittelalterlicher Eisenverarbeitung.
Auch das als Wacht- und Straßenhäuschen bezeichnete Torwarthaus,
ein zweigeschossiger Fachwerkbau des 18. Jahrhunderts, heute direkt
an der *B 19* gelegen, dürfte eine Funktion im Zusammenhang mit
dem benachbarten Hüttenwerk besessen haben. Optisch eindrucks-
voller ist die gegenüberliegende Faktorei, ein um 1700 (möglicherweise 1680) errichteter, zweistöckiger Massivbau mit Satteldach. Das
bewusst an der Landstraße Aalen-Heidenheim angesiedelte Gebäude
erhielt seine heutige Gestalt allerdings in den Jahren um 1840. Ein
Rest der älteren Fassadengestaltung ist unter anderem das mittig an
der Straßenseite gelegene Torgewände, in dem ein gusseiserner Brunnen des 18. Jahrhunderts eingebracht ist. Zweifellos ist die Faktorei
ein markantes, baugeschichtliches Zeugnis seiner Zeit.

Die Eisenhüttenwerke von Königsbronn – Älteste Industriesiedlungen Deutschlands

3.3 Der wirtschaftliche Aufschwung in Königsbronn beginnt eigentlich erst mit der Ansiedlung einer Eisenschmiede im 16. Jahrhundert. Die Anfänge liegen im Dunkeln: Zwar wird den Helfensteiner Grafen bereits 1361 und 1366 der Abbau von Eisenerzen am Zahnberg verboten, weil dieses Gebiet dem Kloster gehört. Dieser Umstand belegt auch indirekt, dass Eisenvorkommen schon genutzt wurden. Doch erst 1529 richtet der umtriebige Abt Melchior Ruff eine Eisenschmiede am Brenztopf ein. Um 1540 entstand der erste Schmelzofen. Einige Jahrzehnte vorher war bereits die Itzelberger Mühle in eine Eisenschmiede umgewidmet worden. Damit gehören diese Orte zu den ältesten Industriesiedlungen Deutschlands.

Nach Aufhebung des Klosters gingen die Hüttenwerke in den Besitz des Hauses Württemberg über. Dort verblieben sie als staatlicher Eigenbetrieb, wurden aber zwischendurch (1554-98, 1688-94 und wieder ab 1764) verpachtet. Die Zweiteilung des Hüttenwerkes mit dem Schmelzofen und der Gießerei an der Pfefferquelle und der Schmiede am Brenztopf bestand schon seit dem 16. Jahrhundert. Während seiner Blütezeit im 19. Jahrhundert arbeiteten im Umfeld der Hütte schätzungsweise 1000 Menschen.

Im Jahr 1909 wurde der Hochofen geschlossen und die Eisenerzeugung damit beendet. Das Eisenwerk selbst ist seit 1921 mit einigen anderen Betrieben in der Schwäbischen Hüttenwerke GmbH (SHG) zusammengeschlossen. Sein Haupterzeugnis (Hartgusswalzen) sichert dem Betrieb heute noch eine weltweite Führungsposition.

Die Auswirkungen der Hütte auf die Umgebung sind nicht nur unmittelbar durch die großflächigen Industrieanlagen zu spüren, sondern auch durch die Handwerkszweige, die besonders vom 17. bis 19. Jahrhundert im Umfeld des Betriebes arbeiteten. Dazu zählen vor allem Holzhauer und Köhler Wissenswert!, die für die notwendige Kohle sorgten, aber auch Bergleute (Eisenerz) in der näheren und weiteren Umgebung. Wissenswert! Die Geschichte von Berg- und Hüttenwerk ist im Museum Wasser- alfingen dargestellt. Weitere Infos im Flyer und S. 292.

Nicht weniger eindrucksvoll ist die an der heutigen Werkseinfahrt gelegene Schreinerei. Es handelt sich dabei um einen zweigeschossigen
Fachwerkbau mit Ziegelgefachen, der in den Jahren 1863/64 errichtet
worden ist. Das prägnant erscheinende Fachwerk, das vor allem durch
die vom Sockel bis zum Dach durchgehenden Ständerbalken gegliedert ist, geht auf eine etwas ungewöhnliche zimmermannstechnische
Konstruktion zurück, die wohl mit besonderen statischen Erforder-
nissen zu erklären ist. Insgesamt haben wir ein bemerkenswert gut
erhaltenes Beispiel für einen Industriebau der Zeit nach der Mitte des
19. Jahrhunderts vor uns.

Wichtig ist auch die Geschichte der Schwäbischen Hüttenwerke
(SHW) und der Industriegeschichte überhaupt. Leider sind zwei weitere eingetragene Kulturdenkmäler nicht zugänglich: der Schmelzofen aus der Mitte des 19. Jahrhunderts, ein Flammofen für Kanonen,
Walzen und Glockenguss, und die um 1870 eingerichtete Walzendreherei im Bereich der heutigen Fabrikhalle.

Am Ende des *Ochsenberger Wegs* liegt auf der linken Seite die zweite
wichtige Karstquelle Wissenswert! von Königsbronn, die Pfefferquelle. Sie war ebenso eine Voraussetzung für die Ansiedlung des Eisenge-
werbes wie der Brenztopf. Um die Wasserkraft der Pfeffer nutzen zu
können, wurde sie mit einem Stauwehr versehen. Auch in früheren
Zeiten scheint die Quelle eine gewisse Bedeutung innegehabt zu haben, zumindest deutet dies ein aus mindestens sechs Münzen beste-
hender, keltischer Münzschatz der späten La-Tène-Zeit an, der im
Umfeld der Quelle gefunden worden ist.

Von der Pfefferquelle aus kehren wir zur Straße zurück und wenden
uns schräg rechts gegenüber in den *Ochsenberger Weg* (rechts fließt
der Pfefferfluss weiter). Hinter dem Garten des Hauses Nr. 9 biegen
wir nach links in einen geschotterten Pfad ein. Kurz nachdem dieser
sich zu einem Weg verbreitert, trifft er auf einen Schotterweg – den
Panoramaweg –, den man nach rechts weiter geht. Nach der folgenden
Linkskurve geht der *Panoramaweg* links als geschotterter Waldweg
weiter. An dessen Ende biegen wir rechts auf die Asphaltstraße ab und
folgen dieser auf der Linkskurve den Hang hinunter.

3 Königsbronn – Itzelberg

Die Straße, die die Hauptzufahrt des Steinbruchs darstellt, führt zu einer Straßenkreuzung, auf der wir die *B 19* überqueren. Auf der Straße gegenüber biegen wir nach etwa 100 Meter links in die *Kapellenstraße* ab. Nach einem kurzen Stück erstreckt sich zur Linken der Friedhof von Itzelberg und zur Rechten der Itzelberger See, an dem einige Bänke zum Rasten einladen.

4 Itzelberg

Der Itzelberger Friedhof diente lange Zeit als Begräbnisplatz sowohl für die Bewohner Königsbronns als auch für die aus Itzelberg. Der mittelalterliche Vorgängerbau der Friedhofskapelle soll eine Art Wallfahrtskapelle gewesen sein.

Informationen über die Anlage des Friedhofs oder über die Entstehungszeit der an der südlichen Friedhofmauer gelegenen Kapelle St. Blasius liegen nicht vor. Ein Deckengemälde im Torhaus des Königsbronner Klosters zeigt das Aussehen der Kapelle zur Zeit ihrer Erbauung am Beginn des 18. Jahrhunderts. Es entspricht weitgehend dem heutigen Zustand mit Rundbogenfenstern und Dachreiter auf dem südöstlichen First. Nachdem die Kapelle in ihrer ursprünglichen Funktion ausgedient hatte, wurde sie als Schullokal und Lehrerwohnung, zuletzt als Geräteschuppen genutzt.

Vom alten Friedhofskern hat sich lediglich das kleine unmittelbar östlich der Kapelle gelegene Areal erhalten. Überragt von zwei mächtigen Thujen stehen dort einige Grabmale des 19. Jahrhunderts, die älteren sind aus Gusseisen gefertigt. Sie stammen meist von Familien, die im lokalen Leben eine gehobene Stellung einnahmen und sind zum Teil von hoher gestalterischer Qualität.

Itzelberg selbst dürfte während des hochmittelalterlichen Landesausbaus entstanden sein und gehörte zur Herrschaft der Burg Herwartstein, Wissenswert! die samt ihren Gütern 1302 von König Albrecht I. erworben wurde. Einzele Funde stammen aus keltischer und alamannischer Zeit. Mit der Einrichtung einer Eisenschmiede an der Stelle der alten Itzelberger Mühle gegen Ende des 15. Jahrhunderts begann der Aufschwung der Königsbronner Eisenindustrie. Der Itzelberger See wurde im 14. Jahrhundert von den Mönchen des Zisterzienserklosters in Königsbronn Wissenswert! zur Fischzucht angelegt. Da der christliche Speiseplan freitags den Verzehr von Fisch vorsah, sollte dies die regelmäßige Versorgung mit Fisch gewährleisten.

3.5

3.2

Der Itzelberger See dient heute in erster Linie als Naherholungsgebiet, an seiner nördlichen Flanke erstreckt sich eine Vogelschutzinsel.

Den See kann man bequem auf einem Gehweg umrunden. Wer möchte, kann an seinem Südrand auf dem Karstquellenrundweg zurück zum Brenztopf wandern. Unsere Wanderung führt am Pumpwerk vorbei, links hoch zur *Brückenstraße* und über die Eisenbahnlinie aus Itzelberg heraus. Am Ortsrand liegt auf der rechten Seite die Forstschule. Etwa 600 Meter hinter der Forstschule biegen wir nach links auf einen Schotterweg ab, der nach weiteren 300 Meter auf eine Kreuzung zuführt. Hier wählen wir den halblinks führenden Schotterweg, der kurz darauf den *Birnbaumweg* und *Ameisenweg* kreuzt. Nach weiteren 200 Meter führt rechts ein Pfad in den Wald hinein. Die Lichtung mit der forstwirtschaftlich genutzten Bauernhäuleshütte wird schon sichtbar. Vor dieser liegt ein schöner Waldsee (Hülbe – Wissenswert!), je nach Jahreszeit eine wahre Idylle mit Teich- und Seerosen und bevölkert von Fröschen, Kaulquappen und Libellen. Über die Hütte der Forstleute erreichen wir wieder einen Schotterweg, den wir etwa 100 Meter nach rechts weitergehen. Dort wählen wir den nach links abgehenden Weg und treffen nach ungefähr 500 Meter auf das *Asangsträßle*. Noch davor können wir im Wald, je nach Jahreszeit und Bewuchs Grabhügel und Erdfälle finden.

5 Vorgeschichtliche Grabhügel

Für das Aufspüren der vorgeschichtlichen Grabhügel benötigt man zwar etwas Geduld, aber das Entdecken der Monumente lohnt sich. In bestimmten Epochen gehörte die Anlage von Hügeln über Gräbern zu einem weit verbreiteten Bestattungsritual. Wissenswert!

Die zwei westlich des Weges gelegenen Hügel zeichnen sich nur noch als flache kleine Erhebungen ab. Die im Hügel liegende Bestattung wurde vermutlich durch unsystematische und unwissenschaftliche Ausgrabungen im 19. Jahrhundert weitgehend zerstört. Die Grabhügel belegen indirekt die vorgeschichtliche Einflussnahme der Menschen auf die Umwelt in diesem Gebiet, zeigen sie doch, dass die Hochfläche des Albuchs zu dieser Zeit schon für Bestattungen aufgesucht oder sogar schon besiedelt worden ist. Voraussetzung für eine Besiedlung war wiederum die Rodung des Waldes Wissenswert! und die Anlage von Wirtschaftsflächen.

Entdeckt wurden bei den Hügeln aber auch schon Reste verziegelten Tons. So könnte man auch durchaus davon ausgehen, dass es sich bei den Hügeln um Reste von Ofenanlagen handelt. In Waldschmieden des Mittelalters wurden in Rennöfen schmiedbares Eisen zum Eigenbedarf hergestellt.

Um dies zu klären, bedarf es einer wissenschaftlichen Untersuchung, die bisher nicht erfolgt ist.

3 Königsbronn – Itzelberg

Am *Asangsträßle* biegen wir rechts ab und erreichen einen asphaltierten Waldweg, dem wir nach rechts folgen (HW4). Wir überqueren zwei Kreuzungen und erreichen nach etwa 600 Meter eine weitere Kreuzung. Hier können wir die Wanderung abkürzen und bei Zeichen **A** fortsetzen.

Für die Abkürzung gehen wir geradeaus weiter auf dem *Pfaffenbergsträßle* bis zum Waldrand.

Wer die längere Strecken wandern möchte, biegt an der Kreuzung links auf einen Schotterweg mit dem Namen *Ameisenweg* ab. Er führt circa 700 Meter gerade durch den Wald und kreuzt dann das *Baumgartensträßle*. Wir wenden uns nach rechts. Auf der rechten Seite liegt nun ein Waldstück, das den Flurnamen „Baumgarten" trägt.

6 Wüstungen südlich von Königsbronn

An der Stelle, an der man das *Baumgartensträßle* betritt, befindet sich einer der höchstgelegenen Punkte der Umgebung (etwa 650 m ü. d. Meer), von dem aus das umliegende Gelände gut zu überblicken ist. Heute erscheint es schwer vorstellbar, dass noch vor nicht allzu langer Zeit der umliegende Wald zu einem nicht unerheblichen Teil gerodet war und das Land als Wirtschaftsfläche genutzt bzw. von kleinen Weilern eingenommen wurde. Von diesen **3 4** Wüstungen zeugen heute nur noch die Flurnamen „Steinhirn" im Osten, „Breitensol" im Süden sowie „Spicht" und „Baumgarten" im Norden. Die Ortsgründungen erfolgten noch im späten Mittelalter. Auflassung und Wiederbesiedlung der brachliegenden Areale geschah zu unterschiedlichen Zeitpunkten, eine sukzessive Aufforstung der Flächen fand schließlich in der Neuzeit statt. Die Spuren, die der menschliche Eingriff in die Natur hinterlassen hat, sind obertägig verschwunden und liegen hier – wenn überhaupt – nur noch im Boden verborgen. Es wäre jedoch falsch, den heute bestehenden Wald als reine Naturlandschaft zu begreifen. Er wurde von Menschen angelegt und ist von einer modernen Waldwirtschaft geprägt.

Wüstungen – Verschwundene Dörfer

3.4

Als Wüstungen bezeichnet man Weiler oder kleine Dörfer, die, nachdem sie von ihren Bewohnern aufgegeben wurden, mit der Zeit verfielen. Obertägig ist in der Regel heute nichts mehr von ihnen sichtbar. Da sich derartige Vorgänge im Laufe der Geschichte häufiger wiederholten, könnte man alle verschwundenen Siedlungen – auch solche aus urgeschichtlicher Zeit – als Wüstungen bezeichnen. Im eigentlichen Sinn muss man den Begriff jedoch auf die im Spätmittelalter und der frühen Neuzeit aufgelassenen Siedlungen einschränken, da sich der in den schriftlichen Quellen der Zeit fassbare Begriff Wüstung explizit auf die in dieser Epoche aufgegebenen Orte bezieht und mit diesem Wüstungsgeschehen ein Gesamtphänomen beschrieben wird, das ganz spezifische Ursachen hatte.

So wurden zum Beispiel während der Phase des Landesausbaus Siedlungen mit entsprechenden Wirtschaftsflächen auch in wenig ertragreichen Lagen angelegt. Verstärkt durch einen als „Kleine Eiszeit" bekannten klimatischen Kälteeinbruch ab dem 14. Jahrhundert konnten einige davon nicht mehr gehalten werden. Ein weiterer Grund für die Aufgabe von Siedlungen waren die regional unterschiedlich ausgeprägten Pestzüge, die zu einem erheblichen Bevölkerungsrückgang führten. Hinzu kamen Fehden, in deren Zuge viele Dörfer zerstört wurden sowie herrschaftliche Eingriffe, durch die abhängige Bauern gezielt umgesiedelt und ihre Dörfer dem Verfall preisgegeben wurden (so genanntes „Bauernlegen").

Welcher Anlass im Einzelfall für das Verlassen eines Dorfes ausschlaggebend gewesen ist, lässt sich heute kaum noch ermitteln, wahrscheinlich war es immer ein Bündel von Ursachen.

Wissenswert

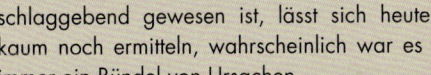

Nach etwa 1000 Meter Wanderstrecke auf dem *Baumgartensträßle* kommen wir auf die zweite Kreuzung zu und folgen dem nach rechts führenden Waldweg mit der Kennzeichnung durch eine gelbe Raute. Wir treffen wieder auf das asphaltierte *Pfaffenbergsträßle* und auf die Abkürzungsmöglichkeit. Am *Pfaffenbergsträßle* lädt ein Grillplatz mit Kinderspielplatz zur Rast ein.

Nun gehen wir am Waldrand den Weg entlang und gleich links über Feldfluren zum Stürzelhof bei der Königsbronner Waldsiedlung. Wir gehen durch die Hofanlage hindurch den asphaltierten Weg weiter. Am Beginn des steilen, zum Brenztal abfallenden bewaldeten Hanges biegt der Weg links ab. An der Kehre führt ein schmaler Pfad nach rechts in den Hang hinein, über den wir nach wenigen Metern die Ruine der Burg Herwartstein erreichen.

3 Königsbronn – Itzelberg

⑦ Burgruine Herwartstein

Auf dem schmalen, zur Ruine führenden Waldpfad überquert man einen relativ flachen, 15 Meter breiten äußeren Graben, eine etwa 13 Meter breite Berme und einen tiefen, direkt vor der Burgstelle liegenden Halsgraben, der sieben Meter Ausdehnung besitzt. Die Anlagen dienten zur Absicherung des von der Burg eingenommenen Felsplateaus gegen die südlich anschließende Hochfläche. Der Fels selbst ist etwa 55 Meter lang und an der Südseite 30 Meter breit.

Ausgrabungen, die hier in den 1960er und 1970er Jahren stattfanden, haben einen erheblich genaueren Einblick in die Burggeschichte eröffnet, als es die schriftlichen Quellen vermocht haben. Möglicherweise entstand eine ⓛ Burg an diesem Platz schon im 11. Jahrhundert, die wesentlichen Mauerzüge gehören allerdings der Zeit von 1150 bis 1200 an, wobei eine exakte Ansprache unterschiedlicher Bauphasen durch die recht häufigen Umbauten erschwert wird. Herausragend war die Auffindung von 69 silbernen Brakteaten – dünnen, einseitig geprägten Münzen – in einem begrenzten Areal, so dass von einer absichtlichen Deponierung der Stücke als Schatz auszugehen ist. Die Münzen sind in die Zeit der ersten Erwähnung der Burg zu datieren (um 1240) und vielleicht als Bauopfer zu deuten.

Man nähert sich der Burg von Westen und blickt auf die Außenmauer des inneren Burgareals. Dahinter, dem Halsgraben zugewandt, stand der nahezu quadratische Bergfried, von dem noch die unteren Steinreihen, die teilweise aus Buckelquadern bestehen, erhalten und sichtbar sind. Der Talseite zugewandt sind weitere Mauerzüge, die zu einem größeren Gebäude – vielleicht dem Wohngebäude – gehören. Auch hier sind Buckelquader zu erkennen. An der nordöstlichen Ecke des Bergfrieds setzt eine quadratisch ausgemauerte Zisterne an. Nicht mehr sichtbar sind ein an der Südwestecke der Anlage gelegener Turm und ein solcher an der Nordspitze des Felsen.

Von hier aus eröffnet sich ein imposanter Blick von Königsbronn im Westen über die gegenüber liegende Talseite bis nach Itzelberg im Osten. Wie Funde der späten Altsteinzeit am Fuße der Felsen und neolithisches Fundgut vom Burgplatz selbst belegen, ist der steile Felsen auch in der Vergangenheit schon häufiger von Menschen aufgesucht worden. Besonders an diesem Platz wird deutlich, dass die Burg an einer strategisch wichtigen Stelle errichtet wurde, die im Mittelalter die Kontrolle der vom Ries übers Härtsfeld zum Albuch verlaufenden wichtigen Verkehrsverbindung ermöglichte.

Im Bereich des wenige hundert Meter südlich der Burg gelegenen „Stürzelhofes" dürfte bereits im späten Mittelalter der zur Burg gehörende Wirtschaftshof mit seinen Ackerflächen gelegen haben. Wie die Burgstelle selbst kam der Hof an das Zisterzienserkloster Königsbronn und ist für das Jahr 1471 als Schafhof überliefert.

Burg Herwartstein und die frühe Geschichte von Königsbronn

3.5

Seit dem frühen Mittelalter ist eine Burganlage bekannt. Doch ist der Name der Burg Herwartstein erstmals für die Zeit um 1240 überliefert. Sie war zu dieser Zeit in der Obhut der „Schenken" von Herwartstein, die die Anlage als Lehen oder Burgmannen verwalteten. Sie standen im Dienst der eigentlichen Burgbesitzer, bei denen es sich möglicherweise um die Staufer gehandelt hat. Ein weiteres Mal erscheint die Burg in den Quellen zum Jahr 1287. Sie war in der Zwischenzeit in die Hände der Grafen von Helfenstein gelangt. In einem Konflikt zwischen Graf Ulrich von Helfenstein und dem habsburgischen König Rudolf I. wurde die Burg 1287 nach kurzer Belagerung durch Rudolfs Truppen eingenommen und stark beschädigt. Die Helfensteiner waren schließlich gezwungen, die Burg samt dazugehöriger Herrschaft 1302 an König Albrecht I. zu verkaufen, der damit wiederum das 1303 gegründete Zisterzienserkloster Wissenswert! „Fontis Regis" ausstattete. Beim Bau der Klostergebäude wurde die Burgstelle schließlich als Steinbruch benutzt und aufgegeben.

3.2

Im Schutz der Burg und in ihren Herrschaftsbereich eingegliedert entwickelte sich das 1302 erstmals erwähnte Dorf „Springen", dessen Name sich von der Brenzquelle ableitete. In dieser wohl hochmittelalterlichen Siedlung, die vermutlich im Bereich der heutigen Herwartstraße am Fuße des Burgberges lag, ist der eigentliche historische Kern von Königsbronn zu suchen. Dass der kleine Ort nicht unbedeutend war, ist unter anderem an seinem seit dem 13. Jahrhundert bestehenden Marktrecht zu erkennen. Der Name des ersten Dorfes wurde im Laufe der Zeit von der Bezeichnung des Klosters verdrängt. 1806 wurde das Württembergische Klosteramt aufgehoben und die Hintersassen des Amtes mit den Bewohnern Springens in die neue Gemeinde mit dem Namen Königsbronn aufgenommen.

Wissenswert

Auf demselben schmalen Pfad, den wir gekommen sind, gelangen wir zurück auf die Straße und wenden uns nach rechts, um der Straße Hang abwärts zu folgen. Nach etwa 250 Meter führt eine Kehre nach rechts, wir nehmen aber den geradeaus führenden Weg. Nach wenigen Metern zweigt auf der rechten Seite ein Treppenweg ins Tal ab. Dieser stößt an seinem Ende wiederum auf eine Straße. Auf der gegenüber liegenden Seite führt ein weiterer Treppenweg weiter hinab. Schließlich gelangt man von der Hangseite her zurück zum Brenztopf, an dem entlang der Weg wieder zum Parkplatz führt.

Wo die Toten ruhen

4. Großkuchen

Wo die Toten ruhen – Prähistorische Grabhügel

i Kurzinfo

Start:	Parkplatz an der *Elchinger Straße* in Großkuchen
Anfahrt:	Von der A7-Ausfahrt „Heidenheim" auf der B 466 nach Nattheim und von dort Richtung Neresheim fahren, hinter Steinweiler links nach Großkuchen abbiegen. Gleich am Ortseingang rechts Richtung Elchingen. Von Neresheim kommend dementsprechend rechts von der *B 466* nach Großkuchen. Aus Richtung Königsbronn oder Heidenheim über die *K 3009* nach Großkuchen fahren und dort die *K 3033* Richtung Neresheim nehmen. Kurz vor Ortsausgang links Richtung Elchingen fahren. Nach dem Feuerwehrhaus liegt links ein Parkplatz.
ÖPNV:	Busverbindungen aus Heidenheim
Strecke:	ca. 13 km, abgekürzt ca. 5,5 km
Dauer:	reine Gehzeit ca. 3,5 - 4 Stunden, Abkürzung: ca. 2 Stunden
Charakter:	Rundwanderung durch hügeliges Bergland und Wald

Wer die Strecke abkürzen möchte, verlässt den Parkplatz auf der linken Straßenseite und geht den Hügel runter, um unten auf einem asphaltierten Weg, dem *Krätzentalweg*, das Krätzental bis zum Zeichen **A** zu durchwandern. Vom Parkplatz aus führt er gleich eine scharfe Linkskurve aus und geht später in einen geschotterten Weg über.

Für die längere Strecke und die Suche nach den Grabhügeln gehen wir vom Parkplatz aus auf den Wiesenflächen links oder rechts der *Elchinger Straße* hoch zum Wald, der einst zum Besitz des Fürstlichen Hauses Thurn und Taxis Wissenswert! gehörte.

73

Dort wenden wir uns nach rechts und gehen etwa zwei Kilometer immer am Waldrand entlang. Der Weg geht später in einen Grasweg über. Wir kommen direkt auf ein Tannenwäldchen zu, an dem der Grasweg im rechten Winkel nach unten auf einen Asphaltweg führt. Wir gehen jedoch an dieser Ecke auf einem Waldweg geradeaus durch den Wald hindurch bis wir auf die Straße stoßen, die zum Elchinger Flugplatz führt. An dieser Stelle zweigt nun im spitzen Winkel nach links ein Schotterweg ab, der mit einer roten Wegmarkierung des Schwäbischen Albvereins und einem Hinweisschild Richtung Großkuchen gekennzeichnet ist. Hinter der ersten Kreuzung nach etwa 550 Meter beginnt auf der linken Seite im Wald das Grabhügelfeld „Badhäule", an dem uns der Schotterweg nördlich vorbeiführt.

Zumindest die Besichtigung der nahe am Weg gelegenen Hügel ist problemlos möglich, aber je nach Jahreszeit und Bewuchs nicht immer ganz einfach.

① Das Grabhügelfeld im Waldgebiet „Badhäule"

Die Grabhügel, die sich südlich des Weges erstrecken und im Hochwald gut zu überblicken sind, bilden in ihrer Gesamtheit eines der größten Grabhügelfelder des Landkreises Heidenheim. Die 68 Grabstätten liegen bis auf wenige Ausnahmen dicht zusammen und waren früher über einen Waldweg gut erreichbar, doch der Wegeverlauf musste aufgrund der Zerstörungen des Sturmes „Lothar" im Jahre 1999 verändert werden.

Im Gegensatz zu vielen anderen Grabhügelfeldern im Landkreis Heidenheim ist der Friedhof im „Badhäule" weitgehend von Raubgrabungen verschont geblieben. Auch archäologische Ausgrabungen mussten bislang nicht unternommen werden, weswegen die meisten Hügel weitestgehend intakt erhalten sind. Lediglich ein Dutzend Grabstätten zeigen Spuren von Sondierungen, die wohl zu Anfang des 20. Jahrhunderts unternommen wurden. Funde aus diesen ohne fachliche Aufsicht durchgeführten Grabungen sind heute nicht mehr erhalten beziehungsweise nicht mehr von Funden aus anderen Grabhügeln des Kreisgebietes zu unterscheiden.

Die zeitliche Einordnung der im Durchmesser zwischen 10 und 20 Meter großen und durchschnittlich noch 1 bis 2 Meter hohen ④.① Grabstätten ist daher schwierig. Streufunde aus einigen wenigen Hügeln deuten aber zumindest die Anlage des Friedhofs in der Hallstattzeit zwischen etwa 750 und 450 v. Chr. an. Weitere Nachweise scheinen eine Nutzung der Nekropole auch in der jüngeren La-Tène-Zeit im 2. und 1. Jahrhundert v. Chr. sowie in der Römischen Epoche nach der Zeitenwende zu belegen.

In den Gebieten um Großkuchen und Nattheim hat sich eine erstaunlich hohe Anzahl von Grabhügeln erhalten, deren Großteil wohl ebenfalls in die ältere Hallstattzeit gehört. Möglicherweise ist dies mit ihrer geschützten Lage in den ausgedehnten Waldgebieten zu erklären. Vielleicht spiegelt es aber auch eine hohe Besiedlungsdichte dieser Zeitepoche wider, deren Auswirkungen auf Umwelt und Natur nicht unterschätzt werden sollten, da eine Vielzahl von gleichzeitigen Siedlungen und Wirtschaftsflächen angenommen werden muss.

4. Großkuchen

Die Bestattung von Toten unter Hügeln

4.1 Der Hauptgrund für die Überhügelung einer Grabstätte besteht wohl darin, ein dauerhaftes Monument zu errichten, das der Nachwelt noch lange Zeit den Begräbnisplatz sichtbar zu erkennen gibt.

Wissenswert

In Mitteleuropa lassen sich derartige Motive schon für das Neolithikum nachweisen, da bereits für die Großsteingräber – die in Westeuropa seit dem 5. Jahrtausend v. Chr. in Erscheinung treten – eine Hügelummantelung anzunehmen ist. In der Folgezeit wurde die Errichtung von Grabhügeln unterschiedlich intensiv ausgeübt, mal war sie Kennzeichen für die Gräber der Elite, mal war sie allgemein in der ganzen Bevölkerung verbreitet. So sind zum Beispiel aus der Frühbronzezeit am Beginn des 2. Jahrtausends v. Chr. herausragende Einzelhügel bekannt. Die darauf folgende Epoche der Hügelgräberbronzezeit verdankt ihren Namen der weit verbreiteten Sitte, über den Gräbern Hügel aufzuschütten und in den folgenden Generationen weitere Familienmitglieder im selben Hügel als Nachbestattung einzubringen.

Die meisten heute noch im Kreis Heidenheim erhaltenen Grabhügel werden der Hallstattkultur der frühen Eisenzeit angehören. Bei den frühen Kelten erhielten herausragende Persönlichkeiten besonders mächtige Monumente, so zum Beispiel der Keltenfürst von Hochdorf oder der im Zentralgrab unter dem im Durchmesser über 100 Meter großen Magdalenenberg in Villingen beigesetzte Tote. Die Anlage von Grabhügeln hält sich regional unterschiedlich noch bis an das Ende des frühen Mittelalters, erreicht aber nicht mehr einen solchen Verbreitungsgrad wie in der Vorgeschichte.

Nach weiteren 500 Meter biegen wir nach rechts in einen grasbewachsenen Schotterweg ein, der uns ins idyllische Maiental hinunter führt. Unten angelangt, folgen wir dem Schotterweg nach links. Unser Weg wird von Heideflächen begleitet. Wir passieren einen links am Weg liegenden Grenzstein, der im 18./19. Jahrhundert die Grenze zwischen wallersteinischer Herrschaft und Klosterbesitz Neresheim kennzeichnete. Rechts am Hang findet man einen weiteren. Anschließend kommen wir am Beyrle-Kreuz vorbei, das hier seit 1974 steht. Der fürstliche Förster Josef Beyrle stellte es aus Dankbarkeit dafür, dass ihm trotz mancher „Fährnisse" im aktiven Dienst nichts zustieß, dieses Kreuz in seinem Revier auf.

An dieser Stelle angekommen gehen wir den links hochführenden Schotterweg weiter und sind nun wieder vom Wald umgeben. Wir kommen an einer rechts liegenden Jagdhütte vorbei und treffen auf die Gemeindeverbindungsstraße von Großkuchen nach Elchingen. Diese überqueren wir zur gegenüberliegenden Königin-Olga-Eiche, die 1846 zum Gedächtnis an die Vermählung des Kronprinzen von Württemberg mit Großfürstin Olga von Russland gepflanzt wurde. Auf dem Schotterweg gehen wir weiter zur Kittwanghütte, an der wir eine Rast einlegen können. An dieser Stelle, wo mehrere Wege aufeinandertreffen, wählen wir den Schotterweg, der halblinks ins Tal hinunter führt. Auf dem Boden des „Krätzentales" – im Übrigen eines der vielen Trockentäler (Tour 1 und 2) der Schwäbischen Alb – angekommen, treffen wir auf den von links kommenden Weg, der uns als Abkürzung durchs Krätzental geführt hätte.

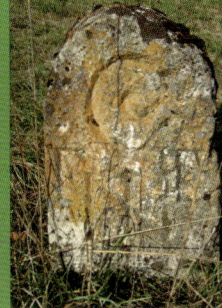

Wollen wir hier von unserer Tour über die Grabhügelfelder kommend den langgezogenen Weg bis zum „Hohlen Stein" meiden, bietet sich die Möglichkeit, den gegenüberliegenden Weg wieder aus dem Krätzental hochzugehen, um direkt zum ehemaligen Köhlerplatz zu gelangen. Ⓐ

Für die längere Strecke über den „Hohlen Stein" wählen wir an der nächsten Kreuzung den nach rechts, linksseits des Tales verlaufenden Weg. Nach einer scharfen Biegung nach links und zunächst von rechts, später von links dazu stoßenden Wegen gelangt man an den „Hohlen Stein", einer Felsformation auf der östlichen Talseite und bereits auf dem Gebiet des Ostalbkreises. Bei hohem Grasstand die Wiese bitte nicht durchschreiten!

❷ „Hohler Stein" im Krätzental

Beim „Hohlen Stein" handelt es sich um einen aus Massenkalk des Weißen Jura bestehenden Felsriegel. Dieser ragt etwa 100 Meter in das Trockental hinein und zwang den einstmals hier fließenden Bach zu einer größeren Ausweichbewegung. Aufgrund seiner besonderen Beschaffenheit gehört der „Hohle Stein" zu den geschützten Geotopen Wissenswert! des Landes Baden-Württemberg.

Der sehr löcherige Kalkstein weist einige grottenartige Höhlen auf, die auch kulturgeschichtlich interessant sind. In der Zeit um 1900 wurden nämlich in einer der Höhlen vorgeschichtliche Siedlungsreste, also Gefäße, tönerne Spinnwirtel und Kohlestückchen gefunden, die eine zumindest zeitweilige Nutzung der Höhlen durch Menschen belegen. In einer Sondierung der 1950er Jahre wurden vor der Höhle Keramikfragmente gefunden, die möglicherweise in die Hallstattzeit, also die ältere Eisenzeit zu datieren sind.

Während eine Nutzung des „Hohlen Steins" im Jungpaläolothikum oder Mesolithikum, also in der Zeit der Wildbeuter, nicht weiter verwundern würde, ist das deutlich jüngere Fundmaterial auffallend. Ungeklärt ist vor allem, warum Menschen diese sehr abgelegene Stelle des Tales aufgesucht haben. Möglicherweise besaß das Krätzental in vorgeschichtlicher Zeit eine Bedeutung als Verkehrsachse zwischen Nord und Süd, wodurch die Spuren menschlichen Aufenthaltes zu erklären wären.

Vom „Hohlen Stein" aus gehen wir zurück zum geschotterten Talweg und wendet uns zunächst nach links, an der folgenden Kreuzung nach rechts. An der nächsten Kreuzung folgen wir dem nach links abbiegenden Schotterweg, der den Hang hinauf führt. Über den rechten Weg würden wir nach wenigen Metern zu einem Grabhügel gelangen, der im Gegensatz zu den übrigen Hügeln der Umgebung ausschließlich aus Steinen aufgeschichtet ist. Wissenswert!

Auf unserem Weg bleibend wenden wir uns an der folgenden Kreuzung nach rechts. Nach etwa 125 Meter können wir links und rechts des Weges drei weitere Grabhügel erkennen, deren Durchmesser noch zwischen 12 und 22 Meter bei Höhen von bis zu zwei Meter beträgt. Ihre Zeitstellung ist unbekannt. Bei der nächsten Möglichkeit nehmen wir den scharf nach links abknickenden Weg. Im Zwickel zwischen den Wegen befindet sich ebenfalls ein Grabhügel, zwei weitere Hügel kann man auf der linken Seite des Weges im Wald erkennen, sofern es die Vegetation zulässt.

Der Waldweg führt in einem Bogen den Berg hinab. Bevor er auf einen quer verlaufenden Schotterweg stößt, eröffnet sich auf der linken Seite eine größere Freifläche. Hierher gelangen wir auch, wenn wir direkt aus dem Krätzental hochgekommen wären.

❸ Der ehemalige Köhlerplatz im „Pfaffentäle"

Auf der Wiesenfläche kann man mit geübtem Auge und entsprechender Vegetation noch runde, im Durchmesser etwa sechs Meter große, leicht eingetiefte Wannen erkennen. Es handelt sich um die ehemaligen Stellflächen der Meiler, in denen man aus dem Baumholz der Wälder in einem längeren Verbrennungsvorgang Kohle herstellte – ein Handwerkszweig, der als **4.2** „Köhlerei" bezeichnet wird.

Seit wann genau die Erzeugung von Holzkohle im größeren Ausmaß betrieben wurde, lässt sich heute nur mutmaßen. Schon die Verhüttung von Kupfer- und später Eisenerzen scheint bereits für die urgeschichtliche Zeit den Bedarf nach Kohle anzuzeigen. Im Bereich der Ostalb dürfte von der seit dem ausgehenden Mittelalter expandierenden Eisenverhüttungsindustrie ein bedeutender Impuls für die Köhlerei in den umliegenden Wäldern ausgegangen sein. Der Bedarf an Energieträgern für die Eisenverhüttung wuchs bis ins 19. Jahrhundert an. So beschäftigten die Hüttenwerke Königsbronn **3.3** Wissenswert! um 1855 etwa 500 Arbeiter, davon 300 Erzklopfer, Hufschmiede, Schreiner, Tagelöhner, Ziegler und ein Gutteil davon Köhler. Seit dem Ende des 19. Jahrhunderts ist das Gewerbe freilich stark zurückgegangen, was in den aufkommenden alternativen Energiequellen und der Schließung des Hochofens in Königsbronn begründet liegt.

Die Köhlerei wird heute nur noch selten und ohne kommerziellen Hintergrund ausgeübt, so zum Beispiel von der Familie Wengert, die in der Nähe von Großkuchen, an der Straße von Rotensohl nach Nietheim, eine „Kohlplatte" betreibt. Leider ist ein Abstecher dorthin zu weit. Doch nach der Wanderung lässt sich eine Besichtigung der Köhlerei mit einer Einkehr in der „Linde" in Nietheim verbinden.

4. Großkuchen

Die Technik der Köhlerei

4.2 Die Köhlerei wird auf so genannten „Kohlplatten" an windgeschützten Stellen und in Wassernähe betrieben. Dabei handelt es sich um kreisrunde Bodenplatten von sechs bis acht Meter Durchmesser, die zwecks Wasserabfluss in der Mitte leicht erhöht sind. Auf den Kohlplatten wird der Meiler aufgestellt. Zur Gewinnung hochwertiger Holzkohle verwendet man in erster Linie Buchenholz. Es wird in Form etwa ein Meter langer Holzprügel möglichst senkrecht und in zwei Etagen um den Mittelpunkt aufgestellt. Darüber wird eine erste Abdeckung aus Gras, Laub, Moos und ähnliches aufgeschichtet („Rauhdach"), das von einer zweiten Decke („Erddach") aus Erde und Kohlenabfall („Lösche") früherer Verbrennungen abgeschlossen wird. Der etwa 25 Kubikmeter Holz umfassende Meiler wird oben in der Mitte angezündet und brennt dann kegelförmig von oben nach unten und von der Mitte zur Peripherie hin ab. Zuglöcher im Bodenbereich und „Pfeifen" im oberen Teil des Meilers gewährleisten den Abzug von Wasserdampf und Gasen. An der unterschiedlichen Rauchentwicklung kann der Brennvorgang verfolgt werden, der etwa vier bis sechs Tage dauert und ständig überprüft werden muss, damit die Verbrennung möglichst gleichmäßig und vollständig abläuft. Er ist beendet, wenn weißer Rauch am Fuße des Meilers austritt. Am Ende erhält man – den jeweiligen Umständen entsprechend – 50 bis 60 Prozent des Volumens, oder auch 25 Prozent des Gewichts des ursprünglichen Holzes als Kohle, die aber die doppelte Brennkraft des Holzes besitzt.

Wissenswert

Vom „Hohlen Stein" kommend überqueren wir die Kreuzung auf dem Talgrund und folgen dem leicht geschotterten Waldweg links den Hang hinauf. Direkt vom Krätzental kommend nehmen wir den gleichen Weg, in dem wir uns am ehemaligen Köhlereiplatz nach links wenden. Nach einer lang gezogenen Rechtskurve biegen wir nach links in einen kleinen Waldweg ab, über den wir an den Waldrand gelangen und einen schönen Ausblick über die Felder bis nach Großkuchen genießen können. Unsere Wanderung folgt links dem Grasweg am Waldrand entlang, der schließlich auf einen Schotterweg trifft. Hier gehen wir rechts und gelangen so auf einen anschließenden Asphaltweg, auf dessen linker Seite sich nach wenigen Metern eine ausgedehnte Streuobstwiese erstreckt.

4 Acker unter der Wiese
– Altackersysteme nördlich von Großkuchen

Seit den 1980er Jahren hat sich die Luftbildarchäologie zu einem unersetzlichen Verfahren entwickelt, um bislang unbekannte Spuren und Reste menschlicher Aktivitäten aufzuspüren. Auf den aus der Luft aufgenommenen Fotos erkennt man nämlich häufig Strukturen, die vom Boden aus nicht sichtbar sind. So auch im Fall der antiken Ackerfluren, die sich noch im Relief des heute als Streuobstwiese genutzten Geländes abzeichnen.

Auf dem Luftbild sind langschmale, im rechten Winkel zum Hang verlaufende Strukturen erkennbar, die als Relikte eines so genannten **4.3** „Wölbackersystems" gedeutet werden können.
Über die Entstehung dieser Flurform und ihre Datierung ist viel spekuliert worden. Man nimmt heute an, dass Wölbäcker durch das Pflügen mit einem Schollen wendenden Pflug entstanden sind. Dabei wurde im Laufe der Zeit immer mehr Erdreich von den Seiten zur Mitte des Ackers hin verlagert, so dass automatisch eine Art Wölbung entstand. Im Allgemeinen wird für dieses Phänomen eine mittelalterliche Zeitstellung erwogen, eine frühere Datierung ist jedoch nicht auszuschließen.

Wie der Bauer früher sein Land bestellte

4.3

Pflugspuren, die sich unter besonderen Bedingungen im Boden erhalten haben, belegen seit der Jungsteinzeit das Pflügen mit einem einfachen Hakenpflug, einem so genannten Ard. Dieser ritzte den Boden nur auf, so dass zwecks besserer Auflockerung der Erde in verschiedenen Richtungen gepflügt wurde („Kreuzpflügen"). Eine Vorstellung der damit bestellten Wirtschaftsflächen vermitteln die blockartigen bis rechteckigen Ackerfluren („celtic fields"), die allerdings erst ab dem Beginn der Eisenzeit nachgewiesen werden können. Bewirtschaftet wurden die Fluren wahrscheinlich in einer Zweifelderwirtschaft, das heisst in einem System aus jährlichem Wechsel zwischen Acker und Brache.

Frühestens in der Jüngeren Vorrömischen Eisenzeit beginnt die Nutzung eines Schollen wendenden Pfluges, der den Acker wesentlich tiefer und umfassender umgräbt. Dieser Typ des Pfluges hat sich – in veränderter Form – bis heute gehalten. Mit dem Pflug veränderten sich auch die Ackerfluren, denn in frühgeschichtlicher Zeit setzen sich zunehmend langschmale Ackerflächen („Streifenfluren") durch. Unter bestimmten Bedingungen entstanden durch intensives Pflügen die Wölbäcker des Mittelalters. Schließlich veränderte sich mit der sich ausbreitenden Dreifelderwirtschaft (Winter-, Sommergetreide und Brache) die grundsätzliche Anbaumethode, die zusammen mit anderen Faktoren zu einer allgemeinen Ertragssteigerung führte.

Wissenswert

4. Großkuchen

Nur 125 Meter weiter südlich befindet sich auf der rechten Seite der Asphaltstraße eine heute aus der landwirtschaftlichen Nutzung herausgenommene Wiesenfläche, deren Name „Eisenbrunnen" auf die ursprüngliche Nutzung des Geländes verweist. Über einen geschotterten Pfad, an dem auch eine Informationstafel errichtet worden ist, gelangt man zu einem neu angelegten Biotop, das die alte Wassernutzung vor Ort vergegenwärtigt.

❺ Prähistorische und neuzeitliche Wassergewinnung am „Eisenbrunnen"

Die Versorgung mit Frischwasser auf der in der Regel wasserarmen Albhochfläche stellte seit jeher ein Problem dar. Relikte der Wasserversorgung sind zum Beispiel die an vielen Orten noch nachweisbaren „Hülben". Wissenswert! ────────────────────────── **1.1**

Archäologische Forschungen der 1980er Jahre im Gewann „Eisenbrunnen" haben exemplarisch die traditionelle Wasserversorgung seit vorgeschichtlicher Zeit nachweisen können. Aufgedeckt wurden zwei tiefe, wasserführende Mulden („Zisternen"). Scherbenfunde weisen nach, dass sie mindestens seit der Hallstattzeit genutzt worden sind. Die Analyse von Holzresten aus der südlichen Grube ergab außerdem eine Datierung von 523 ± 10 v. Chr. Die nördliche, im Durchmesser fünf Meter große „Zisterne" war auch in späterer Zeit in Gebrauch. Als jüngste Bauphase ist ein Brunnen mit gut erhaltener Holzverschalung zu nennen, der im 8. Jahrhundert n. Chr. erbaut worden ist. Gefundene Eisenschlacken weisen zwar nicht unbedingt auf eine Eisenerzverhüttung oder -verarbeitung zurück. Eine Nutzung der „Zisternen" zum Waschen und Vorsortieren der Bohnerzklumpen kann jedoch nicht ausgeschlossen werden. Trotz weniger Funde aus La-Tène-Zeit und römischen Epoche, vermutet man eine mehr oder weniger kontinuierliche Nutzung des Platzes als Wasserstelle in der Hallstattzeit. Seit der Neuzeit besaß sie eine Einfassung aus Trockenmauern. Um 1900 wurde die Wasserstelle allerdings verfüllt. Die jüngsten Ausgrabungsfunde waren eine Seltersflasche und eine Mundharmonika.

Die heute durch das Wasserwirtschaftsamt Ellwangen rekultivierte Anlage lässt erahnen, wie prägend die Wasserstelle einst innerhalb der damaligen Kulturlandschaft gewesen ist.

Wenn wir nach dem Eisenbrunnen die nächste Möglichkeit nach links gehen, bietet sich noch vor dem Besuch der Ortschaft die Möglichkeit zur Einkehr im Sportheim des Sportvereins Großkuchen. Die eigentliche Wanderung führt weiter auf der Asphaltstraße hinauf Richtung 44 Großkuchen.

Im Ort angelangt, wenden wir uns dem *Schleifweg* folgend nach links. Wir stoßen auf die *Rosenbergstraße* und gehen erneut nach links, um gleich darauf rechts in die *Mettenleiterstraße* abzubiegen. Unser Ziel, die Pfarrkirche St. Peter und Paul, liegt nun in erhöhter Lage direkt vor uns.

6 Großkuchen

Die barocke Pfarrkirche St. Peter und Paul

6.8 Edmund Heyser, Abt des Klosters Neresheim, Wissenswert! ließ den heute noch weitgehend im Urzustand befindlichen Kirchenbau 1736 errichten. Nicht verwunderlich ist deswegen die Lage der Kirche in Sichtbeziehung zum Neresheimer Kloster. Der Platz war bereits der Standort eines Vorgängerbaus gewesen, über den allerdings nichts bekannt ist. Eine Erneuerung der Anlage erfolgte 1796.

Die den Heiligen Peter und Paul geweihte Saalkirche besitzt eine äußerst qualitätvolle Innenausstattung des 18. Jahrhunderts. Hervorzuheben sind besonders die von Stuckverzierungen eingerahmten Deckenfresken des Neresheimer Malers Michael Zink aus dem Jahre 1735 und die Rokokokanzel aus Stuckmarmor, auf deren Reliefs die Heiligen Johannes der Täufer und Johannes Evangelist dargestellt sind. Am Chorbogen sind die Initialen des Bauherren (Abt Edmund Heyser) und eine Datierung zu erkennen.

Die Kirche bildet zusammen mit dem benachbarten, im Jahre 1711 erbauten Pfarrhaus eine eindrucksvolle barocke Baugruppe. Das Pfarrgebäude besitzt einen Walmdachabschluss, eine repräsentative Grundrissstruktur und Ausstattung, und ist zusammen mit dem zugehörigen Waschhaus und Garten ein ideales Beispiel des barocken Pfarrhaustypus.

4. Großkuchen

Die frühe Ortsgeschichte von Großkuchen

4.4

6.3

Bereits kurz nach dem Fall des „Limes" errichteten Germanen im ausgehenden 3. Jahrhundert eine Siedlung im Bereich der heutigen Straße *Gassenäcker*, die bis in die Zeit um 400 bestand. Eine umfangreiche Eisenerzverhüttung Wissenswert! zeichnet die Ansiedlung aus, was durch den Fund großer Mengen von Eisenschlacke indirekt nachgewiesen ist.

Kurze Zeit später, um die Mitte des 5. Jahrhunderts, entstand in unmittelbarer Nachbarschaft ein Friedhof, der wenigstens bis in die Zeit um 530 belegt worden ist. Schließlich bezeugt ein um die Mitte des 6. Jahrhunderts angelegter Friedhof im Bereich der heutigen *Pfaffensteigstraße* die weitere Besiedlung des Platzes. In dieser frühmittelalterlichen Siedlung ist wohl der Kern des heute noch bestehenden Ortes Großkuchen zu suchen, auch wenn am westlichen Ortsrand in der Flur „Kappelberg" ebenfalls Gräber des 6. Jahrhunderts aufgedeckt wurden.

Erstmals schriftlich erwähnt wird Großkuchen als „Chuochheim" im Zuge einer Schenkung an das Kloster Fulda, die in das ausgehende 8. oder frühe 9. Jahrhundert datiert werden kann. Weitere Nachrichten stammen erst aus einer Quelle des Jahres 1298, in der Papst Bonifaz VIII. dem Kloster Neresheim die Patronatsrechte der örtlichen Pfarrkirche bestätigt. Zwischenzeitlich waren die grundherrlichen Besitzverhältnisse wohl vom Kloster Fulda zum Kloster Neresheim gewechselt. Bis zum frühen 16. Jahrhundert war Großkuchen zu einem stattlichen Ort angewachsen, litt aber wie viele andere Ortschaften auch unter den Auswirkungen des Dreißigjährigen Krieges. Erst in der Mitte des 18. Jahrhunderts war wieder die alte Zahl von bewirtschafteten Höfen und Selden erreicht. Der ungewöhnliche, in etwa ringförmige Grundriss der neuzeitlichen Siedlung südlich der Pfarrkirche ist im modernen Ortsbild kaum noch abzulesen.

Vom Ensemble Pfarrkirche und Pfarrhaus gehen wir zurück auf die *Mettenleiterstraße*, biegen nach rechts in die *Alois-Seibold-Straße* ab und gelangen auf die *Rosenbergstraße*, der wir nach rechts folgen. Die *Lange Straße* schließt sich an und wir gehen sie entlang bis die *Elchinger Straße* kreuzt. Hier wenden wir uns nach links und gelangen so zum Ausgangspunkt zurück.

Tour 5
Nattheim

5

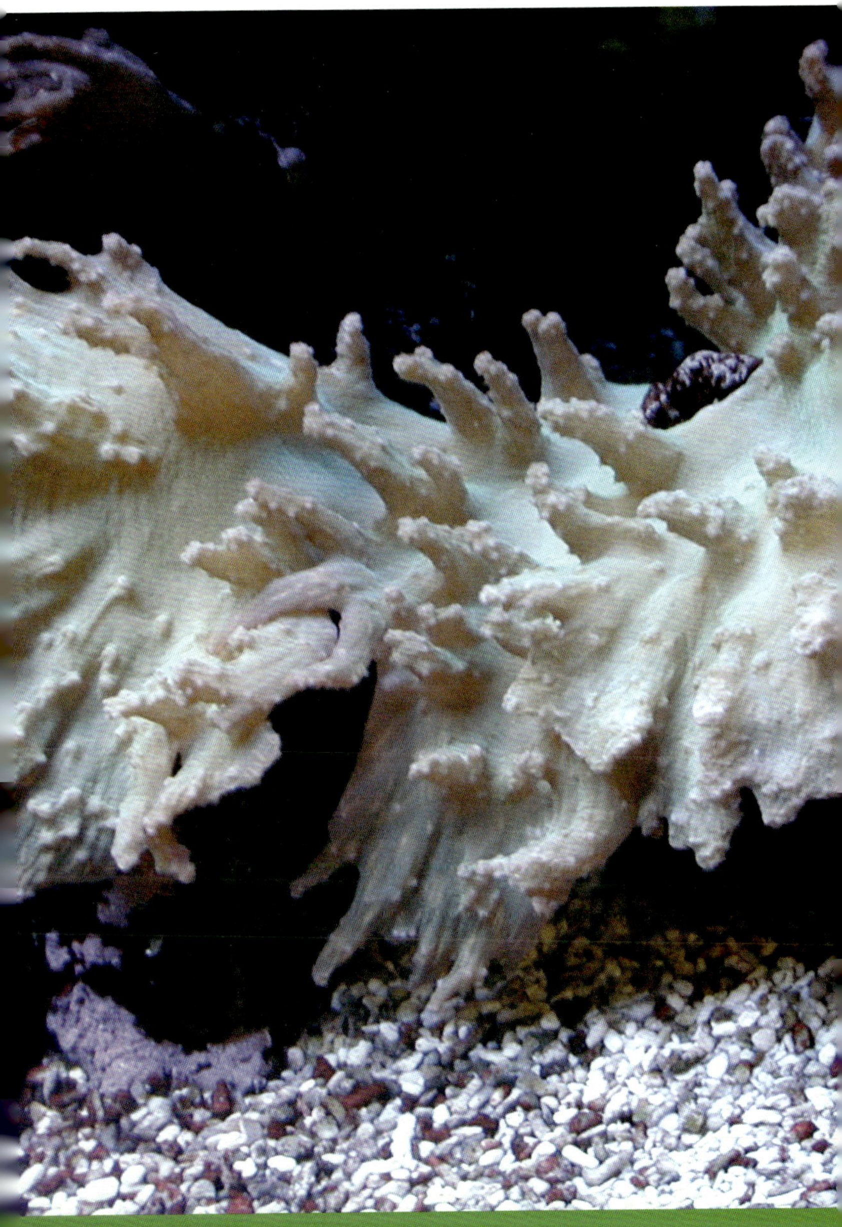

Vom Bierkeller
zur Keltenschanze

5 Nattheim

Vom Bierkeller zur Keltenschanze

Kurzinfo ⓘ

Start:	Parkplatz in der *Daimlerstraße* in Nattheim
Anfahrt:	Sowohl von Neresheim als auch von Heidenheim aus erreicht man diesen über die *B 466*. Aus Heidenheim kommend im Kreisel nach dem Ortseingang in Richtung Neresheim in die *Daimlerstraße* fahren. Ein Parkplatz liegt gleich auf der rechten Seite. Von Neresheim kommend nach dem Ortseingang über den Kreisel auf der *B 466* durchs Gewerbegebiet in die *Daimlerstraße* bis kurz vor den oben erwähnten Kreisel fahren. Der Parkplatz liegt dann auf der linken Seite.
ÖPNV:	Busverbindungen aus Heidenheim
Strecke:	ca. 10,5 km
Dauer:	reine Gehzeit ca. 3 Stunden
Charakter:	Rundwanderung ohne größere Anstiege

Vom Parkplatz aus gehen wir in südlicher Richtung bis zum Kreisverkehr, wenden uns dort nach rechts in Richtung Heidenheim und gehen auf dem links der *Bundesstraße 466* gelegenen asphaltierten Weg weiter. Nach etwa 500 Meter befindet sich auf der linken Seite an einem Schotterweg unmittelbar gegenüber dem Steinbruch der so genannte „Ochsenkeller", ein Bierkeller der Brauerei Schlumberger. Er ist in den Berg eingetieft und liegt dadurch etwas versteckt.

❶ Bierlager im „Ochsenkeller"

Im Jahr 1852 wurde dieser zweiteilige Gewölbekeller mit einer Länge von 14 Meter bei einer Breite von 5 Meter von dem damaligen Ochsenwirt Schlumberger angelegt und bis 1919 als **5.1** Bierkeller verwendet. Anschließend sich selbst überlassen, wurde er zur Sammelstelle von Müll. Mittlerweile restauriert durch Naturfreunde dient er Fledermäusen als Winterquartier und bleibt deshalb verschlossen.

Die Brauerei Schlumberger braut heute noch das „Nattheimer Bier" in Nattheim. Ihre Brauereigaststätte, heute ein griechisches Restaurant, findet man in der *Hauptstraße*.

Im Zuge der Modernisierung des Brauereiwesens zu Beginn des 20. Jahrhunderts wurden die Bierkeller nach und nach aufgegeben, wodurch sie im Laufe der Zeit verfielen und häufig mit Müll aufgefüllt wurden. Viele Keller sind heute nicht mehr intakt, da ihre Eingänge und Räume zumeist eingestürzt sind. Nur wenige stehen bislang unter Denkmalschutz. In jüngster Zeit haben einige eine Umnutzung erfahren. Wie beispielsweise auch der „Ochsenkeller" von Nattheim dienen sie heute als Winterquartier für Fledermäuse.

Bierkeller

Von der Ostalb sind etliche Bierkeller bekannt, die teilweise noch aus dem Mittelalter, meistens jedoch aus der frühen Neuzeit stammen. Bierkeller bestehen aus einem in den Berghang eingetieften, mit einem Tor verschlossenen Raum unterschiedlicher Länge. Außerorts von den ansässigen Bierbrauern angelegt, dienten sie der wohltemperierten Lagerung von Bier. In Holzfässern wurde das Bier von der Brauerei mithilfe pferdebespannter Wagen dorthin gebracht.

Die Bierkellertradition geht auf eine Zeit vor Gebrauch von elektrobetriebenen Kühlschränken zurück. Die Lagerung in den Felsenkellern hielt das Bier kühl. Die Fässer lagen entlang der Kellerwände auf Widerlagern auf. Um eine konstante Temperatur zu erreichen, wurden seitlich Lüftungsschächte angebracht.

Künstlich angelegte „Eisweiher" lieferten im Winter Eis, das zur Kühlung des Bieres in den Kellern eingelagert wurde. Ein Ensemble von Eisweiher und Brauereigasthof hat sich in Fleinheim *Wissenswert!* bis heute erhalten.

Wissenswert

6.2

Wir gehen auf dem asphaltierten Fußgänger-/Radweg weiter, entlang der *B 466* bis zum Rückhaltebecken und queren die Straße zu einem Schotterweg. Die *B 466* verläuft hier teilweise auf der Trasse einer Römerstraße. Bitte achten Sie hier besonders auf den Verkehr.

In nordwestlicher Richtung erhebt sich ein Fels, in der sich die Ramensteinhöhle befindet. Um den Höhleneingang zu erreichen, müssen wir einen steilen Anstieg von mehreren Metern überwinden (kein Weg). Für diese Mühe entschädigt ein schöner Blick über das Lindletal und Zimmertle.

Der vordere Teil der Höhle ist bequem begehbar. Um tiefer in die Höhle hineinzugehen, ist eine Taschenlampe erforderlich. Von Oktober bis April dient die Höhle als Winterquartier für Fledermäuse und ist während dieser Zeit gesperrt.

5 Nattheim

2 Ramensteinhöhle

Die Höhle liegt 30 Meter über dem Talgrund und weist eine Länge von 49 Meter auf. Der Höhleneingang ist etwa 2,5 Meter hoch bei einer Breite von etwa 1,20 Meter. In der Ramensteinhöhle wurden Knochen und Zähne von Eiszeittieren wie beispielsweise vom Mammut gefunden (Landesmuseum Württemberg). Hinzu kommen Scherben, die auf eine temporäre Besiedlung der Höhle schließen lassen.

Nach dem weglosen Abstecher zur Ramensteinhöhle kehren wir auf den Schotterweg zurück. Der Weg führt durch das Zimmertletal am Skihang und am Sportplatz vorbei bis zum Wanderparkplatz im Tal. Dort zweigt der Weg links ab und führt auf dem hangseitigen Schotterweg entlang der Wiesen ins Stephanstal hinein. Nach Eintritt in den Wald gehen wir den nach 250 Meter halblinks abbiegenden Schotterweg weiter. Diesem Hauptweg folgend erreichen wir ohne Abzweigung eine Bergkuppe. Nun befinden wir uns im Bereich des ehemaligen Stephanshofes.

3 Wüstung „Stephanshof"

Neben dem links einmündenden, grasbewachsenen Weg steht eine Tafel mit dem Hinweis auf die ehemalige Existenz des Stephanshofes und einem Lageplan zu Gebäude, Brunnen, Viehtränke und Feldern. Der zum Hof gehörige Schachtbrunnen wurde Mitte der 1980er Jahre restauriert. In etwa 40 Meter Entfernung sind im Wald noch Steine des abgebrochenen Hofes zu finden. Die Gründung des Stephanshofes erfolgte vermutlich durch das Kloster Anhausen. 1319 wird das Heilig-Geist-Spital zu Giengen genannt.

Die erste Erwähnung der Wallfahrtskirche St. Stephan erfolgte 1474. Im Jahr 1535 wird die klösterliche Anlage in eine weltliche umgewandelt. Nach 1870 wird der Stephanshof aufgegeben und abgebrochen, die Felder gänzlich aufgeforstet. **3.4** Wissenswert!

Abstecher zur etwa 1,2 Kilometer entfernten Keltenschanze im Röserhau: Um zur Keltenschanze zu kommen, setzt man den Weg geradeaus auf dem Hauptweg fort. Der *Schanzhülbenweg* führt zunächst leicht bergab, dann wieder den Hang hinauf und biegt schließlich nach links ab. Nach wenigen Metern zeigt ein Wegweiser den Pfad an, der durch den Nadelwald zur Keltenschanze führt. An der Nordostecke treffen wir auf eine mit Wasser gefüllte und als Naturdenkmal ausgewiesene **1.1** Hülbe Wissenswert!

❹ Keltische Viereckschanze „Röserhau"

In den ausgedehnten Waldgebieten um Großkuchen, Nattheim und Fleinheim hat sich eine Vielzahl von Geländedenkmälern erhalten. Dazu gehört die Viereckschanze im Röserhau, deren Wälle sich noch bis zu zwei Meter über den davor liegenden, durchschnittlich 80 Zentimeter tiefen Graben erheben.

Der Grundriss der Anlage ist nahezu quadratisch mit etwa 97 Meter Kantenlänge. Der alte Zugang befand sich im Westen, während die Walldurchbrüche im Norden und Süden moderner Zeitstellung sind. Weitere Störungen der imposanten Schanze sind außerdem an der Nordostecke vorhanden, wo der Bohnerzabbau Spuren hinterlassen hat. Die alte Grube ist heute mit Wasser gefüllt und als „Schanzhülbe" bekannt.

Archäologische Ausgrabungen fanden bislang nicht statt, es liegen aber aus dem Bereich der modernen Eingriffe einige Streufunde vor, die der für **5.2** Viereckschanzen typischen Zeitepoche, der Spät-La-Tène-Zeit, angehören.

Keltische Viereckschanzen

5.2

Wissenswert

Keltische Viereckschanzen zeichnen sich heute im Gelände durch Wälle mit vorgelagerten Gräben ab, die eine zumeist rechteckige, manchmal auch trapezförmige Fläche zwischen 0,4 und 1,2 Hektar umschließen. Durch eine Toranlage gelangte man ins Innere der Anlage, in der sich vereinzelt Gebäude und Brunnenschächte nachweisen ließen.

Die im Gelände noch sichtbaren Überreste wurden im Laufe der Zeit mit unterschiedlichen historischen Ereignissen sowie Sagen und Legenden in Zusammenhang gebracht. Noch heute sind entsprechende Bezeichnungen, wie „Sachsenschanze", „Schwedenschanze", „Riesenschanze" und „Bürg" überliefert. Der heutige Fachbegriff „Viereckschanze" bezieht sich auf die äußere Erscheinung der Anlagen.

Das Interesse an ihrer wissenschaftlichen Erforschung erwachte im 19. Jahrhundert und ist bis heute ungebrochen. Im Laufe dieser Zeit wurden unterschiedliche Funktionszuweisungen und zeitliche Einordnungen vorgenommen. Das Deutungsspektrum reicht von „römischen Sommerlagern", die von den Truppen auf ihren Märschen für vorübergehende Aufenthalte aufgeschlagen wurden, über gallische Gutshöfe adeliger Herren als mögliche Vorläufer der römischen *villae rusticae* bis hin zu Fliehburgen gegen die Römer oder Viehkrale. Schließlich wurden sie als Kultanlagen gedeutet.

Wissenswert **16.4**

Heute geht man davon aus, dass sie in der späten La-Tène-Zeit mehreren Zweckbestimmungen dienten, sowohl sakraler als auch profaner Natur. Vermutlich hatten sie innerhalb einer Siedlungskammer zentralörtliche Funktionen für die locker gestreute Besiedlung der Umgebung. Die Verbreitung keltischer Viereckschanzen konzentriert sich auf ein Gebiet, das im Norden bis zum Main reicht, im Süden bis zu den Alpen, im Westen bis zum Rhein, im Osten bis zum Inn. Darüber hinaus gibt es vereinzelte Anlagen in Tschechien, der Nordschweiz und in Frankreich. Unterdessen sind über 300 Anlagen bekannt. Vor allem durch die Luftbildarchäologie konnten in den letzten Jahren auch bereits durch Beackerung vollständig eingeebnete Anlagen lokalisiert werden.

An der nördlichen Seite der Schanze zieht der **5.3** alte Erzweg entlang, der aus dem Bohnerzgebiet Zitterberg nach Königsbronn führte.

Erzweg

5.3

3.3

Der Name „Erzweg" kennzeichnet die Straße, die hauptsächlich dazu benutzt wurde, das auf Härtsfeld und Albuch abgebaute Erz zur Weiterverarbeitung in die Eisenhütten von Königsbronn Wissenswert! zu transportieren. Darüber hinaus diente er ebenfalls der Zufuhr von Formsand und Holzkohle. Auf den Erzweg beziehen sich vermutlich auch mehrere bis zu 80 Meter lange Dämme, die sich nördlich der Viereckschanze im Röserhau befinden. Wahrscheinlich handelt es sich dabei um Maßnahmen der Waldbesitzer, wodurch sie zu verhindern versuchten, dass die Fuhrleute Schäden im Wald anrichteten, indem sie die ausgefahrenen Wege verließen.

Wer den Abstecher zur Röserhauschanze nicht machen möchte – auf unserer Wanderung kommen wir später noch zur Kirchbergschanze – der wählt den Schotterweg beim Stephanshof, der aus unserer ursprünglichen Richtung kommend nach rechts vom Hauptweg abzweigt. Auf dem *Grabenhausträßle* geht es etwa 400 Meter bis zum einem Schotterweg, der rechts abzweigt. Nach etwa 250 Meter liegt linkerhand ein großer Grabhügel (1903 geöffnet durch Prof. Gauß), der wegen des Buschwerkes nur im Winter gut zu sehen ist.

Wir folgen dem Schotterweg, der eine Rechtskurve beschreibt und zweigen bei der nächsten Möglichkeit nach links, Richtung Osten ab. Der Weg führt mitten durch das Grabhügelfeld im Waldabteil „Buchen".

5 Grabhügelfeld im Waldgebiet „Buchen"

Im Waldgebiet „Buchen" liegt ein ausgedehntes Grabhügelfeld mit 23 oberirdisch sichtbaren Grabhügeln. Manche sind recht gut erhalten und bis zu 2,5 Meter hoch. Einige weisen Spuren von Grabungen auf, die Anfang des 20. Jahrhunderts durchgeführt wurden. Die dabei gemachten hallstattzeitlichen Funde wie typische Keramik der Ostalbgruppe und Bronzebeigaben, sind im Schlossmuseum Hellenstein in Heidenheim Wissenswert! ausgestellt.

10.6

Die dichte Konzentration der Grabhügel ist auffällig. Möglicherweise sind sie aufgrund ihrer Lage im Wald so gut erhalten, eventuell spiegeln sie aber auch die einstige Siedlungsdichte wider, die auf die reichen Bohnerzvorkommen zurückzuführen ist.

Der *Buchenweg* führt nun auf einer Länge von etwa 1,5 Kilometer durch einen abwechslungsreichen Wald bis zur *B 466,* die wir überqueren und nach rechts weitergehen. Auf der linken Straßenseite kommen wir am Straßenrand entlang zum Waldrand. Bis zum 2008 geplanten Bau eines Radweges ist der etwa 400 Meter lange Streckenabschnitt wegen des Verkehrs nicht angenehm. Doch am Waldrand angekommen eröffnet sich ein schöner Blick auf Nattheim und dessen Flur. Westlich der *B 466* liegt das Gewann Kohlplatte, in dem einst in größerem Maß geköhlert wurde. Wissenswert! Wir zweigen links ab und folgen dem geschotterten Waldrandweg in Richtung Osten. An der nächsten Kreuzung verlassen wir den Waldrand und gehen geradeaus über das freie Feld auf einem asphaltierten Weg. Das begleitende Feldgehölz ist Teil der Biotopvernetzung vom Wald zum Sachsenbrunnen.

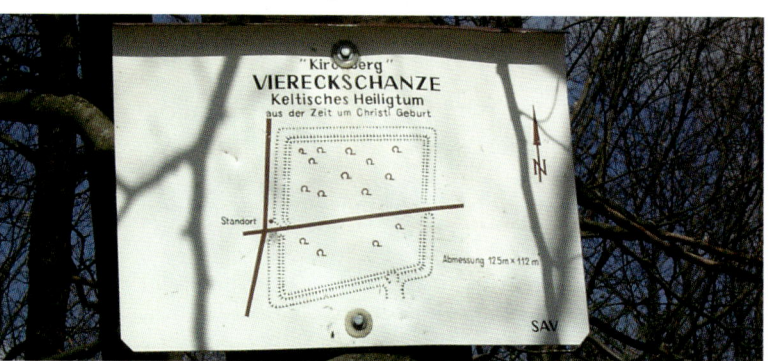

6 Sachsenbrunnen

Die Fassung des Sachsenbrunnens stammt von 1846. Durch die Leitung des Wassers ins Dorf wurde die Wasserversorgung von Nattheim verbessert. Dass die Quelle bereits in vorgeschichtlicher Zeit benutzt wurde, bezeugen entsprechende Scherbenfunde, die auf die Existenz eines vorgeschichtlichen Siedlungsplatzes verweisen. Einige hundert Meter nördlich des Sachsenbrunnens – beim Fließbrunnen – wurden 1893 Reste einer *villa rustica*, eines römischen Gutshofes, Wissenswert! freigelegt. Obwohl die Schüttung in trockenen Sommern stark nachlässt, kann man davon ausgehen, dass die Quelle der Hauptgrund dortiger Ansiedlung war.

Wir gehen geradeaus weiter und biegen schließlich bei der nächsten Möglichkeit auf einen geschotterten Feldweg links ab. Nach einer Weile führt eben dieser Weg nach rechts und den Hang hinauf. Hinter der Kuppe liegt auf der linken Seite direkt am Waldrand die Viereckschanze, die man über einen durch sie hindurchführenden Fahrweg begehen kann.

❼ Keltische Viereckschanze „Kirchberg"

5.2 Die keltische Viereckschanze Wissenswert! mit leicht trapezförmigem Umriss ist östlich von Nattheim auf dem Kirchberg gelegen, einem lang gestreckten Ost-West gerichteten Sporn. Die Anlage ist fast vollständig erhalten, auch wenn im Südosten Wege und verfallene Bohnerzgruben in Wall und Graben eingreifen. Besonders gut erhalten ist die an den Waldrand grenzende Westseite, auf der sich das Tor befindet. In Ost-West-Richtung durchschneidet ein Fahrweg die Anlage. Von außen gesehen misst die Wallhöhe bis zu zwei Meter. Der vorgelagerte Graben ist muldenförmig bei einer durchschnittlichen Tiefe von etwa 50 Zentimeter. Diese Viereckschanze gehört zu einer der größeren Anlagen dieser Art im Lande.

Wir gehen bis zur Waldecke zurück und zweigen nun nach links in Richtung Dorf ab. Auf dem geschotterten *Schäfhaldeweg* mit einem herrlichen Ausblick auf die nördliche Nattheimer Feldflur ziehen wir vor bis zu dem asphaltierten Weg, der vom Sachsenbrunnen herauf kommt. Diesem folgen wir hinein ins Dorf bis zur Einmündung des *Holunderwegs* in die *Kirchbergstraße*. Nun geht es steil bergab bis zur *Neresheimer Straße*. Hier gehen wir nach links. Nach wenigen Metern liegt auf der rechten Straßenseite die Alte Schule von 1840/41, in der seit seiner Renovierung 1990 das **5.4** Korallen- und Heimatmuseum untergebracht ist. Das Museum informiert auch über Steinplattenabbau, Bohnerzförderung und Köhlerei, die über Jahrhunderte wichtige Lebensgrundlage der Menschen auf dem Härtsfeld darstellten. Neben der alten Schule liegt die evangelische Martinskirche.

Nattheimer Korallen – einzigartige Meeresfossilien

Nattheimer Korallen sind unter Fossiliensammlern weltbekannt. **5.4** Sie wurden während der Zeit des Weißen Jura vor 150 Mio Jahren im so genannten Jurameer, in einem tropischen Flachmeer mit Schwamm- und Korallenriffen, Fischen, Muscheln, Seeigeln/-lilien und Schnecken ausgebildet. Aufgrund der durch heißes Tropenklima ausgelösten starken Verdunstung und des zunehmend mit Salz angereicherten Bodenwasser starben Korallen und Tiere ab. Durch natürliche Verwitterungsprozesse, wie Wind, Wasser und Temperaturunterschiede, die während der nachfolgenden Jahrtausende wirkten, wurden die versteinerten Korallen schließlich wieder freigegeben.
Infos zum Museum im Flyer und Seite 292.

8 Nattheim

Martinskirche

Die evangelische Martinskirche wurde in den Jahren 1864-67 anstelle einer Vorgängerkirche aus dem 14. Jahrhundert im neuromanischen Stil erbaut. Es handelt sich um eine dreischiffige Backsteinbasilika mit Ostturm, niedriger Chorapsis und detailreicher Sandsteinornamentik. Der Entwurf stammt vom Stuttgarter Oberbaurat und Professor Christian Friedrich Leins. Zur ursprünglichen Innenausstattung gehören eine bemalte Holzdecke, Säulen mit Würfelkapitellen und Emporen mit profilierten Brüstungen. Kanzel, Altar und Wandmalereien wurden bei Umbaumaßnahmen 1957 und 1962/63 entfernt. Besonders bemerkenswert sind jedoch die Freskomalereien der vier Apostel im Chor.

Die *Heidenheimer Straße* führt uns zurück zum Ausgangspunkt.

Nattheim

5.5 **Wissenswert**

Nattheim liegt auf dem Härtsfeld Wissenswert auf einer Rodungsinsel innerhalb einer Schüssel oder Wanne, die vor rund 150 Mio. Jahren entstand. Diese liegt etwa 40 bis 50 Meter tiefer als die umgebende mit Wald bedeckte Hochfläche. Steinzeitliche Funde bezeugen eine frühe Besiedlung im Umfeld des heutigen Nattheims. Dass die Gegend in keltischer Zeit stark besiedelt war, belegen neben zahlreichen hallstattzeitlichen Grabhügeln auch drei nahe gelegene Viereckschanzen: im Röserhau sowie auf Kirch- und Alenberg (siehe Tour 6). **6.1**
Aus römischer Zeit stammen der beim Sachsenbrunnen nachgewiesene Gutshof und eine Straße, deren Verlauf der heutigen von Heidenheim nach Nattheim entspricht. In römischer Zeit verband sie die Kastelle in Heidenheim und Oberdorf am Ipf miteinander. Die Anwesenheit der Alamannen ist durch Grabfunde bezeugt, die im Zuge von Bauarbeiten gefunden wurden. Die erste urkundliche Erwähnung Nattheims stammt aus dem Jahr 1050. In einer Schenkungsurkunde von Kaiser Heinrich III. ist von einem kaiserlichen Aufenthalt auf dem Königsgut in „Natta" die Rede. Zu den herausragenden Bauwerken Nattheims gehören neben der Kirche und dem ehemaligen Schulhaus das 1823 erbaute ehemalige Staatliche Forstamt am nördlichen Ortsausgang, *Neresheimer Straße 25.* Weiterhin ist das Rathaus, schräg gegenüber der Kirche zu nennen. Es wurde erst 1909 anstelle eines Gasthofes errichtet.

Tour 6
Fleinheim – Auernheim

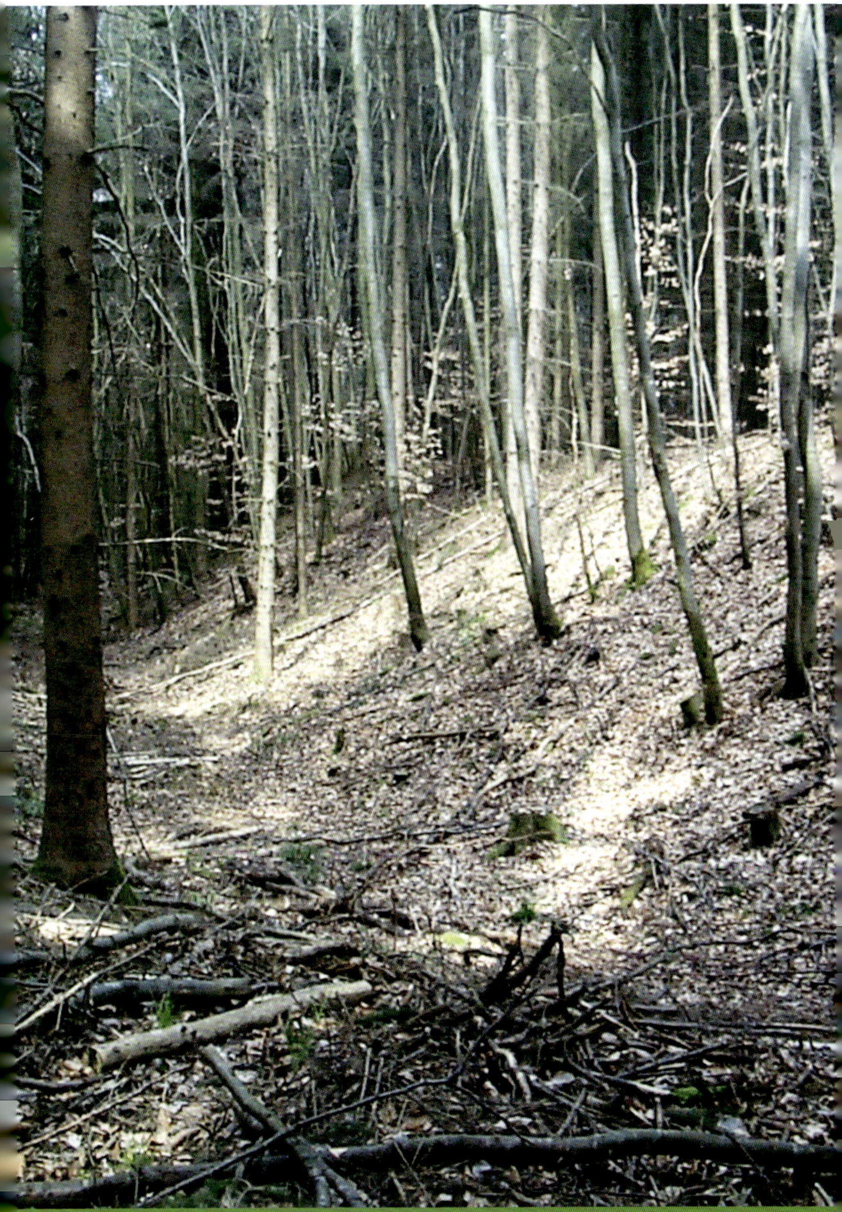

Von Bohnerzgruben
und Grabhügeln

6 Fleinheim – Auernheim

Von Bohnerzgruben und Grabhügeln

Kurzinfo

Start:	Parkplatz am Sportplatz im *Mühlweg* in Fleinheim
Anfahrt:	Sowohl von Nattheim als auch von Dischingen aus erreicht man diesen über die *L 1181*. In der Ortsmitte von Fleinheim verlassen wir die Landesstraße *L 1181* und folgen der Beschilderung zum Sportplatz. Dort liegt der Parkplatz.
ÖPNV:	Busverbindungen aus Heidenheim
Strecke:	ca. 12 km
Dauer:	reine Gehzeit ca. 3,5 Stunden
Charakter:	Rundwanderung mit wenigen Anstiegen durch abwechslungsreiche Landschaft mit kurzen Abschnitten in den Ortschaften

Wir befinden uns, wie auch schon bei Tour 5, im südwestlichen Teil des 6.1 Härtsfeldes.

Vom Parkplatz im *Mühlweg* wenden wir uns nach rechts und folgen der Beschilderung des Jakobusweges (gelbe Muschel auf blauem Grund). Über den *Mühlweg* und das *Burggässle* gelangen wir zu *Dischinger Straße*. Vor dem Gasthaus Ochsen biegen wir nach links ab in die *Hespelstraße* und gehen geradewegs auf die Petruskirche zu. Links von der Kirche steht das Pfarrhaus mit Satteldach und Quadersteinen im Sockelbereich.

1 Fleinheim – Spätbarock in Württemberg

Petruskirche

Die evangelische Petruskirche in der *Pfarrgasse 10/Rotstraße 11* zählt zu den beachtlichsten evangelischen Dorfkirchen des Spätbarocks in Württemberg. Sie liegt etwas erhöht und dadurch freistehend inmitten des alten Friedhofs innerhalb der früheren Ortsmitte. Ihr Außenbau ist schlicht und ohne Schauseite gehalten. Durch ihr hohes, weit vorgezogenes Walmdach und ihren massigen, niedrigen Chorturm mit geschweifter Haube wirkt sie gedrungen.

Das Härtsfeld

6.1

Das Härtsfeld bildet den östlichen Teil der Schwäbischen Alb, der nach Westen hin von der übrigen Alb durch das Kocher-Brenz-Tal abgetrennt ist. Für die Jahre 1095/1098 n. Chr. ist der Name „Hertfeld" überliefert. Sprachwissenschaftler übersetzen dies als „das harte (steinige) waldfreie Gelände". Das ist ein Hinweis darauf, dass das Leben auf dem Härtsfeld in der damaligen Zeit vermutlich härter war als im Albvorland. Dies betraf die Wasserversorgung, Bodenqualität und letztendlich auch das Klima. Dem verkarstungsbedingten Mangel an Quellen oder Fließgewässern versuchte man zwar mit Hilfe extra angelegter Wasserbecken, so genannter Hülben, Wissenswert! entgegen zu wirken. Neben permanentem Wassermangel litt man aber besonders unter mangelnder Wasserqualität, die noch in der Neuzeit zu einer erhöhten Säuglingssterberate führte. Bis heute hat sich der Begriff „stoiniga Äckerle" im Volksmund bewahrt, was auf geringe Ertragsbedingungen schließen lässt. Auch die vergleichsweise geringen Durchschnittstemperaturen und kürzeren Vegetationsperioden wirkten sich auf die Menge der Erträge aus. Trotzdem gab es Standortfaktoren, wie beispielsweise das Vorhandensein von Bodenschätzen, die eine Besiedlung der Albhochfläche attraktiv erscheinen ließen. In diesem Zusammenhang sind die reichen Bohnerzvorkommen zu nennen, die zum Teil noch im 19. Jahrhundert ausgebeutet wurden. Als weitere Rohstoffart fand sich im nordwestlichen Teil des Härtsfeldes zum Töpfern geeigneter Feuersteinlehm.

Die Kirche wurde 1763 von Joseph Dossenberger d. J. Wissenswert! im Auftrag der Gemeinde Fleinheim unter Einbeziehung des Chorturmes des Vorgängerbaus aus der Zeit um 1350 (Spätgotik) errichtet. Der Choraufsatz wurde im 19. Jahrhundert erneuert.

Der viereckige Turm geht in der Mitte in ein Achteck über. Durch die Ausbuchtungen in den Längsseiten des langovalen Langhauses, die abgerundeten Ecken am Langhaus und die Auffächerung der Walme wirkt die Kirche wie ein Zentralbau. Im Inneren verstärkt sich dieser Eindruck. Die Petruskirche ist eine von zwei evangelischen Kirchenbauten, die im Landkreis Heidenheim von Dossenberger errichtet wurden, und besitzt exemplarischen Wert für sein künstlerisches Schaffen.

6 Fleinheim – Auernheim

Als katholischer Baumeister war er sonst hauptsächlich für katholische Auftraggeber tätig, beispielsweise die Fürsten von Thurn und Taxis.

Wissenswert! Bei der Petruskirche verbindet Dossenberger in der Zentralisierung des Raumes und dem Ineinanderschwingen von Gemeindeempore, Orgelempore und Kanzel Bedürfnisse des evangelischen Versammlungsraums mit der Formensprache des „katholischen" Spätbarocks. **7.3**

Am Kirchturm befindet sich außerdem ein Gefallenendenkmal beider Weltkriege.

Abstecher von 200 Meter.

Über die hinter der Kirche nach rechts abzweigende *Rotstraße* gelangt man zur ehemaligen **6.2** „Schwanenwirtschaft".

Fleinheim und die Schwanenbrauerei

6.2

Wissenswert

Fleinheim wurde einst als Haufendorf angelegt. Im Süden und Südwesten befindet sich der ältere Siedlungskern, der in seinen Grundstrukturen nahezu unverändert ist. Damals das Dorfbild bestimmende Gebäude sind noch heute vorhanden: die Petruskirche, das Pfarrhaus, die Festscheuer, das Rathaus mit der Feuerwehr sowie die Gasthöfe „Ochsen" und „Schwanen".

Die „Schwanenwirtschaft" war eines der traditionellen Gasthäuser in Fleinheim. Das 1802 als Gastwirtschaft errichtete Gebäude dokumentiert mit seinen beiden großen, übereinander liegenden Sälen anschaulich den „Wirtshaustypus". Auf demselben Grundstück, *Rotstraße 2*, wurde 1855 ein Brauereigebäude errichtet. Es verdeutlicht mit seiner in großen Teilen erhaltenen technischen Einrichtung die Handhabung des Bierbrauens zu Beginn des 20. Jahrhunderts.

Darüber hinaus gab es einen in der Mitte oder der zweiten Hälfte des 19. Jahrhunderts außerorts erbauten Bierkeller. Wissenswert! Er diente zur Lagerung des in der Brauerei gebrauten Bieres. In dem nur wenige Meter vom Bierkeller entfernten Teich, im so genannten Eisweiher, wurde das zur Lagerung des Biers notwendige Eis gewonnen. **5.1**

Gastwirtschaft, Brauereigebäude, Bierkeller und Eisweiher gehören als Zeugnisse des früheren, regionaltypischen Brauwesens funktional zusammen. Die Brauerei wurde von den letzten Besitzern aufgegeben, da alle vier Söhne im Zweiten Weltkrieg gefallen waren.

Über die *Rotstraße* gehen wir wieder zurück zur *Zangstraße*, in die wir rechts einbiegen. Unser Wanderweg führt die *Zangstraße* bergan und folgt immer noch dem Jakobusweg. Am Ortsende geht die *Zangstraße* in einen Fußweg zur Halde über. Von der Halde aus können wir noch einmal einen schönen Blick über Fleinheim genießen. Der beschilderte Weg führt uns durch den Wald zum Fleinheimer Kinderfestplatz „Trieb". Hier verlassen wir den Jakobusweg, der weiter über Staufen nach Giengen führt.

Beim Kinderfestplatz befindet sich ein Parkplatz, von dem aus die Wanderung auch starten könnte. Wir überqueren die Landesstraße und folgen dem auf der gegenüberliegenden Straßenseite weiterführenden Waldweg. Auf Höhe der nächsten Linkskurve befindet sich linker Hand im Wald ein gut sichtbarer etwa 1 Meter hoher Grabhügel (ein weiterer, weniger gut sichtbarer liegt wenige Meter daneben).

❷ Grabhügel auf dem Alenberg

Aus diesem Grabhügelfeld Wissenswert! im Wald „Alenberg" stammen Scherben aus der frühen La-Tène-Zeit.

Sie wurden Anfang des 20. Jahrhunderts bei Grabungen entdeckt und befinden sich heute in der Heidenheimer Sammlung. Wissenswert! Ob die Grabhügelgruppe ursprünglich umfangreicher gewesen ist, kann heute nicht mehr festgestellt werden. Über die Art ihrer Errichtung gibt es trotz der durchgeführten Ausgrabungen keine Informationen.

Bohnerzgruben – Bergbau auf der Schwäbischen Alb

Dolinen und Bohnerzgruben (bergmännisch auch Pingen genannt) sehen einander häufig sehr ähnlich. Während es sich bei Dolinen Wissenswert! um Erscheinungen handelt, die auf natürliche Weise entstanden, sind Bohnerzgruben Relikte menschlicher, und zwar bergmännischer Aktivität. Sie entstanden durch den Abbau des so genannten Bohnerzes und sind in den Wäldern des Hartsfeldes oft zu finden. Nachdem das Bohnerz im offenen Tagebau ergraben und anschließend gewaschen wurde, transportierte man es zu den Hütten in Itzelberg und Königsbronn. Der Name dieses Weges erinnert heute noch an die Zeit als auf ihm Bohnerz transportiert wurde. Es handelt sich um den sogenannten „Erzweg". Wissenswert! Bereits in vor- und frühgeschichtlicher Zeit wurde Bohnerz verhüttet. Die älteste schriftliche Überlieferung der im Gebiet um Heidenheim und Königsbronn praktizierten Eisengewinnung stammt von 1365. Karl IV. verlieh dem Grafen von Helfenstein „alles eysenwerk" und das Recht, Hämmer an Brenz und Kocher einzurichten. Bis 1634 und teilweise auch noch danach wurde auch in Heidenheim (Schmelzofenvorstadt) und Mergelstetten Bohnerz verhüttet. Als 1908 der Hochofen in Königsbronn Wissenswert! abgebrochen wurde, endete der Eisenabbau in dieser Gegend.

Wissenswert

6 Fleinheim – Auernheim

Bei der nächsten Hauptwegeabzweigung (*Mittelhauweg*) gehen wir noch ungefähr 100 Meter geradeaus weiter, um dann links im Wald versteckt die große Bohnerzgrube Wissenswert! "Süßmadh" zu finden. Diese gut erhaltene Grube ist heute ein ökologisch wertvoller kleiner Waldsee und Lebensraum vieler geschützter Tier- und Pflanzenarten. Sie steht als Naturdenkmal unter strengem Schutz. Die vielen Auswurfhügel in der Umgebung der Grube zeugen von der Erzgewinnung. Wer sucht, findet in den roten Feuersteinlehmen auch heute noch die kleinen **6.4** Eisenerzkügelchen. Eine Ruhebank lädt an diesem idyllischen Ort auch zu einer kurzen Pause ein.

Doch wie entstand dieses Bohnerz?

6.4

Wissenswert

Zur Zeit der Urbrenz überlagerten dicke Jurakalkbänke dieses Gebiet. Das Bohnerz, ein Eisenoxid, wurde durch die Urbrenz aufgenommen und lagerte sich in rotbraunem Verwitterungslehm ab. Man findet es darin in bohnen- und erbsenförmigen Kügelchen, die sich in den Vertiefungen der Albhochfläche zu Lagern ansammelten. Deshalb findet man besonders in Bereichen, wo ehemals Wasser floss, ganze Lagen von Bohnerz.

Die Urbrenz floss damals auf den Höhen der Ostalb in großen Mäandern und mündete schließlich in das Molassemeer bei Herbrechtingen. Heute liegt der „Meeresstrand", das Kliff, nicht mehr auf Meereshöhe, sondern 500 und 600 Meter über dem Meeresspiegel. Das Kliff ist heute noch in Heldenfingen, siehe Tour 11, und nahe bei Bolheim zu sehen. Reiche Bohnerzvorkommen fanden sich östlich und westlich von Kocher- und Brenztal sowie auf dem Härtsfeld Wissenswert! und Albuch.

6.1

Das Bohnerzvorkommen war einerseits von großem wirtschaftlichem Vorteil für die Region, da die Erze im Land selbst verhüttet wurden und so zum Teil den Bedarf an Eisen deckten. Andererseits erwiesen sich die Bohnerzgruben als ausgezeichnete Fossilfundstellen, beispielsweise auch für die so genannten „Nattheimer Korallen". Wissenswert! Wie auch eine Reihe von Dolinen sind heute viele Bohnerzgruben aufgrund ihres stauenden Untergrundes mit Wasser gefüllt und stellen eine eigene Biotoplandschaft für Tiere und im Hochsommer besonders auch für Seerosen dar.

5.4

Informationen zum Bohnerzabbau erhält man im Nattheimer Korallen- und Heimatmuseum. Wissenswert!

Nach der Rast an der Bohnerzgrube gehen wir zurück bis zum *Mittelhauweg*, in den wir einbiegen und geradeaus nach Norden weiter wandern. Nach ungefähr 200 Meter ist rechts des Weges (etwa 70 Meter vom Weg entfernt) auf einer alten Sturmwurffläche ein weiterer mit Holunderbüschen bewachsener Grabhügel erkennbar. Über die nächste Hauptwegkreuzung gehen wir gerade hinweg weiter nach Norden. Nach einem kurzen Abstieg stoßen wir auf den *Fleinheimer Haldeweg*, dem wir 200 Meter nach links folgen, ehe uns im spitzen Winkel nach rechts ein Schotterweg hinab ins Eschteich führt. Bei der nächsten Gabelung halten wir uns links, bis wir am Waldrand in einem reizvollen Wiesental herauskommen. Im genau gegenüberliegenden Wald entspringt die ganzjährig fließende Eschquelle. Wir wandern jedoch am Waldrand entlang weiter talabwärts und queren das Tal erst, wo der Schotterweg mit einer Linkskurve aus dem Talgrund hinaus führt. Einen von Fleinheim her kommenden Feldweg lassen wir rechts liegen und folgen dem Grasweg zum gegenüberliegenden Waldrand. Vom Waldrand führt halblinks ein Erdweg den steilen Hang hinauf. Am Oberhang, wo es wieder flacher wird, gabelt sich der Erdweg kurz bevor wir wieder auf einen geschotterten Waldweg treffen.

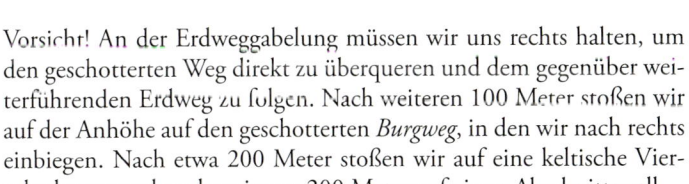

Vorsicht! An der Erdweggabelung müssen wir uns rechts halten, um den geschotterten Weg direkt zu überqueren und dem gegenüber weiterführenden Erdweg zu folgen. Nach weiteren 100 Meter stoßen wir auf der Anhöhe auf den geschotterten *Burgweg*, in den wir nach rechts einbiegen. Nach etwa 200 Meter stoßen wir auf eine keltische Viereckschanze und nach weiteren 200 Meter auf einen Abschnittswall.

❸ Keltische Viereckschanze & Abschnittswall „Burg"

Die auf dem Scheitel des Höhenrückens „Burg" gelegene keltische Viereckschanze Wissenswert! ist außerordentlich gut erhalten. Die maximale Höhe vom Graben bis zum Wall beträgt 4,5 Meter, an den Ecken sogar fünf Meter. Die Gräben sind bis zu 2,5 Meter eingetieft. Die starke Rundung der annähernd quadratischen Anlage (107 x 100 Meter; 1,02 Hektar) weicht vom üblichen Schema keltischer Viereckschanzen ab, weshalb nicht gesichert ist, dass es sich tatsächlich um eine keltische Anlage handelt. Funde aus dem Innenraum liegen nicht vor. Ebenso fehlen Besiedlungshinweise.

Auch wenn die genaue Zeitstellung der Anlage nicht bekannt ist, ist zu vermuten, dass sie vor- oder frühgeschichtlich ist, aber mittelalterlich überformt wurde. Die gute Erhaltung der Anlage ist dadurch bedingt, dass es sich nicht um reine Erdwälle handelt, die in der Regel schneller der Erosion preisgegeben sind. Stattdessen wurden die Wälle mit Hilfe von Steinen errichtet, die bei der Anlage des Grabens herausgebrochen wurden. Dieser Zusammenhang ist bei den meisten Viereckschanzen der Heidenheimer Gegend zu beobachten.

Der Abschnittswall riegelt den Geländesporn „Burg" vom Hinterland ab, ohne die nur 130 Meter weit entfernt gelegene Viereckschanze mit einzubeziehen. Dem bis zu zwei Meter hohen Wall ist ein Graben vorgelagert. Die Länge der leicht bogenförmigen Anlage beträgt 300 Meter. Ihre Zeitstellung ist unklar, ob es einen Zusammenhang mit der Schanze gibt, ebenfalls.

Wir müssen nun 400 Meter zurück bis zu dem Punkt, wo wir auf den *Burgweg* gestoßen waren. Hier führt uns ein Erdweg rechts weiter nach Norden hinab. Wir überqueren eine Klinge, die Richtung Osten hinab ins Tal abfällt und folgen dem Erdweg auf der anderen Seite schräg bergauf bis wir nach etwa 50 Meter wieder auf einen geschotterten Waldweg gelangen. Dem folgen wir ungefähr 500 Meter immer geradeaus (nicht links abbiegen!), bis wir bei einem Bildstock an einer Wegkreuzung ankommen. Hier biegen wir auf einem geschotterten Waldweg nach rechts ab und stoßen nach einem kurzem Stück auf das asphaltierte Sträßchen zwischen Fleinheim und Auernheim.

Bis zur nächsten Linkskurve folgen wir dieser Gemeindeverbindungsstraße, gehen dann aber geradeaus auf dem geschotterten Waldweg weiter. (Vorsicht! Hier nicht nach rechts abbiegen!)

Nach etwa 600 Meter kommen wir auf den Wiesen oberhalb Auernheims aus dem Wald heraus. Hier gabelt sich der Weg. Wir halten uns rechts, aber schon kurz danach führt links ein grasbewachsener Fußweg hinab nach Auernheim. Diesem folgen wir. Unten am Dorfrand finden wir einen reizvollen, gepflasterten Platz mit einer brunnengefassten Quelle. Oberhalb befindet sich eine Burgstelle.

❹ Burganlage von Auernheim

Die Burganlage ist im Gelände zwar noch wunderbar zu sehen, doch leider gibt es weder schriftliche noch archäologische Überlieferungen. Ganz allgemein wird davon ausgegangen, dass sie hochmittelalterlicher beziehungsweise frühneuzeitlicher Zeitstellung ist. Ihre Lage am Hang oberhalb einer Quelle deutet auf eine neuzeitliche Befestigung, möglicherweise aus der Zeit des Dreißigjährigen Krieges. Die 35 x 75 Meter große Kernburg wird von einem u-förmig angelegten Graben umfangen.

Wir wenden uns nun nach links dem Ort Auernheim zu. Schließlich biegen wir rechts in die *Bauernstraße* ein, dann erneut rechts in die *Auertalstraße*. Wir gehen an dem linker Hand gelegenen Pfarrhaus, *Auertalstraße 5*, entlang und erreichen die auf einer Bergkuppe gelegene Pfarrkirche. Von der bietet sich uns ein schöner Blick auf das Kloster Neresheim. Wissenswert!

6.8

❺ Auernheim – Wasser fürs Härtsfeld

Pfarrkirche St. Georg

Auf dem Kirchen- oder Krönungsberg am Rande von **6.5** Auernheim liegt in einem Kirchfriedhof mit altem Baumbestand die katholische Barockkirche St. Georg. Es handelt sich um eine einschiffige Saalkirche, die in den Jahren 1729-35 unter dem Neresheimer Abt Edmund Heyser anstelle eines Vorgängerbaus mit Blickachse zu der auf der gegenüberliegenden Seite des Egautals gelegenen Benediktinerabtei Neresheim errichtet wurde. Mit dieser Sichtachse ist die Kirche ein herausragendes Zeugnis der Landschaftsgestaltung des 18. Jahrhunderts. Der Bau ist die vierte Kirche an dieser Stelle. Seit 1300 war die Pfarrei dem Kloster Neresheim inkorporiert.

Der Ostchor der Kirche ist eingezogen und besitzt einen dreiseitigen Schluss. Der quadratische Kirchturm trägt eine achteckige Zwiebelhaube. Der Innenraum ist mit spätbarocken Säulenaltären ausgestattet, deren Altarbilder 1891 erneuert wurden. Die künstlerische Bedeutung der Kirche beruht vor allem auf der qualitätvollen, feinteiligen Wand- und Deckengestaltung und der reichhaltigen, weitgehend aus der Erbauungszeit überlieferten Ausstattung im Innenraum der mit Licht durchfluteten Kirche. Vermutlich zeitgleich mit dem Bau der Kirche wurde die Einfriedung des Kirchfriedhofs errichtet, auf dem Grabsteine und Epitaphien von Auernheimer und Steinweiler Bürgern des 19. Jahrhunderts stehen. Im hinteren Teil des Friedhofs befindet sich eine Aussegnungshalle mit achteckigem Grundriss aus dem Jahr 1975. Vor der Kirche steht ein Kriegerdenkmal für die Toten und Vermissten beider Weltkriege. 1923 wurde es eingeweiht, 1958 erweitert.

Auernheim – Wasserreichtum auf dem Härtsfeld

6.5

Wissenswert

Auernheim ist als kleines Haufendorf hufeisenförmig um den am Ostrand gelegenen Kirchberg angelegt. Der alte Siedlungskern wird umgrenzt von den im Halbkreis um den Kirchberg geführten Straßen (*Bauer-, Ziegel- und Söldnerstraße*). Die Bebauung setzt sich aus Streck- und Hakenhöfen sowie Selden zusammen.

In Auernheim sind mehrere Gebäude von kulturhistorischer Bedeutung bis heute erhalten, beispielsweise das ehemalige, 1832 traufständig erbaute Rat- und Schulhaus, das heute für Ortschaftsverwaltung, Archiv und Wohnungen genutzt wird. Schräg gegenüber liegt das ebenfalls traufständig erbaute zweigeschossige Pfarrhaus mit Scheune (Mitteltennenscheuer mit Rundbogentor) von 1714, *Auertalstraße 5*.

Weiterhin zu nennen ist das Forsthaus von Thurn und Taxis mit Holzstadelanbau in der *Grabenstraße*. Eine **6.6** Zehntscheune aus dem 17. oder 18. Jahrhundert, ehemals zum Kloster Neresheim gehörig, befindet sich in der *Eichertstraße 1*. Neben den Zehntscheunen in Heuchlingen und Heldenfingen ist sie eine der letzten Vertreter ihres Typus im Landkreis Heidenheim. Sie stellt ein Dokument des Abgabewesens der Feudalzeit dar sowie ein Zeugnis der Wirtschaftsgeschichte Auernheims. Bemerkenswert ist ihre Dachkonstruktion mit den beiden übereinander liegenden Dachstühlen. Hinzu kommen schließlich der Gasthof Kanne in der *Bauernstraße* und die ehemalige Kegelbahn beim Gasthof Hirsch in der *Söldnerstraße*.

Wenn das Wasser auf dem Härtsfeld knapp wurde, schütteten die Quellen rund um Auernheim weiterhin noch Wasser, so dass von dort aus die Umgebung in trockenen Jahren versorgt werden konnte. Geologisch handelt es sich hierbei um sogenannte Schichtquellen. Der Auernheimer „Wasser- und Klangpfad" informiert erlebnisreich.

Zehntscheune – Finanzamt bis ins 19. Jahrhundert

6.6

Zehntscheuern oder Zehntscheunen erkennt man im heutigen Orts- oder Stadtbild meist daran, dass sie – nach der Kirche – das zweit-größte Gebäude sind. Diese Augenfälligkeit spiegelt ihre einst zentrale Bedeutung für die Ortschaften wieder. Sie dienten als eine Art Lagerhaus zur Aufbewahrung der Naturalsteuer „Zehnt", werden daher im Volksmund auch als „Steuersäckel" bezeichnet. In den großen Ortschaften unterscheiden sich Zehntscheuern nicht nur aufgrund ihrer Größe, sondern auch durch Wappenschmuck, Steinbau oder aufwändiges Zierfachwerk deutlich von den übrigen Scheunen.

Der Zehnt – eigentlich „der zehnte Teil" – wurde bis zur Mitte des 19. Jahrhunderts als Naturalsteuer auf landwirtschaftliche Erträge erhoben. Dabei unterschied man den „großen Zehnt", eine Heu- und Getreide- bzw. Weinabgabe an den Grundherrn, und den „kleinen Zehnt", eine Gemüseabgabe, die in der Regel der Geistlichkeit zustand. Darüber hinaus gab es den „Tierzehnt", der lebendes Vieh oder Tierprodukte umfasste.

Ursprünglich diente diese im 5. Jahrhundert eingeführte Vermögensabgabe dem Unterhalt des Klerus durch die Laien. Dabei berief man sich auf das Alte Testament (Mose 27, 33ff.). Seit karolingischer Zeit wurde dieser Anspruch auf die weltliche Macht ausgedehnt. Durch die Entstehung des Lehnswesens kam der „Zehnt" beispielsweise durch Verpfändung und Belehnung auch in Laienbesitz. Seit dem 13. Jahrhundert waren zunehmend auch Geldleistungen möglich. Langsam abgeschafft wurde das Zehntwesen im Zusammenhang mit der Französischen Revolution und der Bauernbefreiung.

Wissenswert

Wir gehen hinter der Kirche wieder den Berg hinauf, um schließlich rechts den *Buchhaldenweg* bis zu einem Wanderparkplatz anzusteigen. Hier bietet sich uns eine gute Rastmöglichkeit. Vom Parkplatz aus führt uns der geschotterte Weg geradeaus in den Wald bis zu einer Waldwegkreuzung. Wenn man noch ein kurzes Stück nach dieser Kreuzung geradeaus weitergeht, führt der Weg kurz vor einer lang gezogenen Linkskurve durch ein größeres Grabhügelfeld.

6 Grabhügelfeld „Höllbuck"

Die zwölf Grabhügel sind vermutlich vorgeschichtlich. Nur aufgrund ihres Aussehens können sie zeitlich aber nicht näher bestimmt werden. Die aus den Grabhügeln geborgenen, heute leider verschollenen Funde gelten als hallstattzeitlich. Im Durchmesser sind sie auf 10 bis 20 Meter erhalten. Ihre durchschnittliche Höhe beträgt heute noch 30 bis 150 Zentimeter.

Die Bauweise von Grabhügeln

Wissenswert

Auch wenn Grabhügel von außen – abgesehen von ihrer Größe – relativ gleichmäßig aussehen, können sie im Inneren sehr unterschiedlich aufgebaut sein.

Das fängt mit der Entscheidung an, ob man die zentrale Bestattung unter einem Grabhügel in die Erde eintieft oder sie, zum Beispiel in einer hölzernen Grabkammer, ebenerdig anlegt. Über dem Grab wird danach ein Hügel aufgeschüttet. Oftmals wird dabei eine Steinpackung über die zentrale Bestattung gesetzt, die das Grab vor Plünderung schützen soll. Eine mächtige Steinpackung enthielt beispielsweise das Zentralgrab des „Magdalenenbergs", eines frühkeltischen „Fürstengrabhügels" bei Villingen-Schwenningen. Darüber wird dann Erdreich angefüllt oder auch ganze Rasensoden aufeinander gestapelt.
Der Hügelfuß erhält nicht selten eine Einfassung aus Steinen bzw. eine kleine Trockenmauer. Häufig findet sich auch um den Hügelfuß herum ein schmaler und flacher Graben. Er diente nicht zur Gewinnung von Erdreich für den Hügel, sondern als zusätzliche Hügeleinfassung. Heute völlig eingeebnete Hügel kann man fast nur noch anhand dieser Kreisgräben erkennen.

Die Bauweise von Hügeln ist abhängig von der jeweiligen Zeitstellung, aber auch von regionalen Traditionen und nicht zuletzt von der Bedeutung des Verstorbenen. Als komplex und aufwändig erwies sich der Hügelaufbau des frühkeltischen „Fürstengrabes" von Hochdorf, wurde doch für die Bestattungszeremonie ein eigener Hügel aufgeschüttet und ein von Mauern eingefasster Zugang zur Grabkammer angelegt.

Kloster Neresheim und die Benediktiner

Die Lebensordnung der Benediktiner richtet sich nach den Mönchsregeln des Heiligen Benedikt. Diese wurden im 6. Jahrhundert festgeschrieben. 1095 wurde die Abtei von Neresheim durch die Grafen von Dillingen-Kyburg gegründet, zunächst für Augustiner-Chorherren, ab 1106 für Benediktinermönche der Hirsauer Reform.

Der heutige Bau wurde 1750 nach Plänen Balthasar Neumanns begonnen, 1792 geweiht, 1966-72 restauriert. Im Jahr 1802 wurde Neresheim säkularisiert und kam an die Fürsten von Thurn und Taxis. Erst seit 1919 diente es erneut als Kloster und wurde durch Benediktiner aus Beuron und Emaus (Prag) wiederbesiedelt. Heute leben im deutschsprachigen Raum etwa 1.500 Benediktiner. Die Benediktiner-Abtei Neresheim gehört zur Diözese Rottenburg-Stuttgart.

Etwa 14 Mönche bilden heute den Konvent der Abtei Neresheim. Die Arbeit ist ein wesentliches Element des benediktinischen Mönchslebens. Deshalb sind auch die im Kloster Neresheim lebenden Mönche in den verschiedensten Bereichen tätig, vor allem in der Seelsorge, der Gästebetreuung, Kirchenführungen, in der Verwaltung und sogar in einer hauseigenen Metzgerei.

Das Kloster kann man nicht nur besichtigen, sondern es lädt auch zur Einkehr ein. Weitere Infos im Flyer und Seite 292.

Wissenswert

6 Fleinheim – Auernheim

Nach dem Abstecher zu den Grabhügeln kehren wir um und gehen wieder etwa 100 Meter zurück bis zur Wegkreuzung. Dort biegen wir nach links Richtung Westen. Nach etwa 200 Meter kreuzt vor einer Linkskurve ein mit roter Raute markierter Wanderweg, dem wir nach links hinab ins „Höllteich" folgen. Unten angelangt stößt der Fußweg auf eine Wendeplatte. Wenn man hier geradeaus weiter geht, kommt man an eine ganzjährig fließende Karstquelle, den „Höllbrunnen" mit Rastmöglichkeit. Unser Fußweg zweigt aber zu Beginn der Wendeplatte und teils schwer erkennbar nach links ab. Er führt uns hinaus ins offene, landschaftlich reizvolle Hölltal. Von hier folgen wir dem Grasweg am Fuße der Wacholderheide oder wählen einen der Feldwege weiter unten am Talgrund bis zu einem Asphaltweg, der nach Fleinheim und zurück zum Ausgangspunkt führt.

Tour 7
Dischingen – Ballmertshofen

Mühlen und Schlösser
entlang der Egau

Mühlen und Schlösser entlang der Egau

Kurzinfo

Start:	Dischingen, Parkplatz unterhalb Gaststätte „Junge Pfalz"
Anfahrt:	Von Ballmertshofen auf der *L 2033* nach Dischingen kommend, die zweite Möglichkeit nach Erreichen des Ortes Dischingen im spitzen Winkel nach links abbiegen. Aus Neresheim kommend vor der Gaststätte „Junge Pfalz" im stumpfen Winkel nach rechts abbiegen. Dort befinden sich auf der linken Seite Parkmöglichkeiten.
ÖPNV:	Busverbindungen aus Heidenheim
Strecke:	15,4 km, zzgl. Extratour ca. 18 km; abgekürzt: 7,5 km
Dauer:	reine Gehzeit ca. 4-5 Stunden, Abkürzung: ca. 2,5 Stunden
Charakter:	Rundweg, vorwiegend im Egautal mit einem leichtem Anstieg zum Schloss Taxis

Vom Parkplatz aus kehren wir auf die Durchgangsstraße *L 2033* zurück und wenden uns, dort angekommen, nach rechts zur Kapelle zu den heiligen 14 Nothelfern auf der gegenüberliegenden Straßenseite.

❶ Kapelle zu den heiligen 14 Nothelfern

Die ehemals weit außerhalb von Dischingen an der Straße nach Ballmertshofen erbaute Kapelle liegt heute am Rande des Ortes in der *Ballmertshofer Straße 27*. Ihr Äußeres ist sehr schlicht gehalten. Den einzigen Schmuck erfährt der Bau durch den aufwändig gestalteten Dachreiter an der Westseite. Über einem quadratischen Unterbau erhebt sich ein von Halbpfeilern (Pilastern) gegliedertes Oktogon (Achteck) mit einer zwiebelförmigen Haube. Der Innenraum wird geprägt von den für den Bau verhältnismäßig großen Altären aus der Zeit um 1700 und den bewegten Rokoko-Stukkaturen, die die drei großen Deckenfresken und die zahlreichen Freskenmedaillons umranken. Die geringe Höhe des Raumes wird durch schmale, lang gestreckte Pilaster und Stichkappen über den Fenstern ausgeglichen. Die Kapelle hat exemplarischen Wert für das künstlerische Schaffen **7.1** Joseph Dossenbergers. Ihre bauliche Erneuerung war die erste Aufgabe Dossenbergers im Auftrag der Fürsten von Thurn und Taxis. Wissenswert!

7.3

Die Kapelle wurde im Jahr 1666 auf Veranlassung des damaligen Besitzers der Herrschaft Dischingen, Graf Johann Willibald Schenk von Castell, erbaut. Papst Alexander VII. bestätigte im Jahr 1667 die Wallfahrtskirche, was durch ein über der Empore angebrachtes Fresko dargestellt wird. Nach ihrer Renovierung im Jahr 1706 wurde die Kirche vom Augsburger Weihbischof Eustach Rudolf von Westernach erneut eingesegnet. Das Aussehen dieser Kirche ist durch ein über der

Westempore angebrachtes Deckenfresko von 1758 überliefert, in dem eine Ortsansicht Dischingens dargestellt ist. In eben diesem Jahr wurde die Pfarrkirche dann tiefgreifend im Sinne des Rokoko umgestaltet, und zwar von keinem Geringeren als Joseph Dossenberger d. J., der dies im Auftrag von Fürst Alexander Ferdinand von Thurn und Taxis durchführte. Von einem ebenfalls im Härtsfeld häufig tätigen Künstler, Herrmann Siebenrock, wurden 1892 zwei der drei Deckenfresken gemalt: die Darstellung der Kreuzigung Christi im Chor und die der vierzehn Nothelfer im Langhaus, nach denen die Kapelle benannt wurde. In den Jahren 1972-75 wurde die Kirche erneut umfassend renoviert. Das heutige Erscheinungsbild ist durch Zwiebelturm und Satteldach geprägt. Als Besonderheiten sind ihr prächtiger Stuck und eine kostbare Pietà, die Darstellung Marias mit dem Leichnam Jesu Christi, aus dem 18. Jahrhundert zu nennen.

Darüber hinaus ist die Kapelle auch ein Dokument für die Geschichte der Wallfahrt, insbesondere der barocken Nahwallfahrt, einem wichtigen Element der gegenreformatorischen Bewegung. Regionale Orte, die für jeden erreichbar waren, sollten die Ausübung des Katholizismus erleichtern.

Joseph Dossenberger d. J. (1721-85)

7.1

Joseph Dossenberger d. J. gilt als Schwäbischer Baumeister des Rokoko, der im süddeutschen Raum vor allem Sakralbauten im Auftrag schwäbischer Adeliger errichtete. Mit über 40 konzipierten Sakralbauten, fast 20 errichteten Pfarrhöfen und verschiedenen Profanbauten wurde die schwäbische Landschaft durch sein Schaffen geprägt.

Während sich sein Werk zunächst durch feinsten Rokoko auszeichnet, öffnete sich Dossenberger fast übergangslos dem neuen Zeitgeist. Seitdem bestimmten frühklassizistische Bauformen sein Schaffen. Aus dem Landkreis Heidenheim sind mehrere seiner Werke bekannt, unter anderem die evangelische Petruskirche in Fleinheim (Tour 6), das ehemalige Taxis'sche Zeughaus, die St. Martin und St. Sebastian Kirche von Eglingen sowie der Eglinger Keller (Tour 8).

Wissenswert

7 Dischingen – Ballmertshofen

Die vielen Feldkreuze und Bildstöcke in den Fluren rund um Dischingen und anderen Härtsfeldgemeinden sind Zeugnisse einer engen Verbundenheit mit dem benachbarten bayerischen Raum. Durch die lange Herrschaft bayerischer Grafen blieb der große Teil der Bevölkerung bei der katholischen Konfession. So hat sich hier auch die Tradition bewahrt, dass die Kirchentüren außerhalb der Gottesdienstzeiten für Besucher geöffnet sind.

Von der Kapelle aus gehen wir auf dem davor verlaufenden kleinen Asphaltweg in die eingeschlagene Richtung weiter. An der Stelle, wo der Weg schließlich unmittelbar neben der *L 2033* verläuft, überqueren wir diese und gehen auf der gegenüberliegenden Straßenseite ein kurzes Stück zurück, um über eine Steintreppe die Böschung hinab zu steigen. Unten angekommen biegen wir nach links auf den Schotterweg ab. Dieser führt uns eine Rechtskurve beschreibend auf eine kleine asphaltierte Fläche. Wir nehmen den geschotterten Pfad, der sich uns auf ihrer linken Seite bietet. Nach kurzer Zeit passieren wir einen auf der linken Seite stehenden Ziehbrunnen sowie Kneippanlage und Schutzhütte. Wir folgen unserem Weg weiter, von dem aus sich uns ein herrlicher Blick auf den rechter Hand gelegenen Heuberg und das auf der linken Seite befindliche Schloss von Taxis bietet.

Direkt hinter der auf der rechten Seite gelegenen Gärtnerei biegen wir nach rechts auf einen asphaltierten Fahrweg ab. Wir bleiben auf diesem Weg, auch wenn von rechts schließlich ein weiterer Asphaltweg einmündet, und queren zunächst einen schnurgerade durch die Landschaft gezogenen Drainagegraben, um kurz darauf die Egau zu überqueren. Nun gabelt sich der geschotterte Weg. Wir wählen den linken in den Wald führenden. Auf der linken Seite, heute im Gelände nicht mehr sichtbar, sondern lediglich im Ortsnamen überliefert, befand sich der seit 1380 bestehende Wohnplatz „Guldesmühle". Er wurde nach der Säkularisation Eigentum der Fürsten zu Thurn und Taxis und fiel im Jahr 1978 schließlich durch Abriss wüst.

Nach kurzer Zeit sehen wir auf der linken Seite den rückwärtigen Bereich des eingezäunten, in modernem Stil errichteten Wasserwerkes. **Wissenswert!** Auf diesem Weg bleibend verlassen wir schließlich den Wald und erreichen leicht bergab gehend einen von links einmündenden Feldweg, einen Grasweg umgeben von Pferdekoppeln. Wir biegen in den besagten Feldweg ein und gehen durch die Wiesen in Richtung Egau und schließlich parallel dazu. Dieser Weg führt uns zur Rappenmühle. Hier müssen wir wegen eventuell freilaufender Hunde etwas vorsichtig sein.

② Rappenmühle

Die Rappenmühle, nordwestlich von Ballmertshofen an der Egau gelegen, wurde im Jahre 1456 erstmals schriftlich erwähnt. Dank der Unterlagen ist weiterhin bekannt, dass sie 1650 erneuert wurde und

1912 niederbrannte. Daraufhin erfolgte eine komplette Erneuerung. Der Mahlbetrieb wurde 1962 wegen Unwirtschaftlichkeit zwar eingestellt, die 1912 von der Firma Voith aus Heidenheim eingebaute Francis-Turbine Wissenswert! liefert aber noch heute Strom für den Eigenbedarf, etwa den Betrieb der inzwischen landwirtschaftlich genutzten Mühle.

Das Mühlenareal besteht aus dem 1913 errichteten Mühlgebäude mit Stallung, einem Wohnhaus mit Walmdach von 1880, das 1921 erweitert und 1959 renoviert wurde, dem Gesindehaus mit Kellerräumen, Wasch- und Backhaus, der 1932 erbauten Scheuer und dem zur Mühle gehörigen Wasserbau einschließlich des Wehres.

Die Rappenmühle war neben der Egau- und der Buchmühle eine der wichtigsten Mühlen des Härtsfeldes und stellte ehemals mittelalterlichen Klosterbesitz dar. Auf die Rappenmühle erhoben Mitte des 16. Jahrhunderts die Ortsherren Anspruch. Seit 1766 ist sie im Besitz der Familie Kieninger.

Wir gehen auf dem bisherigen Weg durch die Ansammlung von Mühlgebäuden hindurch bis wir Ballmertshofen auf der *Oberdorfstraße* erreichen. Das erste Haus auf der linken Seite, *Oberdorfstraße 36*, ist das ehemalige Armenhaus.

❸ Ballmertshofen

Armenhaus in Ballmertshofen

Das heute gelb gestrichene Gebäude mit Satteldach wurde am Ende des 18. oder Anfang des 19. Jahrhunderts erbaut. Die Lage des Gebäudes am Dorfrand ist typisch für Armenhäuser. Auf seine Sonderfunktion verweist darüber hinaus die Tatsache, dass es, im Gegensatz zu den meisten anderen Gebäuden, traufständig zur Straße hin errichtet wurde. Armenhäuser dienten vor allem zur Aufnahme und täglichen Verpflegung älterer Menschen, für deren Lebensunterhalt gesorgt werden musste. Das Gebäude ist ein seltenes Beispiel für die meist von den Gemeinden erstellten Armenhäuser. Darüber hinaus gab es in manchen Fällen Zuwendungen durch wohlhabende Bürger sowie kirchliche Zuschüsse. Aus der Oberamtsbeschreibung von 1872 ist bekannt, dass es seit 1816/17 eine Armenstiftung in Ballmertshofen gegeben hat.

Dischingen – Ballmertshofen

Auf dieser Straße bleibend erreichen wir eine der Heiligen Anna geweihte Pfarrkirche.

Pfarrkirche St. Anna

In erhöhter Lage prägt die von einem Friedhof umgebene Kirche St. Anna das Ortsbild von Ballmertshofen. Anstelle eines seit 1236 bezeugten Vorgängerbaus wurde 1741 der jetzige Kirchenbau im spätbarocken Stil errichtet. Äußerlich handelt es sich um einen schlichten Bau, dessen einzige Akzentuierung durch ein an der Westseite befindliches Dachtürmchen mit Zwiebelhaube erfolgt. Im Inneren ist die Saalkirche durch ihre Anlageform, stuckverzierte Freskenmedaillons und sonstige Ausstattung originalgetreu überliefert. Dazu zählen beispielsweise der Hochaltar, die beiden Seitenaltäre, Kanzel und Orgel. Der Innenraum ist von einem flachen Tonnengewölbe überspannt, das auf einem Gesims aufliegt. Ein Scheidbogen trennt die vordere Fensterachse von den übrigen ab. Darüber erhebt sich eine Kuppel mit Illusionsmalerei. Der eingezogene Chor ist ebenfalls durch einen weiteren Bogen getrennt. Eine Besonderheit stellen Schnitzarbeiten dar, die die gesamte Kirche, vor allem Chorschranken, Chorgestühl, Beichtstühle, Kirchenbänke und Emporenbrüstung zieren. Im Chorraum befinden sich alte Grabdenkmäler der Herren von Leonrodt.

Gegenüber der Kirche liegt das Pfarrhaus.

Pfarrhaus

Das Pfarrhaus ist ein großer, in seiner äußeren Erscheinung aber weitgehend schmuckloser zweigeschossiger Fachwerkbau mit steinernen Umfassungswänden, der Mitte oder Ende des 18. Jahrhunderts errichtet wurde. Im Gegensatz zu dem schmucklosen Äußeren, ist das Innere aufwändig gestaltet, wie beispielsweise durch Stuckdecken im Tafelzimmer.

Das Gebäude ist traufständig zur Kirche, allerdings unterhalb von dieser gelegen. Es ist durch einen zeitgleich gebauten, geschlossenen, hölzernen Gang, der an einem zusätzlichen Zugang im Obergeschoss des Gebäudes ansetzt, mit der *Oberdorfstraße* verbunden.

Auf die Straße zurückgekehrt und in die bereits eingeschlagene Richtung weitergehend gelangen wir auf die *Sperrbergstraße*, wo wir uns nach rechts wenden, um zu dem auf der rechten Seite gelegenen Schloss zu gehen.

Schloss

Das Schloss befindet sich am südlichen Ortsrand von Ballmertshofen. Es handelt sich um einen annähernd quadratischen dreistöckigen Bau mit zwei Volutengiebeln und einem Eckturm. Es ist davon auszugehen, dass es ehemals einen weiteren Eckturm gegeben hat. Das Schloss wurde um das Jahr 1500 anstelle einer Vorgängerburg des 12./13. Jahrhunderts errichtet.

Nachdem Ballmertshofen von 1442 bis 1512 in Ulmer Besitz war und das Gut samt Schloss anschließend an die Herren von Westernach kam, gelangten beide Gebäude nach mehrfachem Besitzerwechsel an die Fürsten von Thurn und Taxis. Nachdem das Schloss nicht mehr Residenz der adeligen Ortsherren war, diente es bis 1851 zunächst als Sitz des fürstlichen Oberjägermeisters, anschließend als fürstliches Rentamt und schließlich, nachdem die Gemeinde Ballmertshofen das Schloss 1865 erworben hatte, als Schul- und Rathaus. Ab 1940 wurde es zum Teil zur Unterbringung von Kriegsgefangenen genutzt, nach Ende des Zweiten Weltkrieges auch als Notunterkunft für Heimatvertriebene und Flüchtlinge. Seit 1978 ist dort nun als Zweigstelle des Heimatmuseums Dischingen die „Ländliche Bildergalerie" mit annähernd 400 Bildern und gerahmten Sinnsprüchen untergebracht, zusammengetragen aus Härtsfelder Bauernhäusern. Weitere Infos im Flyer und S. 292.

1986 erfolgte eine umfangreiche Außensanierung. Im Zusammenhang mit der vorab durchgeführten Bauuntersuchung wurden insgesamt zehn verschiedene, bis ins 16. Jahrhundert zurückreichende Putzfassungen festgestellt. Die heutige Fassadengestaltung entspricht der dritten Fassung dieses Baus. Auffällig ist die Weißmalerei um die Fenster, die aufgrund ihrer prunkvollen Wirkung für diese Gegend selten ist.

Wir gehen die Straße, die uns zum Schloss geführt hat, bis zur Egau zurück. Hinter dem Fluss liegt auf der rechten Seite ein Streckgehöft.

Streckgehöft

Das im *Talweg 2* gelegene eingeschossige Gebäude wurde um 1880 erbaut. Eine Scheunenverlängerung erfolgte zu Beginn des 20. Jahrhunderts. Das so genannte Streckgehöft stellt einen regionalen Bauernhaustypus dar. Charakteristisch dafür ist die Lage des Wohnbereichs auf der zur Straße hin gelegenen Seite mit Stube und Küche. Durch einen Flur davon getrennt liegen auf der Stallseite weitere Räume, wie Schlaf- und Knechtkammer.

Direkt hinter der Egau biegen wir noch vor Erreichen des Ortsausgangs links in einen asphaltierten Weg ein, der parallel zur Egau verläuft. Dieser Weg führt uns zunächst an Streuobstwiesen vorbei. Auf der linken Seite erblicken wir noch einmal die erhöht gelegene Kirche St. Anna. An der Stelle, wo sich der zunächst parallele Weg etwas von der Egau entfernt, hören wir das Wasserrauschen eines Wehrs. Auf der gegenüberliegenden Egauseite erblicken wir die Gebäude des Mühlengehöfts Eggmühle.

Eggmühle

Von der Eggmühle, einer ehemaligen Mahl- und Sägemühle, ist heutzutage neben einem Ökonomiegebäude das Wohn- und Mühlgebäude erhalten, ein stattlicher zweigeschossiger Bau aus der Mitte des 19. Jahrhunderts. Darüber hinaus ist einerseits die komplette technische Mühleneinrichtung von 1936 einschließlich des Werkzeugs überliefert, andererseits der Wasserbau einschließlich der Wehre. Die auch als Hannes-, Eggen- oder Eggmühle bezeichnete Egaumühle soll einst dem Augsburger Kloster St. Georg gehört haben. Der erste urkundliche Beleg der Mühle bezeugt, dass die Stadt Ulm diese im Jahr 1485 erwarb. Nach mehrmaligem Besitzerwechsel ging die Mühle in das Eigentum der seit 1707 nachweisbaren Familie Würth über.

Wasserversorgung

7.2

Wissenswert

Ballmertshofen wird aufgrund seiner Lage am südlichen Härtsfeldrand auf einer allmählich in die Donauebene auslaufenden Terrasse auch als „Tor zum Härtsfeld" bezeichnet. Zwei natürliche Vorkommen wurden hier wirtschaftlich ausgenutzt: einerseits die verhältnismäßig fruchtbaren Ackerböden, andererseits der Wasserreichtum.

Da Niederschläge bei karstigem Untergrund schnell versickern, kam es in vielen Gebieten der Alb zur Wasserknappheit. Ausgenommen davon waren Orte mit Karstquellen, die sich stets mit Wasser ausreichend versorgen konnten. Im Gebiet um Dischingen entsprang die bedeutendste Quelle oberhalb der Obermühle.
Die große Karstquelle von Ballmertshofen, der so genannte Buchmühlquelltopf, war vermutlich ausschlaggebend für die Errichtung der Rappen-, Buch- und Eggmühle, die zu den bedeutendsten Mühlen des gesamten Härtsfeldes zählen. Schon früh wurde somit die Wasserkraft der Egau zum Antrieb von Mahlmühlen genutzt. Die Buchmühle wurde zwischen 1954 und 1957 vom Zweckverband Landeswasserversorgung zu dem für damalige Zeiten modernsten Trinkwasserförderwerk Europas, zum so genannten Egauwasserwerk umgebaut. Eine Erweiterung erfolgte 1984 durch den Bau einer neuen Aufbereitungsanlage. Das Wasserwerk kann nach Voranmeldung besichtigt werden.
Weitere Infos im Flyer und S. 292.

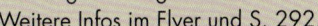

Wir gehen weiter und sehen schließlich auf der linken Seite die bereits besuchte Rappenmühle. Unser Weg mündet auf Höhe der über die Egau gebauten Betonbrücke in einen Feldweg. Ihn begleitet ein Wassergraben, in dem wir im Sommer gelbe Wasserlilien bewundern können. Dem Feldweg folgen wir entlang des Waldrandes, bis wir zum Gelände des EGW – des Egau-Wasserwerkes – kommen und auf eine Teerstraße gelangen.

4 Egau-Wasserwerk am Buchmühlquelltopf

Am Buchmühlquelltopf stand eine gleichnamige Mühle. Obwohl ihre Mahlgänge bereits Mitte des 19. Jahrhunderts stillgelegt wurden, drehte sich das Mühlrad weiter, um seit 1861 Trinkwasser für das nahe gelegene Schloss Taxis zu pumpen. Nachdem Buchmühle und Quelltopf bereits 1929 in den Besitz der Landeswasserversorgung übergegangen waren, wurde die Mühle schließlich abgerissen, um in den Jahren 1954-57 ein Trinkwasserförderwerk in einem unterirdischen Kuppelbau mit moderner Quellfassung zu bauen. Bei einer Wasserschüttung von bis zu 1500 l/sek werden aus dem 615 m² großen Buchmühlquelltopf rund 18 Mio. Liter Wasser in den Großraum Stuttgart und diverse Landkreise Nordwürttembergs gepumpt.

Neben dem Quelltopf war 1472 die Herrgottsruhkapelle errichtet worden, die eine hölzerne Plastik des Dornen gekrönten Heilands beherbergte. Laut einer Legende soll diese Quelle im Falle des Abbruchs der Kapelle versiegen. Als die Kapelle wegen Umbauarbeiten in den 1950er Jahren abgetragen werden musste, ließ die Landeswasserversorgung, vermutlich in Kenntnis dieser Legende, 1957 eine neue Kapelle an der Straße Ballmertshofen-Dischingen auf Höhe der Abzweigung zum Schloss Taxis errichten.

Hier wenden wir uns nach rechts und überqueren schließlich die von Dischingen nach Ballmertshofen führende *L 2033*. Auf der gegenüberliegenden Straßenseite liegt die von der Staatlichen Landeswasserversorgung erbaute Buchmühlkapelle, und zwar direkt am Fuße einer mit alten Kastanien- und Ahornbäumen bestandenen Allee, die zum Schloss Taxis führt.
Eine Bank lädt zu einer besinnlichen Rast mit Blick über die Egaulandschaft ein.

⑤ Buchmühlkapelle und historische Ortsschilder

Die Kapelle wurde 1957 erbaut, nachdem die Herrgottsruhkapelle am Buchmühlquelltopf abgebrochen worden war. In diesem Zusammenhang wurde die Holzfigur des Dornen gekrönten Heilands restauriert.

Gegenüber der Kapelle befinden sich drei historische Straßenschilder aus der Zeit von etwa 1880, die auf die nahe gelegenen Ortschaften Dischingen, Ballmertshofen und Schloss Taxis–Trugenhofen verweisen. Angebracht sind die gusseisernen Wegweiser an einem schlanken Rundpfeiler, der oben und unten durch Blattwerkelche verziert ist und auf einem profilierten, gestuften, ebenfalls ornamental verzierten Gusseisenpostament ruht.

Wir folgen dem Wegweiser zum Schloss Taxis und nehmen die leicht ansteigende Alleestraße. Damit verlassen wir die Weite des Egautales und passieren einen auf der linken Seite gelegenen Friedhof mit moderner Aussegnungshalle. Der erste nach rechts abbiegende Weg führt direkt an den Pferdekoppeln vorbei. Um aber möglichst viel von der Schlossanlage zu sehen, nehmen wir erst den zweiten Weg, der nach rechts Richtung Torbogen einbiegt. Beide Wege treffen schließlich wieder vor der derzeit nicht geöffneten Schlossgaststätte aufeinander.

6 Schloss Taxis

Das Schloss Taxis liegt auf einer beherrschenden Anhöhe zwischen Dischingen und Trugenhofen. Es entwickelte sich aus einer mittelalterlichen Burgstelle. Das Schloss dient seit 1734 als Sommer- und Landsitz der Fürsten von Thurn und Taxis. Fürst Maximilian Karl von Thurn und Taxis beauftragte in den 1850/60er Jahren den Architekten und Bildhauer Ludwig Foltz aus München, die Neugestaltung des Trugenhofer Schlosses vorzunehmen. Ziel war die Zusammenfassung der zu verschiedenen Zeiten einzeln entstandenen Gebäude zu einer repräsentativen Gesamtanlage. Dies erfolgte durch Verbindungsbauten und eine gleichmäßige Überformung der Fassaden. Den Namen Schloss Taxis trägt die Trugenhofener Schlossanlage erst seit 1819.

Links der Straße, das heisst im Norden, liegen die Repräsentationsbauten um einen weitläufigen, terrassenförmig abgetreppten Innenhof gruppiert. Neben dem im Renaissancestil des 16. Jahrhunderts erbauten „Hohen Schloss", dem Kern der Schlossanlage, gibt es eine Schlosskapelle sowie einen barock anmutenden Gäste- und Kavaliersbau. Prinzen- und Fürstenbau sind im Stil der englischen Neugotik gestaltet. Weiterhin gibt es ein Wirtschaftsgebäude, ein Waschhaus und eine Gärtnerwohnung. Im Hofgarten befindet sich ein Palmenhaus und auf der gegenüberliegenden Seite der Straße die Ökonomiegebäude mit Försterhaus, Bedienstetenwohnungen, Stallungen, Reithalle, Zeughaus, Schreinerei und Schlosshotel sowie Jagdschule. In der ehemaligen Hofküche war früher ein heute geschlossenes Jagdkundemuseum eingerichtet. Einen Hinweis darauf findet man beim Passieren des die Straße überquerenden Durchgangs. Die im Norden und Osten an die Schlossanlage anschließenden Hofgärten wurden Mitte des 18. Jahrhunderts im Sinne des Rokoko angelegt. Für die Öffentlichkeit ist das Schloss nicht zugänglich.

Das Fürstenhaus von Thurn und Taxis

73

Der Name Thurn und Taxis leitet sich vom lombardischen Adelsgeschlecht de la Torre ab, das im 13. Jahrhundert bei Bergamo sesshaft war. Die Bezeichnung für den im Familienwappen dargestellten Turm (ital. *Torre*) wandelte sich in Thurn (mittelhochdeutsch *Turn*), der Name des ebenfalls heraldisch dargestellten Dachses (ital. *Tasso*) in Taxis.

Reichtum und Ansehen erlangte das Fürstengeschlecht von Thurn und Taxis als Postunternehmen. Franz von Taxis schuf bereits einen Kurierdienst in Italien. Darüber hinaus wurde das Geschlecht im 15. Jahrhundert mit der Beförderung der kaiserlichen Kurierpost im Deutschen Reich, in Burgund und im Königreich der Niederlande betraut, was den Beginn eines internationalen Postwesens mit Sitz in Brüssel markiert. Nachdem Freiherr Lamoral von Taxis 1624 in den Grafenstand erhoben wurde, erlaubte Kaiser Ferdinand III. im Jahr 1650 die Führung des Namens Thurn und Taxis. 1695 wurde das Geschlecht schließlich in den Reichsfürstenstand erhoben.

Nach ihrer Übersiedlung nach Frankfurt am Main und dem Bau des Frankfurter Palais 1731 wurde Fürst Alexander Ferdinand 1748 zum Prinzipalkommissar ernannt, und somit mit der Aufgabe betraut, den Kaiser beim Immerwährenden Reichstag zu vertreten. Seine Residenz befand sich seit 1743/48 in Regensburg. Nachdem das Fürstenhaus 1806 mediatisiert wurde, erfolgten ab 1810 Erwerb und Ausbau der Klostergebäude von St. Emmeran in Regensburg und Ausbau zum Schloss Thurn und Taxis. Die Postrechte der Thurn und Taxis wurden ab 1867 verstaatlicht. Nach dem Ersten Weltkrieg verlor die Familie ihre Adelsrechte und das Recht des Erstgeborenen, sich Fürst zu nennen. Seitdem nennen sich alle Familienmitglieder Prinz/Prinzessin von Thurn und Taxis.

Wir gehen den durch die Schlossanlage führenden Weg weiter. An der Stelle, an der der Asphaltweg eine Linkskurve ausführt, können wir unsere Wanderung **A** abkürzen und direkt nach Dischingen zurückgehen. Wir verlassen den Weg nach links und gehen durch ein Wäldchen am Schlossgelände entlang. Nach einem Tennisplatz erreichen wir einen Kreuzungsbereich aus Schlosszufahrtsstraßen und der Straße von Dischingen nach Trugenhofen. Wir bleiben auf der linken Straßenseite und können auf einem asphaltierten Weg, der zum Ort hinunterführt, weitergehen. Wenn wir unseren Blick auf den rechts liegenden Kalvarienberg wenden, sehen wir einen großen Bildstock.

Am Schlosskeller angekommen überqueren wir die Durchfahrtsstraße und gehen nach links weiter, wo wir bald schon die Stichstraße erreichen, die uns zum Parkplatz und Ausgangspunkt führt.

Für die längere Wanderung gehen wir den Asphaltweg weiter, überqueren schließlich die von Dischingen nach Trugenhofen führende Straße und gelangen auf einen Wanderparkplatz. Linker Hand steht eine Tafel mit der Angabe von verschieden gekennzeichneten Wanderlehrpfaden im hier beginnenden Englischen Wald.

Wir wählen den Pfad, der auf der Tafelübersicht zunächst mit einer gelben, dann aber mit einer blauen Raute gekennzeichnet ist, um zwar innerhalb des Waldes, aber möglichst dicht an der nach Norden führenden K 3004 entlangzugehen. Unser Weg führt zunächst tatsächlich nahe an der Kreisstraße, dann wendet er sich davon ab, bis er schließlich genau darauf trifft. Immer noch der Ausschilderung durch die Rautensymbole folgend kehren wir in den Wald zurück. Nach kurzer Zeit gabelt sich der Weg. Wir gehen den rechten weiter. Schließlich gabelt sich der Weg erneut. Dies ist der Punkt, wo sich gelber und blauer Rautenweg trennen.

Wir folgen dem letztgenannten, um möglichst nah an der K 3004 zu bleiben und gelangen schließlich zu einem Wanderparkplatz. Hier verlassen wir den durch eine blaue Route gekennzeichneten Weg und begeben uns auf eine neue, ebenfalls blau ausgewiesene Route (Nr. 1), indem wir die Richtung beibehalten, den Wanderparkplatz überqueren und dem asphaltierten Fahrweg folgen. Links eröffnet sich uns nun ein Blick über das Egautal. Der Weg mündet schließlich in einen Schotterweg. Wenige Meter weiter zweigt nach rechts ein Schotterweg ab. Wir folgen diesem nur ein kurzes Stück, und sehen auf der rechten Seite drei und auf der linken Seite des Weges mindestens einen weiteren Grabhügel. Mehr Hügel sind vom Weg aus nicht erkennbar, insgesamt sollen sich aber in diesem Gebiet um die 30 Hügel befinden.

7 Grabhügelfeld „Obere Gemeind"

Das Grabhügelfeld „Obere Gemeind" besteht aus etwa 30 Grabhügeln, Wissenswert! deren Durchmesser zwischen 8 und 30 Meter bei Höhen zwischen 0,3 und 4,0 Meter variieren. Ein einziger Hügel kann zeitlich genauer bestimmt werden. Er gehört der Stufe Hallstatt C an, ist also früheisenzeitlich.

Alle anderen Hügel gelten als vorgeschichtlich unbestimmt. Einige wurden im Randbereich beim Bau einer Wasserleitung, andere bei der Anlage des Waldweges angeschnitten.

Wir kehren zurück auf den Weg, von dem wir nur kurz zur Besichtigung der Grabhügel abgebogen sind, und gehen in die ursprünglich eingeschlagene Richtung weiter. Schließlich treffen wir auf eine Straße, an der wir nach links abbiegen und den Berg hinab gehen bis zur *L 2033*. Dort gehen wir schräg nach links über die Landstraße, um auf die Einfahrt zu einem Feldweg zu gelangen, dem wir nach rechts parallel zur *L 2033* folgen. An der nächsten Möglichkeit biegen wir nach links in den Asphaltweg ein. Kurz vor Erreichen der Egau treffen wir auf einen nach rechts abbiegenden asphaltierten Weg.

Auf diesem gehen wir immer geradeaus, bis wir den **74** Härtsfeldsee erreichen. Den See können wir entgegen dem Uhrzeigersinn umrunden oder als Abkürzung **A** an der Egau nach Dischingen zurückgehen. Im Nordwesten befindet sich ein Egau-Zufluss, den wir auf einer Brücke überqueren. Wir kommen am so genannten Seehaus mit Kiosk vorbei, in dem auch Räumlichkeiten für den lokalen Angelsportklub und die DLRG eingerichtet sind. Schließlich kehren wir zur Egau zurück, biegen aber noch bevor wir sie überquert haben nach rechts ab, um parallel zum Fluss auf einem Grasweg in Richtung Dischingen zu gehen.

Unser Blick bleibt rechts an einer kahlen Hügelkuppe hängen – dem Galgenberg. Seine Funktion spiegelt heute noch der Flurname „Hinter dem Galgen" wieder. Kurz bevor wir Dischingen nun tatsächlich erreichen, biegt der bisher parallel zur Egau führende Weg rechtwinklig nach rechts ab. Wir folgen dem Verlauf, gehen beim Erreichen des quer verlaufenden Asphaltwegs nach links und gelangen somit in den Ort. Wem der Grasweg entlang der Egau zu unbequem erscheint, kann auch auf der anderen Seite der Egau auf einem asphaltierten Weg Dischingen erreichen. Wir folgen diesem Weg, bis wir zur Durchgangsstraße *Fleinheimer Straße* gelangen.

Abstecher zur Burgstelle Eisbühl: Wir überqueren die *Fleinheimer Straße*, um in die *Färbergasse* einzubiegen. An der nächsten Kreuzung biegen wir nach rechts in die *Jungbrunnenstraße*, dann gleich wieder

nach links in die *Branntweinstraße*, bei der übernächsten Möglichkeit nach rechts in die *Josef-Hoeß-Straße*, dann gleich wieder links in den *Eisbühlweg*. In gerader Verlängerung folgen wir diesem über einen Feldweg bis wir direkt auf die Burgstelle zukommen.

A Wer den Abstecher zur Burgstelle Eisbühl nicht machen möchte, geht zum Marktplatz. Direkt an der Egau liegt die Kirche St. Johannes Baptist.

Mit der Museumsbahn zum Härtsfeldsee

7.4

Nachdem das Gebiet des jetzigen Härtsfeldsees in den Jahren 1969-71 von einem umlaufenden Damm umgeben wurde, erfolgte 1973 der Bau des Stausees zur Einleitung der Egau.

Der Härtsfeldsee besitzt eine Gesamtfläche von 11 Hektar. Seine maximale Tiefe beträgt 4,2 Meter. Eigentümer des Härtsfeldsees ist der Wasserverband Egau mit Sitz in Dischingen. An der Südwestseite des Sees erfolgt von Mai bis Oktober bei schönem Wetter Bewirtung. Der Härtsfeldsee dient Freizeit- und Erholungszwecken.

Bald soll bis hierher die Härtsfeld-Museumsbahn fahren. 1901-1904 wurde die Härtsfeldbahn Aalen-Ballmertshofen gebaut und anschließend noch bis nach Dillingen erweitert. Man erhoffte sich dadurch die wirtschaftliche Belebung des abgelegenen Raumes. Aus Kostengründen hatte man sich für den Bau einer Schmalspurbahn mit einer Spurweite von einem Meter entschieden. Nachdem sie in den sechziger Jahren des 20. Jahrhunderts wie so viele andere Nebenstrecken immer unrentabler wurde, musste ihr Betrieb 1972 eingestellt werden. In jüngster Zeit haben die Mitglieder der Härtsfeld-Museumsbahn e.V. damit begonnen, die „Schättere" wieder in Gang zu setzen. Sie fährt zwischen Mai und Oktober jeden 1. Sonntag im Monat derzeit von Neresheim bis zum Endbahnhof Sägmühle. Die Arbeiten für den zweiten Bauabschnitt bis zum Härtsfeldsee sind bereits im Gange, und ein dritter Abschnitt bis zum Bahnhof nach Dischingen ist geplant. Dieses letzte noch im Orginalzustand erhaltene Bahnhofsgebäude der „Schättere" hat der Verein erworben und bereits mit der Renovierung begonnen.
Weitere Infos im Flyer und S. 292.

Wissenswert

Extratour: Burgstelle Eisbühl

Die namenlose Burgstelle liegt auf einer Felsenkuppe am Westende des Höhenrückens des Michaelisbergs, der das Egautal von einem von Westen heranziehenden Bach scheidet. Auf der im Süden und Südosten gelegenen Hauptangriffsseite befindet sich ein 2,5 Meter tiefer Halsgraben, der sich auf den anderen steil ins Tal abfallenden Seiten als Hanggraben fortsetzt. Im Südosten der Burg erstreckt sich vor dem Halsgraben eine Vorburg annähernd quadratischer Form mit einer ungefähren Seitenlänge von 25 Meter. Begrenzt wird sie durch einen gegen die Innenfläche zum Teil stark verschliffenen, nach außen steil abgeböschten Wall. Der Burgplatz (26 x 10 Meter) war ehemals vermutlich rechteckig. Gebäudereste sind nicht mehr sichtbar. Von der etwas höheren Felskuppe aus war das Egautal gut einsehbar. Auch wenn heute keine künstlichen Befestigungswerke mehr erkennbar sind, könnten diese Bestandteile der Wehranlage gewesen sein. Vermutlich entstand die Befestigung im 12./13. Jahrhundert. Historische Nachrichten sind nicht überliefert. Möglicherweise war die Burg zeitweilig Sitz eines im 13. Jahrhundert in Dischingen bezeugten Ortsadels.

8 Dischingen

Pfarrkirche St. Johannes Baptist

Die katholische Pfarrkirche St. Johannes Baptist, in der *Kirchgasse 1* gelegen, wird als Glanzstück und heutiges Wahrzeichen Dischingens bezeichnet. Sie wurde in den Jahren 1769-1771 anstelle einer älteren, 1352 erstmals genannten Kirche von Joseph Dossenberger d. J. Wissenswert! im Auftrag von Fürst Alexander Ferdinand von Thurn und Taxis (1704-73) an erhöhter Stelle in der Dorfmitte erbaut.

Es handelt sich um einen stattlichen, im Rokokostil errichteten Bau mit hoch aufragendem Turm. Farbige Wechsel im Putz betonen die Vertikale. Der flach gedeckte Innenraum ist an den Längsseiten ausschwingend und verengt sich zum Chor hin, dem hinteren Kirchabschluss. Aufgrund seiner reichhaltigen Ausstattung, besonders auch aufgrund farbiger Fresken sowie der im Rokokostil ausgeführten Beichtstühle im Chor wird die Kirche auch „Klein-Neresheim" genannt. Dabei gibt es ein auffallendes Nebeneinander von spätbarocken und frühklassizistischen Elementen. Die Orgel ist von besonderem Wert, da sie das einzige noch spielbare Werk des berühmten Orgelbauers Josef Hoeß darstellt.

Hinsichtlich Baukörper, Bauschmuck und Ausstattung stellt die Kirche ein für ihre Entstehungszeit bedeutendes Gesamtkunstwerk dar. Darüber hinaus handelt es sich um eines der Hauptwerke Joseph Dossenbergers, besonders auch wegen der hier dokumentierten Auseinandersetzung des vom Spätbarock geprägten Baumeisters mit Formen des frühen Klassizismus.

Johannes der Täufer, dem die Kirche geweiht ist, wurde im Innenraum an drei Stellen bildlich dargestellt – stets im roten Gewand: bei der Taufe Jesu im Jordan (Hochaltar), beim Aufstieg in den Himmel (Chorfresko) und beim Predigen in der Wüste (großes Kirchenschifffresko).
Hinter der Kirche schließt in der *Kirchgasse 3* das an der Egau gelegene, vom Ende des 16. Jahrhunderts stammende zweigeschossige Pfarrhaus an mitsamt dem im Süden gelegenen Wasch- oder Backhausanbau. Das stattliche Gebäude dient seit 1858 als Wohnhaus und weist auf seiner Nordseite einen Kielbogenfries auf.

Von der Kirche folgen wir der sich nun schlängelnden Straße namens *Marktplatz* weiter. Rechter Hand liegt das Rathaus: Das massive, zweistöckige Gebäude mit Fachwerkgiebeln, *Marktstraße 9*, wurde 1792 errichtet. Seine Funktion als Rathaus wird durch das für Rathäuser typische Türmchen dokumentiert.

Wir kommen auf eine T-Kreuzung zu und wenden uns nach links in die *Hauptstraße*. Linker Hand befindet sich im Gebäude des ehemaligen Kindergartens das Härtsfeld-Heimatmuseum. Weitere Infos im Flyer und Buch S. 293.

Das Heimatmuseum, in dem das ländliche Leben auf dem Härtsfeld präsentiert wird, wurde 1966 vom Dischinger Arzt Dr. Horst Moeferdt eingerichtet. Neben volkskundlichen Belegen werden geologische, archäologische und historische Zeugnisse des Härtsfeldes gezeigt.

Auf der *Schlossstraße* angekommen, wenden wir uns nach rechts in die Straße *Am Baumwolf*. Auf der linken Seite befindet sich eine Schule, rechts ein Sportplatz. Wir passieren das Ortsausgangsschild Dischingens. Von hier aus sehen wir schräg links vorn bereits den Parkplatz. Wir biegen noch vor der nächsten Baumgruppe nach links ab, um bei der nächsten Gelegenheit nach rechts zum Ausgangspunkt zurückzukehren.

Tour 8
Von Katzenstein bis Duttenstein

8

Steinerne Residenzen

8 Von Katzenstein bis Duttenstein

Steinerne Residenzen

Kurzinfo

Start:	Parkplätze bei Burg Katzenstein, *Oberer Weiler 1-3*, Dischingen-Katzenstein
Anfahrt:	Von der *K 3034* aus Dischingen kommend im Ort Katzenstein in die erste Möglichkeit nach rechts, die ansteigende Straße *Oberer Weiler* abbiegen. Aus Richtung Nördlingen auf der *K 3034* kommend der Durchgangsstraße *Unterer Weiler* nach rechts folgen. Hinter der Burg links abbiegen. Bei der Burg stehen Parkplätze für die Gäste zur Verfügung, die benutzt werden dürfen.
ÖPNV:	Busverbindungen aus Heidenheim
Strecke:	ca.17 km, Extratour nach Duttenstein: 4 km, Abkürzungsmöglichkeiten mit jeweils ca. 8-9 km
Dauer:	reine Gehzeit ca. 5-6 Stunden, für die getrennten Routen ca. 2,5-3 Stunden
Charakter:	Rundwanderweg ohne nennenswerte Anstiege.

Die Tour ist insgesamt sehr lang und kann deshalb auch in zwei getrennten Routen gewandert werden. Die erste Route führt über **8.1** Katzenstein, Dunstelkingen, Prinzenmühle, Grabhügel zurück nach Katzenstein.

Die zweite Tour schließt Eglingen, Duttenstein, Eglinger Keller und Keltenschanze Schabich mit ein und kann entweder in Eglingen oder beim Eglinger Keller begonnen werden. Am Einmündungsbereich zur Prinzenmühle gehen wir dann rechts nach Eglingen. Schließt man hier die Extratour zum Schloss Duttenstein mit ein, wandert man etwa 13 Kilometer.

Burg Katzenstein – einst Sitz der Staufer

8.1

Wissenswert

Die Burg Katzenstein liegt etwas versteckt auf einem Felssporn aus Weißjurafelsen oberhalb des gleichnamigen Weilers auf dem so genannten Katzenfelsen. Aufgrund dieser Schutzlage war der Ort für Siedlungsaktivitäten zu verschiedenen Zeiten prädestiniert. Bereits in der Urnenfelderzeit wurde auf dem Fels daher eine befestigte Höhensiedlung angelegt. Weiterhin sind Siedlungsspuren aus der frühen La-Tène-Zeit bekannt.

Im Kern wohl auf das 11. Jahrhundert zurückgehend gilt die Burg Katzenstein als eine der ältesten erhaltenen romanischen Burganlagen Süddeutschlands und als Musterbeispiel einer staufischen Burg. Wichtige Erweiterungen erfolgten insbesondere im 13. und 17. Jahrhundert. Neben den in den 1960er Jahren wieder aufgebauten Gebäuden, sind bedeutende, heute wiederhergestellte Teile der Burg im Original erhalten, und zwar von Ringmauer, Pallas, Burgfried, Wohnhaus und Burgkapelle. Wegen seines Seltenheitswertes erwähnenswert ist ein Wandbildzyklus in der romanischen St. Laurentius-Kapelle aus dem 13. und 15. Jahrhundert. Er zeigt neben der für das Mittelalter typischen Darstellung des Jüngsten Gerichts mit Christus in der Mandorla (mandelförmige Aura) Szenen der Passionsgeschichte.

Der Hauptburg vorgelagert und von dieser durch einen Graben abgetrennt ist ein Wirtschaftshof. Die Burganlage selbst umschließt drei Innenhöfe auf zwei Ebenen. Zu den ältesten Teilen zählt der über 20 Meter hoch aufragende, quadratisch angelegte Bergfried, der so genannte Katzenturm, in dessen Sockelbereich staufische Buckelquader erhalten sind. Seine Zinnengiebel stammen aus dem 17. Jahrhundert. Im Umfeld der Burg Katzenstein entwickelte sich im Laufe des Mittelalters ein kleiner Burgweiler, aus dem der heutige Weiler Katzenstein hervorging. Die Burg befindet sich in Privatbesitz und war viele Jahre für die Öffentlichkeit nicht mehr zugänglich.

Seit April 2006 ist die Burganlage neu zu erleben. Ein kleines Museum wurde eingerichtet und die Burg kann besichtigt werden. Daneben werden Aktionen und Events rund ums Burgleben veranstaltet und die Betreiber laden zur Einkehr und Übernachtung umgeben von einer malerischen Kulisse ein. Weitere Infos im Flyer und S. 293.

Vom Parkplatz aus setzen wir unseren Weg in der bereits eingeschlagenen Richtung fort. An der Weggabelung wählen wir die linke Möglichkeit. Ein historisches Ortsschild bezeichnet diese Straße als *Oberer Weiler* und weist den Weg nach Dunstelkingen. Wir verlassen nun den Ort Katzenstein, passieren ein rechts des Weges gelegenes Kruzifix, einen Bauernhof und schließlich ein Flurkreuz, das von der Antoniusbruderschaft 1986 anlässlich ihres 300jährigen Bestehens gestiftet wurde.

Die Straße, die wir überqueren bevor wir das Flurkreuz erreichen, folgt in ihrem Verlauf dem Straßendamm, der in römischer Zeit Faimingen und Oberdorf miteinander verband.

Schließlich erreichen wir die Kreisstraße *K 3003* und sehen rechts vor uns den Ort Dunstelkingen liegen. Wir überqueren die Straße, um auf der gegenüberliegenden Seite einem Grasweg in Richtung des Galgenberges zu folgen, der in einer kleinen Baumgruppe liegt. Doch noch bevor wir die Baumgruppe erreichen, biegen wir an der Stelle, wo unser Grasweg auf einen Schotterweg trifft, nach rechts ab, um direkt auf den Ortsrand von Dunstelkingen zuzugehen. Wir bleiben auf dieser Straße, bis sie sich teilt (letztendlich führen beide Wege zur *Dunstelkinger Hauptstraße*). Wir wenden uns nach links in die *Felsenstraße*, die schließlich in einen Fußweg mündet. In der *Felsenstraße* befindet sich auf der rechten Seite ein kleines, als Sühnekapelle errichtetes Gebäude mit einer „Herrgott in der Ruhe"-Statue des 16. Jahrhunderts. Von diesem Weg aus ist die zwiebelförmige Spitze des Kirchturms bereits zu sehen. Beim Erreichen der Dunstelkinger *Hauptstraße* überqueren wir diese und gehen auf der Straße *Am Prinzenberg* zunächst in Richtung Kirche, treffen dabei aber auf einen Querweg, der uns nach rechts zur Brauereigaststätte mit gegenüberliegendem Parkplatz führt.

Das 1804/05 gebaute Brauereigebäude gehört der Härtsfelder Familienbrauerei Hald (*Brunnenstraße 10*). Es ist auf dem Areal und zum Teil mit Hilfe der Steine der alten Burg beziehungsweise des Wasserschlosses gebaut.

An der nächsten Möglichkeit biegen wir links in Richtung Kirchplatz ab, der den Dorfmittelpunkt bildet. Im Uhrzeigersinn angeordnet folgen hier zentrale öffentliche Gebäude aufeinander: das westlich der Kirche gelegene Rat- und Schulhaus mit Walmdach in der *Brunnenstraße 9*, die Kirche St. Martin und das Schulhaus.

1 Dunstelkingen

Katholische Kirche St. Martin

Die im alten Ortsmittelpunkt gelegene Kirche wird erstmals im Jahr 1352 erwähnt. Da es sich um eine Martinskirche handelt, kann aber davon ausgegangen werden, dass sie älteren Ursprungs ist. Die in spätgotischer Zeit erfolgten Um- beziehungsweise Neugestaltungen sind besonders gut anhand der Strebepfeiler im Chorbereich festzustellen. Hier befinden sich unter anderem die steinernen Grabdenkmäler mit Standbildern früherer Ortsherren, wie beispielsweise des Ulrich von Westerstetten zu Katzenstein (gest. 1503), des Diepolt von Westerstetten zu Katzenstein (gest. 1536) und seiner Gemahlin Dorothea geb. von Reitzenstein (gest. 1567) sowie des Wolf Dietrich von Westerstetten zu Katzenstein und Dunstelkingen (gest. 1572). Besonders erwähnenswert ist der gotische Taufstein von 1517.

Die Prägung des heutigen Erscheinungsbildes erfolgte während einer Barockisierungsphase in den Jahren 1705-16, indem ein Achteck mit Zwiebelturm auf den alten Turm gebaut wurde. Barocke Veränderungen des Innenraums erfolgten unter anderem in Form von rankenförmigen Stuckausgestaltungen durch Kaspar Buchmüller.

Das 1907 direkt daneben in der heutigen *Brunnenstraße 13* erbaute alte Schulhaus wurde bis 1980 genutzt. Heute sind dort eine Fahrschule und der Musikverein untergebracht.

Wir verlassen den Rathausplatz, indem wir nicht die um die Kirche herumführende Straße, sondern die gegenüber dem Rathaus gelegene, vom Rathausplatz wegführende Straße nehmen. Vorbei am links gelegenen ehemaligen Raiffeisenbetrieb folgen wir unserem Weg weiter bis zur *Buchbergstraße*, in die wir nach links einbiegen. Nun verlassen wir den Ort und passieren ein rechter Hand aufgestelltes Eisenkreuz. Schräg links vor uns eröffnet sich bereits der Blick auf den Ort Eglingen. Wir bleiben auf der Asphaltstraße, die über einen leichten Hügel führt. Auf der „Talsohle" angekommen, geht nach rechts der Wegweiser zur Prinzenmühle ab.

Hier können wir die lange Route trennen und abkürzen, in dem wir zur Prinzenmühle folgen und unseren Weg beim Zeichen **Ⓐ** fortsetzen.

Wollen wir die lange Tour wandern, gehen wir nicht zur Prinzenmühle, sondern bleiben für die nächsten rund 350 Meter auf unserem, nun wieder leicht ansteigenden Weg. Linker Hand – heute nicht mehr zu sehen – konnten Nachweise einer vorrömischen Siedlung durch den Fund entsprechenden Scherbenmaterials erbracht werden. Dass dieses Gebiet wohl auch in mesolithischer Zeit genutzt wurde, bezeugt der Fund einer Pfeilspitze. Kurz hinter einer Baumgruppe, wo sich das Landwirtschaftssträßchen nach rechts wendet, biegen wir schräg links in einen Grasweg ein, der erneut leicht bergan führt. Nach etwa 700 Meter wenden wir uns – nachdem wir schon von der Kuppe aus Eglingen gesehen haben – nach links in Richtung Ort und gehen schließlich rechts den Fußgängerweg am Fußballfeld vorbei. Auf diesem als *Ochsenweg* bezeichneten Weg kommen wir direkt auf das Schloss **8.2** von Eglingen zu. Wir gehen nicht durch den Torbogen, sondern wählen den schmalen Fußweg gegenüber dem als Schloss bezeichneten Gebäude mit wappengeschmücktem Giebel. So kommen wir entlang der Schlossmauer direkt zur Kirche.

Schloss Eglingen

Wissenswert

8.2 Das Schloss von Eglingen ist am südwestlichen Ortsrand gelegen. Sein Bau erfolgte auf der mittelalterlichen Burgstelle der Herren von Eglingen, die seit dem 13. Jahrhundert nachweisbar sind. Nach mehreren Besitzerwechseln kam das Schloss schließlich in den Besitz der Fürsten von Thurn und Taxis. Es war ihr erster Besitz im Härtsfeld, dem sich aber bald weitere anschlossen. Bis 1768 befand sich hier der Verwaltungssitz der Thurn und Taxischen Besitzungen. Anschließend wurde es als fürstliches Forstamt genutzt. Heute befindet es sich in Privatbesitz. Das mit vier Türmen ausgestattete Schloss wurde um 1600 als Dreiflügelanlage gestaltet und der quadratische Hof im Osten von einer Mauer abgeschlossen. Der Südflügel, heute als *Schloß Eglingen 4* ausgewiesen, fungierte einst als Haupttrakt und war schlicht im Stil der Renaissance gestaltet. Parallel zum Nordflügel, heute *Schloß Eglingen 5*, befindet sich der aus zwei Gebäuden bestehende Ökonomietrakt, heute als *Schloß Eglingen 2* und *6* sowie *Freibergstraße 33* bezeichnet. In *Schloß Eglingen 6* war seit 1727 die Thurn und Taxische Poststation untergebracht. Wissenswert! In Verlängerung des Nordflügels nach Osten erstreckt sich das angeblich von Joseph Dossenberger d. J. erbaute Brauereigebäude Wissenswert! mit hohen Rundbogenfenstern und mächtigen Gewölben. Zwischen Brauerei und Ökonomiegebäude liegt die 1760 errichtete Brauereiwirtschaft, die heute als *Schloß Eglingen 3* bezeichnet wird, und in Zusammenhang mit der Brauerei möglicherweise ebenfalls von Joseph Dossenberger d. J. errichtet wurde.

7.3

7.1

② Eglingen

Kirche St. Martin und St. Sebastian

Der Kirchenbau St. Martin ist äußerlich schlicht und geprägt durch einen hohen Chorflankenturm. 1763-77 erfolgte im Auftrag der Fürsten von Thurn und Taxis eine Erweiterung der Kirche, indem unter anderem Joseph Dossenberger d. J. den Chor in den Jahren 1763/64 erneuerte. Im Inneren befindet sich reichhaltiger Stuck und Bauschmuck im Rokokostil sowie Putten auf drei Altären, der Kanzel, dem Gesims und an der Wand. Das zeitgleiche Deckenfresko mit Darstellung der Himmelfahrt des St. Martin, ein wichtiges Zeugnis spätbarocker Malerei im Kreis Heidenheim, wird dem bedeutenden Maler Johann Anwander zugeschrieben. Der aus Eisen, Beton und Kunstmarmor gearbeitete Hochaltar wurde 1946 passgenau für diesen Standort in der Chorapsis und unter Berücksichtigung der Fensteröffnungen gefertigt. Beide Seitenaltäre sowie die Kanzel wurden von B. Etschmann aus Füssen in den Jahren 1934/35 hergestellt.

Unser Weg setzt sich hinter der Kirche fort, und zwar in deren direkter Verlängerung. An der Bushaltestelle „Metzgerei" treffen wir auf die *Demminger Straße*, der wir nach rechts folgen. An der nächsten, nach Osterhofen führenden Straße, wenden wir uns nach links und gehen bis zum Ortsausgangsschild, wo wir nach rechts in den *Aspenweg* abbiegen; links liegt nun Osterhofen. Wie folgen unserem Weg weiter bis wir auf eine Asphaltstraße treffen. Ihr folgen wir 500 Meter nach links. Mit Blick auf Osterhofen biegen wir bei den Fischweihern scharf nach rechts in einen Asphaltweg ein. In gerader Richtung, wobei der Belag bald in Schotter übergeht, gehen wir auf den Waldrand zu und gelangen nach etwa 350 Meter im „Kirchbauernholz" an eine große Waldkreuzung. Links führt ein Grasweg zu einem Holzzaun, der den Wildpark Duttenstein umgibt.

Von hier aus können wir eine etwa vier Kilometer lange Rundtour im Wildpark wandern und gehen dazu links auf einen Grasweg. Kurz darauf kommen wir zu einem Holzzaun, der den Wildpark Duttenstein umgibt. Die am Einstieg auf einer Tafel angebrachten Verhaltensregeln sind im Wildpark zu beachten.

Falls wir dieser Rundtour nicht folgen wollen, biegen wir hier rechts ab und kommen direkt zum Eglinger Keller. Ⓐ

③ Wildpark Duttenstein

Der für Besucher zugängliche Wildpark mit alten Laubbäumen und seltenen Nadelhölzern ist von einem bis zu 2,5 Meter hohen Zaun aus Spaltholzstämmen eingefasst. Dieses bewährte und daher gängige Einfriedungssystem hat den Vorteil, dass ein auf die Palisade stürzender Baum die dadurch entstehende Lücke mit seinem eigenen Volumen schließt und somit die Funktionstüchtigkeit der Palisade gewährleistet bleibt. Die Wildparkanlage wurde nach dem Vorbild „Englischer Gärten" unter Berücksichtigung der Bedürfnisse von Pirsch und Ansitz angelegt. Damit waren die Voraussetzungen für die vom Initiator des Parks, Fürst Carl Alexander, bevorzugte Jagdform geschaffen. Charakteristisch für „Englische Gärten" ist die meistmögliche Anpassung an die Natur, d. h. die Wegeführung wurde so angelegt, dass sie scheinbar zwanglos dem Gelände folgt. Der **8.3** Wildpark Duttenstein ist insofern etwas besonderes, als dass er einer der wenigen erhaltenen Wildparkanlagen des beginnenden 19. Jahrhunderts ist.

Wildpark Duttenstein

8.3

Wissenswert

In den Jahren 1816/17 wurde ein weitläufiges, 506 Hektar umfassendes Wildparkareal mit Damwild und Mufflons um das Schloss herum angelegt. Grund dafür war ein 1817 erlassenes Gesetz, das besagte, dass Schwarzwild nur noch in Tiergärten zu halten sei, der Rotwildbestand in angemessenem Verhältnis zur Waldfläche zu stehen hätte und dass der Hasenplage durch Abschuss beizukommen sei. Hinzu kam, dass man vor dem Hintergrund des Zeitgeistes der Französischen Revolution und der Aufklärung mit ihren Forderungen nach Vernunft, Freiheit und Gerechtigkeit heftige Kritik am feudalen Jagdvergnügen übte. Die Forstwirtschaft kritisierte den desolaten Zustand der Wälder und den Mangel an Holz, die Landwirtschaft die Schäden an Äckern als Folgen von Wildschaden. So wurden Forderungen nach gezielter Fütterung und Einzäunung der Tiere laut. Um dem nachzukommen wählte man das Gelände um das Schloss Duttenstein aus, das mit einer Mischung aus Hügeln, drei Seen, Wasserläufen, Wald, Wiesen und Feldern ideale Voraussetzungen bot. Dass das Schloss zuvor bereits als Jagdschloss diente, belegen der barocke Jagdstern und das Zeughaus Wissenswert! zur Aufbewahrung des Jagdzeugs.

8.5

Wir setzen unseren Weg auf der anderen Seite des Zauns in derselben Richtung fort. An der nächsten Gabelung am Distrikt „Teufelsfleckenhau" wählen wir den rechten Weg und gelangen zu einer Holzhütte. Links davon im Wald ist jenseits der Wiese eine keltische Viereckschanze gelegen. Sie gehört der Stufe La-Tène D1 und somit der zweiten Hälfte des 2. bis 1. Jh. v. Chr. an. An der Nordwestecke der Viereckschanze konnten 1954 zwei Grabhügel festgestellt werden. Auch südwestlich davon liegen 13 vorgeschichtliche Grabhügel. Die Verhaltensregeln erlauben es jedoch hier nicht, den Weg zu verlassen.

Hinter der Holzhütte gabelt sich der Weg. Wir biegen nach rechts ab und folgen dem schnurgerade verlaufenden Weg, an dessen Ende wir schließlich auf die *Kastanienallee* treffen und links abbiegen. Sie führt uns zum Schloss Duttenstein. Das Schloss selber ist für die Öffentlichkeit nicht zugänglich, bietet aber einen schönen Anblick.

❹ Schloss Duttenstein

Die an der östlichen Grenze Nordwürttembergs gelegene renaissancezeitliche **84** Schlossanlage wird wegen ihrer Abgeschiedenheit und Einsamkeit häufig mit einem Märchenschloss verglichen.
Das Schloss wurde 1564-72 von den Fuggern erbaut, geht aber auf einen mittelalterlichen Burgstall zurück. 1735 wurde der Bau an die Fürsten von Thurn und Taxis veräußert und seitdem als Jagdschloss genutzt. Zur Anlage des Wildparks kaufte Fürst Alexander von Thurn und Taxis 1817 die umliegenden Felder und Wiesen auf. In den Jahren 1831/32 diente das Schloss als Zufluchtsstätte vor der drohenden Cholera. In den Kriegsjahren 1940-45 wurde es als Gefangenenlager und SS-Quartier genutzt, nach Kriegsende als Flüchtlingslager. In den Jahren 1947-74 erfolgte eine Nutzung als Lungenheilanstalt, die von den aus Oberschlesien vertriebenen Barmherzigen Brüdern geleitet wurde. Danach stand das Schloss weitestgehend leer. Bis 1995 verblieb es im Familienbesitz der von Thurn und Taxis. Heute befindet es sich in Privatbesitz.

8 Von Katzenstein bis Duttenstein

Die Erbauung des Schlosses kann aufgrund dendrochronologischer Untersuchungen (Jahrringdatierung von Hölzern) der Zeit von 1570 bis 1572 angenommen werden. Die älteste bisher bekannte Inschrift nennt das Jahr 1572. Beim Bau des Schlosses wurden Mauerreste der mittelalterlichen Burg Duttenstein mit einbezogen und so Ausmaß und Form bestimmt.

Schloss und Wildpark Duttenstein waren wichtiger Bestandteil der herrschaftlichen Sommerresidenz des Hauses Thurn und Taxis. Hier im Härtsfeld Wissenswert! traten die Fürsten von Thurn und Taxis als Landesherrn auf und kamen durch Schloss und Wildpark ihren Repräsentationspflichten nach. In Regensburg dagegen, wo sich ihre Hauptresidenz befand, durften sie keinen eigenen Grund erwerben und besaßen dort auch keine volle Jagdgerechtigkeit. Schloss und Wildpark Duttenstein stehen in engem funktionalen Zusammenhang mit Schloss Thurn und Taxis (Tour 7), dem Eglinger Bierkeller sowie dem Zeughaus. Sie alle waren Teile der herrschaftlichen Sommerresidenz der Fürsten von Thurn und Taxis. Wissenswert!

6.1

7.3

Schloss Duttenstein

Wissenswert

8.4 Die Schlossanlage verweist durch seine Aufteilung in zwei Bereiche auf seinen mittelalterlichen Ursprung. Ein Bereich umfasst das Mauer umgebene vierflügelige, vierstöckige Hauptgebäude aus Backstein mit Erkertürmchen im oberen Stockwerk und je zwei Zinnengiebeln nach Süd und Nord sowie das Parkjägerhaus mit flach geneigtem Kegeldach. Der andere Bereich, der Wirtschaftstrakt, besteht aus einem ebenfalls Mauer umgebenen Vorhof des Schlosses mit zweistöckigem Gesindehaus und Stallgebäude für Schweine und Pferde. Im Westen des Stallgebäudes befanden sich zwei Kammern. Aus der einen heraus wurde die Aufziehmechanik für das Uhrwerk bedient, das sich im äußerlich barock gestalteten Uhrturm in der südlich des Hangs verlaufenden Auffahrt von Schlossvorhof zum Schlosshof befindet. Die Uhr wurde durch eine Kipphebelmechanik betrieben, die sich selbsttätig auslöste. Sobald das auf dem Hebel montierte Wassergefäß eine bestimmte Wasserfüllung erreicht hatte, kippte das Gefäß nach unten weg und entleerte sich, während der Hebel in seine ursprüngliche Ausgangsstellung zurückschnellte. Die dabei entstandenen Kräfte wurden von einem Drahtseil auf die Mechanik der Uhr übertragen und die Uhr somit aufgezogen.

Wir gehen das letzte Stück des Weges, auf dem wir hierher gelangt sind, zurück, biegen dieses Mal allerdings nicht an der Abzweigung ab, sondern folgen dem Weg solange, bis wir wieder zum Zaun gelangen, mit dem der Park umgeben ist. Noch vor diesem biegt der Weg nach rechts ab und führt parallel dazu innerhalb des Parks entlang, bis wir schließlich zu der Stelle kommen, an der wir in den Park hineingelangt sind. Wir passieren den Zaun, gehen den Weg weiter, über die nächste Kreuzung hinweg und verlassen auf diesem Weg schließlich den Wald.

A So wären wir auch ohne den Besuch des Parks weitergewandert.

Etwa auf Höhe eines auf der linken Seite gelegenen Bildstöckles geht der Schotterweg in einen Asphaltweg über. Der Weg biegt am Ende nach links in einen Querweg ab und bringt uns auf dem Höhenrücken entlang zur *K 3001*. Rechts sehen wir nun wieder auf den Ort Eglingen, schräg rechts vorn liegt Dunstelkingen. Wir überqueren die *K 3001* in Richtung Demmingen. Auf der rechten Seite liegt der Eglinger Keller.

⑤ Eglinger Keller

7.1 Der Eglinger Keller, auch als Sommerkeller bezeichnet, wurde von Joseph Dossenberger d. J. Wissenswert! im Auftrag der Fürsten von Thurn und Taxis in den Jahren 1768-70 errichtet. Seine Anlage folgte in Zusammenhang mit dem Bau der hauseigenen Eglinger Brauerei zur unterirdischen, eisgekühlten Lagerung des dort gebrauten Bieres. Es handelt sich dabei um eine der größten Kelleranlagen der Gegend. Er wurde benachbart zum etwa zeitgleichen Zeughaus 1775 erbaut. Entsprechend besitzt der Bau charakteristische barocke Proportionen und einen Walmdachabschluss. Neben seiner Bierlagerfunktion diente er auch als Sommerwirtschaft.

Auf der gegenüberliegenden Straßenseite, ebenfalls an der Straße von Eglingen nach Demmingen, liegt eine Kapelle.

⑥ Kapelle zum Großen Herrgott

Der heutige einfach gestaltete Bau wurde vermutlich erst im 18. Jahrhundert erbaut, da es vom Jahr 1777 an Rechnungen im Archiv der Pfarrei Eglingen mit der Bezeichnung „Die Große Herrgottskapellenpflege" gibt.
Der Bau dieser Kapelle erfolgte durch die Fürsten von Thurn und Taxis in Gedenken an den 1462 nach der Schlacht von Giengen abgegangenen Ort Taterloch, der sich einst an dieser Stelle befand. Der Bau beherbergt ein großformatig und qualitätvoll gearbeitetes Kruzifix aus spätgotischer Zeit, um dessen Herkunft sich verschiedene Legenden ranken. Auf diese Kruzifixdarstellung, die noch heute in der Kapelle aufbewahrt wird, geht der Name „Herrgottsruhkapelle" zurück. Die Kapelle birgt darüber hinaus weitere Figuren verschiedener Jahrhunderte sowie kunstvoll gearbeitete Kirchenbänke.

8 Von Katzenstein bis Duttenstein

Etwa 80 Meter hinter der Kapelle ist ein Gedenkstein errichtet. Die darauf angebrachte Inschrift „Hier ruht ein österreichischer Offizier, gefunden am 12.8.1796" verweist auf das Grab eines einsamen Soldaten, eines Opfers der Napoleonischen Kriege.

Wir folgen dem asphaltierten Weg, der von der Hauptstraße abzweigt und zwischen Eglinger Keller und der Kapelle vorbeiführt. Auf der linken Seite befindet sich alsbald ein Zeughaus.

7 Ehemaliges Taxisches Zeughaus

Das Gebäude wurde von Joseph Dossenberger d. J. als Zeughaus der Fürsten von Thurn und Taxis zur Aufbewahrung des fürstlichen Jagdzeugs in den Jahren 1768-70 errichtet. Es wurde durch verschiedene bauliche Eingriffe in seiner ursprünglichen Substanz verändert. Die großen Tore und der große Scheunenbereich dokumentieren dennoch sehr anschaulich den Typus eines herrschaftlichen **8.5** Zeughauses. Es stellt darüber hinaus ein wichtiges Dokument des künstlerischen Schaffens Josef Dossenbergers d. J. dar, da das Gebäude eines der wenigen erhaltenen Profanbauten ist, die zu seinen Werken gehören.

Nahe dem Zeughaus wurden römischer Bauschutt, Mauerreste, Brunnen und Werkstattabfälle gefunden, was auf eine intensive Siedlungstätigkeit in römischer Zeit hindeutet.

Zeughaus

8.5 Als Zeughaus wurden Gebäude bezeichnet, die zur Lagerung und Instandsetzung von Waffen und anderen militärischen Ausrüstungsgegenständen dienten. Allerdings wurden Zeughäuser nicht nur zur Aufbewahrung rezenter Waffen verwendet, sondern beherbergten bewusst auch altertümliche Waffen, die interessierten Besuchern gern gezeigt wurden. Somit wurden Zeughäuser zu Vorläufern der heutigen Museen.

Darüber hinaus wird der Begriff Zeughaus auch für Gebäude der Feuerwehr verwendet. In der frühen Neuzeit wurden Zeughäuser zumeist nahe der Residenzen errichtet. Im Falle des Taxischen Zeughauses ist es nur 3,5 Kilometer vom Schloss Taxis entfernt.

Von Katzenstein bis Duttenstein

Hinter dem Eglinger Keller zweigt unser Weg nach rechts ab. Auf der linken Seite sehen wir schließlich einen abbiegenden Schotterweg. Wir gehen aber unseren bisherigen Asphaltweg weiter, der nun etwas ansteigt. Auf der Höhe, am Ende der Waldlichtung, wo sich das Sträßchen bereits wieder leicht absenkt, kreuzt ein Schotterweg. Hier wenden wir uns nach rechts und gelangen zur Viereckschanze. An der Stelle, wo unser nun leicht ansteigender Weg einen leichten Bogen nach links beschreibt, sehen wir auf der linken Seite den noch relativ mächtigen Wall der Viereckschanze.

8 Viereckschanze im Gewann Kohlplatte (Schabich)

Die Viereckschanze ist fast am höchsten Geländepunkt gelegen. Sie stammt – wie für Viereckschanzen üblich – aus der späten La-Tène-Zeit, also der Zeit um 200 bis ins 1. Jahrhundert v. Chr.
Im Jahr 1929 wurde außerhalb der Viereckschanze, und zwar vor deren Südostecke eine bronzene Pfeilspitze entdeckt. Beim Wegebau konnten im Jahre 1972 spätbronzezeitliche Scherben lokalisiert werden. Das Gebiet scheint also bereits in der späten Bronzezeit besiedelt gewesen zu sein.

Wir bleiben auf unserem Schotterweg, der uns aus dem Wald hinaus durch eine leicht gewellte Hügellandschaft führt. Bald taucht auf der linken Seite die im Tal gelegene so genannte Prinzenmühle auf. Dieser 1886 gegründete Wohnplatz wurde tatsächlich einst als Mühle mit zwei Stauwehren und sieben gefassten Quellen angelegt. Allerdings wurde diese Mühle, nachdem sie in den 1960er Jahren ökonomisch bedingt bereits stillgelegt wurde, 1975 abgebrochen. Der zweigeschossige Wohnbau mit Satteldach und gehöftartig gruppierten Nebengebäuden wird heute als rein landwirtschaftlicher Betrieb geführt.
Unser Weg mündet schließlich in einen Asphaltweg, der uns in einem abschließenden Schwung wieder auf die Straße bringt, auf der wir anfangs bereits gegangen sind. Hier wenden wir uns nach links und gleich wieder nach links in Richtung Prinzenmühle.

A An dieser Stelle führt unser Weg auch weiter, wenn wir uns für die kürzere Route entschieden haben.

8 Von Katzenstein bis Duttenstein

Hinter der Mühle gehen wir unseren Weg am Waldrand entlang weiter, um erst dann bei der nächsten Möglichkeit rechts abzubiegen und den Berg hinaufzugehen. Noch bevor wir die Kuppe des Berges „Schindbuck" erreicht haben, gelangen wir zu einer T-Kreuzung, an der wir uns nach links wenden und kurz darauf nach rechts, um auf diesem Feldweg bleibend schließlich die *K 3004* zu erreichen. Wir überqueren diese indem wir auf unserem Weg bleiben, der nach kurzer Zeit am Waldrand entlang eine leichte Rechtskurve beschreibt und direkt in den Wald mündet. Dort liegt der geschotterte Waldweg nun schnurgerade vor uns. Nach etwa 300 Meter kreuzt ein Weg. Wir setzen unseren Weg noch etwa 100 Meter weiter fort bis auf der rechten Seite ein Weg abzweigt. Diesem folgen wir nur wenige Meter, um beiderseits des Weges je einen größeren Grabhügel zu entdecken. Die Suche kann sich jedoch als etwas schwierig gestalten.

9 Zwei Grabhügel

Die beiden Grabhügel können zeitlich nicht genauer eingeordnet werden. Sie gelten daher ganz allgemein als vorgeschichtlich. Wissenswert! **4.1** Der eine weist einen Durchmesser von 20 Meter bei einer erhaltenen Höhe von 1,1 Meter, der andere einen Durchmesser von elf Meter bei einem Meter Höhe auf.

Wir kehren auf unseren Hauptweg zurück und folgen diesem rechts etwa 250 Meter weiter, bis wir auf einen querenden Schotterweg treffen, an dem wir nach links abbiegen. Auf diesem erreichen wir eine Straße, die uns nach rechts zurück zum Ort Katzenstein und unserem Ausgangspunkt führt.

Tour 9
Steinheim a. A. – Sontheim i. St.

Wanderung im
Meteoritenkrater

9 Steinheim a. A. – Sontheim i. St.

Wanderung im Meteoritenkrater

Kurzinfo

i

Start: Parkplatz am Meteorkratermuseum, *Hochfeldweg*, Sontheim im Stubental

Anfahrt: Auf der *B 466* von Söhnstetten nach Heidenheim fahrend nach links in Richtung Sontheim i. St. abbiegen. Aus umgekehrter Richtung kommend nach rechts in Richtung des Ortes abbiegen. Am Ortseingang rechts in den *Burgstallweg*, dann links in den *Hochfeldweg* fahren. Auf der rechten Seite liegt der Parkplatz beim Meteorkratermuseum.

ÖPNV: Busverbindungen aus Heidenheim

Strecke: ca. 13 km, abgekürzt ca. 7 km

Dauer: reine Gehzeit ca. 4 Stunden, Abkürzung: ca. 2 Stunden

Charakter: Rundwanderweg mit wenigen kurzen, aber steilen Aufstiegen sowie einem langgezogenen Anstieg.

Am Meteorkratermuseum, das man zu Beginn oder auch erst am Ende der Wanderung besuchen kann, beginnt der „Geologische Wanderweg Steinheimer Becken". Von dort gelangen wir auf dem *Burgstallweg*, den wir gekommen sind, an der Kreuzung *Stubentalstraße* zur ersten Hinweistafel mit einer Übersicht über den „Geologischen Wanderweg Steinheimer Becken".

Unsere Tour folgt zunächst dem dort dargestellten „Großen Geologischen Wanderweg" von neun Kilometer Länge, der durch 19 Hinweistafeln und rote Richtungspfeile ausgewiesen ist. Die kleine Variante des Wanderwegs ist sechs Kilometer lang und kann als abgekürzte Strecke ebenfalls erwandert werden. Darüber hinaus ist das Grabhügelfeld „Grothau", das aufgrund der erhaltenen Hügelgröße und -anzahl sehenswert ist, in unsere Route eingebunden.
Die zweite Hinweistafel des Geologischen Wanderweges befindet sich in Sichtweite. Auf ihr wird der innere Aufbau der Kraterrandzone erläutert, der im benachbarten Steinbruch gut nachvollziehbar ist. Wir folgen dem in Serpentinen verlaufenden Trampelpfad zum höchsten Punkt des Burgstalls.

Foto: Peter Seidel

Steinheim a. A. – Sontheim i. St.

1 Burgstall – abgegangene Burg „Michelstein"

Am Kraterrand auf einem isolierten niedrigen Felshügel aus zertrümmerten Weißjurakalken liegt der „Burschel", ein ehemaliger Burgstall. An seiner Westseite befindet sich der heute noch gut erkennbare Steinbruch. Von den Burggebäuden der im Hochmittelalter erbauten Burg sind lediglich wenige behauene Steine zu erkennen. Die übrigen wurden mit großer Wahrscheinlichkeit abgetragen, um sie in der näheren Umgebung erneut als Baumaterial zu verwenden. Die hier ansässigen Herren „Beringerus et Otto de Suntheim" werden 1209 als Gründer des Klosters Steinheim erwähnt. Ende des 14. Jahrhunderts kommt die Burg an das Kloster Königsbronn. 1471 wird der Burgstall als „Michelstein" bezeichnet.

Vom Burgstall aus eröffnet sich ein weiter Blick über das annähernd kreisrunde **9.1** Steinheimer Becken, das etwa 100-120 Meter in die umgebenden Hochflächen eingesenkt ist. Der Kraterrand ist als bewaldeter Höhenzug ablesbar. Im Zentrum erhebt sich der dreigipflige Zentralkegel des Steinhirts mit Klosterberg und Kriegerdenkmal. Unterhalb des Burgstalls liegt Sontheim, nördlich des Steinhirts der Hauptort Steinheim.

Auf dem Gipfel des Burgstalls wird auf Hinweistafel 3 der geologische Schichtaufbau anhand eines Schnitts durch den Meteoritenkrater erläutert. Anschließend gelangen wir auf dem Kraterrand in Richtung Osten stetig bergab gehend zu einem alten Talboden des ehemaligen Wental-Flusses. Erläuterungen dazu findet man auf der hier aufgestellten Hinweistafel 4.

9

Steinheimer Becken und Nördlinger Ries – Katastrophe aus dem Weltall

Wissenswert

9.1 Vor etwa 15 Mio. Jahren wurden auf der Ostalb durch den Einschlag zweier kosmischer Körper zwei Krater, das Nördlinger Ries und das Steinheimer Becken, ausgesprengt. Die Größe des im Ries auftreffenden Meteoriten wird auf Grund des Kraterdurchmessers von 24 Kilometer und einer Auftreffgeschwindigkeit von 20-25 Kilometer pro Sekunde auf 800 bis 1000 Meter berechnet. Beim Steinheimer Meteoriten wird bei einem Kraterdurchmesser von 3,5 Kilometer von einem Steinmeteoriten von etwa 80 Meter Durchmesser ausgegangen. Das Steinheimer Becken ist nahezu kreisrund und heute noch etwa 120 Meter in die umgebende Albhochfläche eingetieft. Im Zentrum des Beckens liegt als zentraler Rückfederungskegel ein 60 Meter hoher Hügel, der Steinhirt mit dem Klosterberg.

Infolge der Meteoriteneinschläge bildeten sich in beiden Kratern Seen, wobei diese sowohl vom Niederschlagswasser als auch vom Grundwasser gespeist wurden. Bekannt wurden die Fossilfunde aus dem Steinheimer Kratersee insbesondere durch die Entwicklungsgeschichte einer kleinen Tellerschnecke *(gyraulus kleinii)*, an der schon 1866 weltweit erstmals die Gültigkeit der Darwinschen Theorie von der Entstehung der Arten bewiesen werden konnte.

Seeablagerungen kleiden auch heute noch den Beckenboden aus. Sie sind in der ehemaligen Pharion´schen Sandgrube Wissenswert! aufgeschlossen. Die dort seit 160 Jahren geborgenen Nachweise von rund 230 Tierarten und 90 Pflanzenarten geben auch Hinweise auf das damals herrschende, eher mediterrane Klima. Steinheim ist heute eine Leitfundstelle für die Tierwelt jenes Tertiärabschnittes.

9.4

❷ Gräber und Siedlung aus Völkerwanderungs- und Merowingerzeit

Beiderseits des Burgstalls liegt das Gewann mit der Bezeichnung „Hohes Beet" bzw. „Hochfeld". In diesem Gebiet konnten neben einer Siedlung aus frühalamannischer Zeit, die aus einem Gehöft (60 x 65 Meter) mit vier Holzpfostenbauten bestand, auch mehrere Gräber festgestellt werden.

Darüber hinaus gibt es im südöstlichen Neubaugebiet von Sontheim und am Durchbruch durch den südlichen Wall des Meteoritenkraters mehrere merowingerzeitliche Gräber. Der Besiedlungsnachweis aus frühalamannischer Zeit gehört zu einer ganzen Reihe von Siedelplätzen des 3./4. Jahrhunderts, die auf der Heidenheimer Alb nachgewiesen werden konnten, beispielsweise in Heidenheim, Großkuchen, Kleinkuchen, Nattheim, Hermaringen, Hohenmemmingen, Sachsenhausen und Heuchlingen. Spuren von Eisenverhüttung in Form von Schlacken, zum Beispiel auch in der frühalamannischen Siedlung von Sontheim im Stubental, zeigen an, dass das Eisenerzvorkommen in diesem Gebiet mit großer Wahrscheinlichkeit den wirtschaftlichen Anreiz bildete, sich hier niederzulassen.

Am Feldrand unseren Weg fortsetzend sehen wir in direkter Verlängerung des Weges auf der gegenüberliegenden Talseite oberhalb der Straße nach Heidenheim ein in Hanglage gebautes Schafhaus.

③ Schafhaus

Das Gebäude ist ein wertvolles Dokument für die im Landkreis Heidenheim ehemals bedeutsame Schafzucht. Laut Oberamtsbeschreibung von 1844 waren die Weiden der Alb „als vorzüglich gesund anerkannt und gesucht". 9.2 Die Wolle wurde vorwiegend an Heidenheimer Fabrikanten und Tuchmacher verkauft. Das Schafhaus, nach Auskunft der Brandversicherungsunterlagen 1850 errichtet, ist somit Zeugnis eines wichtigen regionalen Wirtschaftszweiges im Landkreis Heidenheim.

Die Funktion des in Bruchstein ausgeführten Gebäudes mit Fachwerkgiebel ist durch seine Lage inmitten ausgedehnter Weideflächen ablesbar. Das Erdgeschoss mit mittigen Doppeltoren an der südlichen Trauf- und östlichen Giebelseite diente zur Aufnahme der Schafe nachts und während der Wintermonate. Der geräumige Dachraum wurde durch das rückseitige Dachhaus unter Ausnützung der Hanglage mit Winterfutter und Stroh beschickt. Weiterhin gibt es einen östlichen Anbau mit Fachwerkgiebel und Satteldach. Über diesen ist ein längs gelagerter Keller mit Tonnengewölbe zugänglich.

Schäferlauf und Heidenheimer Tuche

Wissenswert

9.2

In Heidenheim wurde 1723 der Schäferlauf durch Herzog Eberhard Ludwig gestiftet. Von 1724-64 fanden jährlich Treffen der aus den umliegenden Gebieten stammenden Schäfer in Heidenheim statt, um alle Rechts- und Ordnungsangelegenheiten der Schafzucht zu verhandeln. Im anschließenden Fest maßen die jungen Schäfer und Schäfermädchen ihre Kräfte in einem Wettlauf, dem so genannten Schäferlauf. Die Sieger wurden zum Schäferkönigspaar gekrönt und erhielten zur Belohnung einen Hammel und ein Schaf. 1827 wurde der Zunftzwang aufgehoben und das Treffen eingestellt. Zwischen 1922 und 1952 fand es fünfmal statt und wurde erst 1972 als Tradition wieder neu belebt. Alle zwei Jahre im Mai wird in Heidenheim ein großer Schäferlauf mit Festumzug abgehalten.

Die Überlieferung dieser Ereignisse verweist auf die Bedeutung der Schafzucht in diesem Gebiet. Neben Eisenverarbeitung und Papiererzeugung gehörten Herstellung von und Handel mit Tuchen im späten Mittelalter bis in die Zeit um 1800 zu den wichtigsten Erwerbszweigen Heidenheims. Die Wolle verarbeitenden Gewerbe Baden-Württembergs liegen inmitten der wichtigsten Schafzuchtgebiete. Infolge der Mechanisierung der Textilindustrie im 19. Jahrhundert wanderte die Bevölkerung der alten Weberorte in die Fabrikorte wie Giengen und Heidenheim ab. Wissenswert!

10.3

Bei der nächsten Möglichkeit biegen wir nach links ab, überqueren die daraufhin kreuzende Straße und biegen bei der nächsten Gelegenheit nach rechts in einen Grasweg ab. So gelangen wir erneut zum Kraterrand, auf dem sich unser Weg nun fortsetzt. Schließlich folgen wir einem roten Pfeil die Außenseite des Kraterrandes hinab. Wir gehen nun ein kurzes Stück am äußeren, recht steil abfallenden Kraterrand, dem „Knillsüdhang", entlang, bis eine hölzerne Treppe wieder nach oben führt. Etwa auf halber Höhe passieren wir Hinweistafel 5, auf welcher der geologische Aufbau der Krateraußenwand erläutert wird. Oben angelangt, treffen wir auf die Verlängerung unseres ursprünglichen Weges, dem wir nach rechts auf dem Kraterrand entlang folgen. So erreichen wir das mit Buchen bestandene Knillwäldchen, das durch Tafel 6 erläutert wird. Vom Knillwäldchen aus gelangen wir auf eine typische Schafweide mit Grasbewuchs und Wacholderbüschen – ebenfalls ein Relikt ehemaliger Wirtschaftsweise. Wissenswert!

2.1

Der mit roten Pfeilen gekennzeichnete Stein gibt den nach links ins Tal führenden „Kleinen Geologischen Wanderweg" an, den wir als Abkürzung weitergehen und beim Zeichen Ⓐ geradeaus fortsetzen.

Die längere Route folgt dem „Großen Geologischen Wanderweg". Wir gehen daher geradeaus auf dem Sporn weiter, auf dem wir uns bereits befinden. An der Hangkante des Sporns führen Treppenstufen hinab. Wir passieren Hinweistafel 7, auf dem Trümmeroolithe erklärt werden. Beim Erreichen des Waldrandes treffen wir auf einen quer verlaufenden Pfad, dem wir nach links folgen. Am Waldrand entlanggehend erreichen wir auf einem teils sehr verwachsenen Weg schließlich Hinweistafel 8 mit Erläuterungen zum Lerztäle, einer weiteren Kraterrandöffnung. Wir wenden uns nach rechts in Richtung der Ansiedlung „Obere Ziegelhütte".

Wir überqueren die *L 1163* und folgen der Straße durch die Ansiedlung, in der 1921 ein spitznackiges Steinbeil aus neolithischer Zeit gefunden wurde. Für das 19. und beginnende 20. Jahrhundert sind Kalkofen und Ziegelhütte, von der sich der heutige Ortsname ableitet, urkundlich belegt. Schließlich gelangen wir zu Tafel 9, die eine Erklärung zum Finkenbusch trägt. Wir folgen der Straße weiter bis zum Abzweig „Schützenhaus" nach links. Die Straße führt direkt auf Tafel 10 zu, die auf den dahinter liegenden Galgenberg Bezug nimmt.

❹ Galgenberg

Der so genannte Galgenberg hat eine Höhe von 545,6 Meter. Es gibt eine Erzählung, die bezeugt, dass sich zur Reformation hier ein Galgen befunden hat. Galgen dienten der öffentlichen Hinrichtung von Verbrechern. Galgenberge lagen zumeist etwas abseits von Orten, die sich häufig durch eigene Gerichtsbarkeit auszeichnen, etwa durch Rechtsprechungsgewalt, die im Mittelalter und der frühen Neuzeit von bestimmten Personen ausgeübt wurde. Steinheim war der Hauptort des Kloster-Territoriums Königsbronn. Das mit Marktrecht verbundene Halsgericht ist zentrales Gericht der Kloster-Herrschaft. Heute werden Galgenberge gern als Triangulationspunkte der Landesvermessung genutzt.
Wir kehren auf den Hauptweg zurück.

Abstecher: Rechts zweigt ein Weg ab. Wer einen Abstecher zu den etwa 250 Meter entfernten Trümmermassen aus Weißjurakalken machen möchte, folge diesem Weg durch eine Heidelandschaft hangaufwärts bis man in den Wald gelangt, in dem sich Kalksteinblöcke in verschiedenen Größen befinden.

Die eigentliche Route führt aber auf dem ursprünglichen Weg weiter bis links ein geschotterter Weg zu einem Aufschluss abbiegt. Hier steht Hinweistafel 11, die den Wegeinschnitt am nördlichen Galgenberg erläutert.

Wir folgen dem geschotterten Weg bis zum Ende. Zunächst geht es in Serpentinen leicht bergan. Von hier aus bietet sich uns ein schöner Blick auf die Schäfhalde. Wir passieren die rechter Hand gelegenen Schrebergärten. Am höchsten Punkt der Straße angekommen, sehen wir rechts den Klosterberg. Schließlich trifft unser Schotterweg auf die *L 1163*, die wir überqueren. Wir gehen ein kurzes Stück auf dem rechten Fahrbahnrand, um nach wenigen Metern auf Hinweistafel 12 zu treffen, die einen kurzen Hinweis auf die Südseite des Galgenberges gibt. Anschließend gehen wir die *L 1163* in dieselbe Richtung weiter. Bei der nächsten Möglichkeit biegen wir links in Richtung Feld ab. Wir treffen schließlich auf einen Asphaltweg, dem wir nach rechts folgen. Von weitem sehen wir bereits die an der übernächsten Kreuzung platzierte Hinweistafel 13, die über den dortigen Riedbewuchs als Hinweis auf den letzten Rest des Kratersees informiert.

A

⑤ Grabhügelfeld „Ried"

Wenn wir den Blick in nördliche Richtung wandern lassen, streift unser Auge das Gebiet, in dem im Sommer 1911 im Zuge einer Geländeaufnahme ein Grabhügelfeld Wissenswert! angeschnitten wurde, von dem heute jedoch oberirdisch nichts mehr sichtbar ist. An Funden sind ein Sporn, eine kleine eiserne Stange, Scherben einer Urne und Skelettreste überliefert. Ihre Datierung ist nicht möglich. Dass es sich bei dieser Fundstelle um einen Grabhügel handelte, wurde damals leider nicht erkannt.

6,7

1913 grub Friedrich Hertlein einen weiteren Hügel teilweise aus und barg neben Leichenbrand und einem Kegelhalsgefäß auch einen Lignitring. Damit kann das Grabhügelfeld in die Hallstattzeit datiert werden. Es reichte ursprünglich nach Norden über die Straße hinaus. Ein weiterer, kaum noch erkennbarer Hügel liegt unter einem Feldweg. Der Grad seiner Zerstörung ist nicht bekannt. Bei weiteren Begehungen ergaben sich Hinweise auf weitere große, jedoch stark verflachte Grabhügel.

Wir folgen der nun leicht bergan steigenden Straße zum Klosterhof. Auf dem Weg dorthin passieren Hinweistafel 14 mit entsprechenden Informationen. Wenden wir uns an dieser Stelle um 180° erblicken wir den Galgen- und Knillberg und in der Ferne Schloß Hellenstein. Wir machen nun einen Abstecher zum Klosterhof.

Foto: Peter Seidel

6 Klosterhof und Klosterberg

Im ehemaligen **9.3** Klosterhof, in dem heute ein Bauerngarten angelegt ist, befindet sich ein Doppelwohnhaus (Nr. 1 und 2) mit spätmittelalterlichem Kern sowie ein rückseitig gelegenes, vom Hauptbau leicht abgesetztes, wohl aus dem 18. Jahrhundert stammendes Back- und Kellerhaus mit zweizügigem, innen liegendem Backofen, Tiefbrunnen und tonnengewölbtem Keller.

Auf eine frühe Bauzeit des Doppelhauses mit mächtigem, einseitig gewalmten Dach weisen zunächst die beachtlichen Mauerstärken (> 1,00 m) des massiven Keller- und Erdgeschosses. Wichtiges Dokument der spätmittelalterlichen Bauzeit sind die im östlichen Hausteil (Nr. 2, heute Heimatstube, Infos im Flyer oder S. 293) sowohl im Erdgeschoss als auch im Kellergeschoss überlieferten, gefassten und profilierten Holzstützen mit Basis, Kapitell und eingehälsten Deckenbalken. In der Stube des Erdgeschosses ist auch noch das ehemals dreigeteilte Stufenfenster mit Segmentbogenabschluss überliefert. Die Bauzeit des Dachwerkes mit liegendem Stuhl (teilweise durch jüngeren Mittelstuhl unterstützt) aus naturkrummen Hölzern liegt am Ende des 17. Jahrhunderts. Neben der gut erhaltenen Grundrissstruktur und Ausstattung in Haus Nr. 2 ist der von der Küche aus befeuerbare Hinterladeofen aus Wasseralfinger Eisenguss des ausgehenden 19. Jahrhunderts zu erwähnen. Ebenso erhalten sind Reste der einstigen Umfassungsmauer, die urkundlich für das Jahr 1584 erwähnt ist. Sie ist im südlichen und östlichen Bereich der Anlage überliefert, und zwar teilweise in die Scheune integriert.

Kloster Steinheim

9.3 Das Kloster gehörte einst dem Augustinerorden an. Gegründet wurde das Chorherrenstift im Jahr 1190 von Wittegowo d. Ä. von Albeck und seinem Bruder Berengar, einem Geistlichen und späteren Canonicus in Augsburg. 1209 bestätigt der Bischof von Augsburg diese Stiftung.

Das Vogteirecht stand zunächst der Stifterfamilie, den Edlen von Albeck, ab 1240 den Grafen von Helfenstein zu. 1302 erwarb König Albrecht I. das Stift und verwandte es zur Ausstattung des 1303 gegründeten Klosters Königsbronn. In der Folgezeit wird die Anlage vom Kloster Königsbronn in einen Maierhof umgewandelt. Die Klosterkirche wird bereits 1586 als Ruine bezeichnet. Nach mehrmaligem Besitzerwechsel gelangt der Hof 1740 durch Kauf an das Haus Württemberg, 1821 Jahrhundert an die Gemeinde Steinheim. Heute befindet sich die Anlage in Privatbesitz.

(Seitenleiste:) **Wissenswert**

Wir verlassen den Klosterberg und kehren zum Ausgangspunkt unseres Abstechers zurück. Von dort folgen wir der Ausschilderung zum „Steinhirt", einer eindrucksvollen Algenkalkformation, die durch Tafel 15 erläutert wird. Es handelt sich um einen von Bäumen umgebenen Monolithen von 6 m Höhe, der als Naturdenkmal geschützt ist.

Der weitere Weg führt uns am Felsen vorbei. Rechter Hand bietet sich uns nun ein Blick auf die Kirche von Steinheim. Kurz danach treffen wir auf die ebenfalls auf der rechten Seite gelegene wassergefüllte Lettenhülbe Wissenswert!, die durch Hinweistafel 16 erläutert wird. Am Ende des Weges gehen wir rechts, wo sich uns erneut ein Blick über Steinheim eröffnet. Auf der linken Seite befindet sich die Gartenschenke „Himmelstoß". Am Ende der Freifläche, die das erhöht gelegene Zentrum des Steinheimer Beckens bildet, Wissenswert! gehen wir an der Gedenkstätte der beiden Weltkriege vorbei und den „Steinhirt" hinab. Hinter dem „Sammleraufschluss" – hier kann man Fossilien suchen – halten wir uns links und gelangen schließlich auf die *L 1165* und zur Hinweistafel 17 mit Informationen zur heute eingezäunten **9.4** Pharion'schen Sandgrube.

Pharion'sche Sandgrube

Die Pharion'sche Sandgrube ist eine reiche Fossilfundstelle, in der Schneckensande aufgeschlossen sind. Als Schneckensande werden sandige Schluffe bezeichnet, d. h. sehr feinkörnige Kalksandablagerungen, die mit vielen fossilen Pflanzen- und Schalenresten sowie winzigen, aber massenhaft vorkommenden Schneckenhäuschen durchsetzt sind.

Die Sandgrube wurde vor Jahren von der Gemeinde Steinheim erworben. Wissenschaftliche Grabungen sind nur mit vorheriger Genehmigung erlaubt. Ein Sammleraufschluss befindet sich am Weg, der vom Steinhirt über das Kriegerdenkmal zur Sandgrube führt.

Aus der auf der Nordseite des Hügels gelegenen, längst wiederverfüllten Kopp'schen Sandgrube wurden zu Beginn des 20. Jahrhunderts Reihengräberfunde von mindestens 16 Gräbern bekannt. Es fanden sich unter anderem Schwerter, Saxe, Messer, Sporne, Riemenzungen, Gürtelschnallen, Schildbuckel, Schnallen, Pfeilspitzen und Glasperlen. Eine Grabung erfolgte 1951 unter der Leitung von Hartwig Zürn.

Wir gehen nun nach links, um ein kurzes Stück der *L 1165* nach Süden in Richtung Sontheim zu folgen.

Um die Tour abzukürzen, können wir dem Geologischen Wanderweg weiter folgen und kommen dabei noch an Hinweistafel 18 und 19 vorbei. Bis zur Tafel 18 gehen wir den Weg neben der Straße weiter und können dann die Wandertour beim Zeichen Ⓐ fortsetzen.

Um das sehenswerte Grabhügelfeld zu erkunden, biegen wir bei der ersten Gelegenheit nach rechts in Richtung Wentalhalle/Sportzentrum ab, um zwischen Sporthalle und Fußballplatz hindurchzugehen. Wir folgen der Straße bis zur ersten Abzweigung. Hier biegen wir links in einen Schotterweg. Kurze Zeit später wählen wir an der Stelle, an der sich die Straße erneut gabelt, wieder die linke Möglichkeit. Bei der dritten Gabelung halten wir uns ebenfalls links. Nun beginnt ein leichter Anstieg, da wir erneut den Kraterrand hinaufgehen. Beim Erreichen des Waldes sehen wir hinter dem ersten nach rechts abzweigenden Weg schon die Hügel des Grabhügelfeldes „Grothau".

Steinheim a. A. – Sontheim i. St.

7 Grabhügelfeld „Grothau"

Über die Anzahl der zum Grabhügelfeld Wissenswert! „Grothau" gehörigen, sehr gut erhaltenen Grabhügel gibt es unterschiedliche Angaben. Bis zu 18 Stück werden genannt. Oberirdisch deutlich sichtbar sind 16 Exemplare. Mindestens drei von ihnen wurden um 1885 angegraben. Allerdings ohne Erfolg. So gelten sie heute allgemein als vorgeschichtlich und sind nicht näher bestimmbar.

Wir verlassen das Grabhügelfeld indem wir zu der Stelle zurückkehren, wo der Hauptweg, auf dem wir gekommen sind, das erste Mal nach links abbiegt. Diesem Weg folgen wir den Waldrand entlang – mit herrlichem Blick über einen Teil des Steinheimer Beckens. Beim Erreichen der Teerstraße wenden wir uns nach links. Nach 1,5 Kilometer an der *L 1165* angekommen, biegen wir nach links ab und treffen nach kurzer Zeit auf die Hinweistafel 18, die den „Steinhirt" erläutert.

Hierher führt auch die abgekürzte Route.

Nur im Herbst und Winter gibt die Vegetation hier den Blick auf den „Steinhirt" frei. Von dort aus wenden wir uns nach rechts, um bei der übernächsten Kreuzung erneut nach rechts abzubiegen. Hier treffen wir auf Hinweistafel 19, wo noch einmal auf das sumpfige Milieu des Rieds eingegangen wird. Wir folgen der Straße weiter, erreichen den Ortsrand und sehen am Ende der Straße auf der linken Seite das Hinweisschild zum **9.5** Meteorkrater-Museum. Diesem folgen wir in den *Hochfeldweg* und kehren zu unserem Ausgangspunkt zurück.

Tour 10
Heidenheim

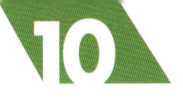

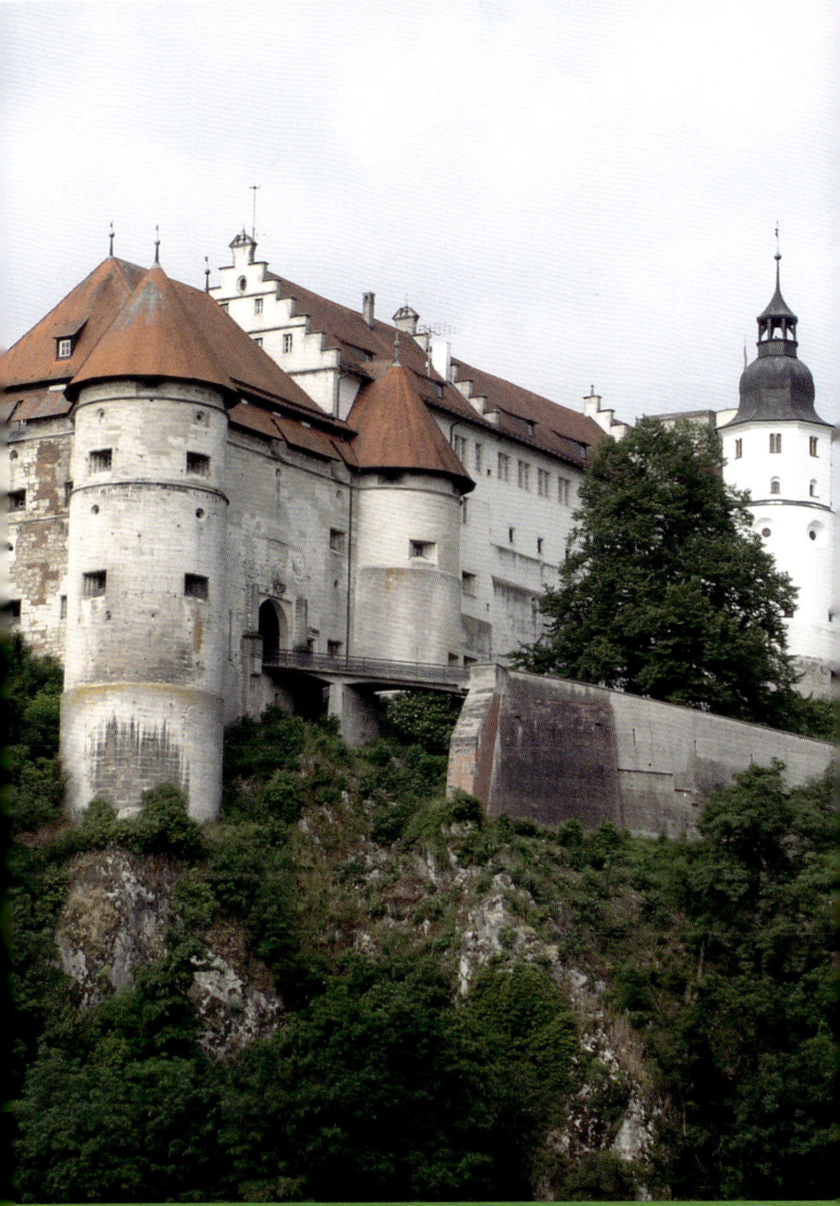

Römermetropole
im Brenztal

10 Heidenheim

Römermetropole im Brenztal

Kurzinfo

Start:	Parkplatz in der *Talhofstraße* in Heidenheim
Anfahrt:	Über die *A 7* kommend die Ausfahrt Heidenheim nehmen. Aus allen Richtungen über die *B 466* und die *B 19* die Innenstadt durchqueren und auf der *B 466* Richtung Göppingen fahren. Beim AOK-Gebäude nach links abbiegen. Aus Richtung Göppingen auf der *B 466* kurz nach Ortseingang gegenüber vom AOK-Gebäude nach rechts Richtung Talhof abbiegen. Der Parkplatz liegt auf der linken Seite der *Talhofstraße* hinter dem Wohngebiet.
ÖPNV:	Bahnverbindungen aus Ulm oder Aalen
Strecke:	ca. 15 km, abgekürzt ca. 12,5 km
Dauer:	reine Gehzeit 4,5 Stunden, Abkürzung: ca. 3,5 Stunden
Charakter:	Rundwanderung mit wenigen, aber steilen An- und Abstiegen und einem Stadtrundgang

Wir wenden dem Parkplatz den Rücken zu und gehen auf der asphaltierten Straße nach links in das Ugental hinein. Nach einem kurzen Stück liegt rechter Hand der Talhof, in dessen Hofladen man Naturprodukte aus eigener Produktion erstehen kann. Nach dem Talhof können wir anstatt auf der Straße auch am Waldrand entlang gehen. Wir nehmen den zweiten Weg nach dem Talhof, der zum Waldrand führt. An der ersten Abzweigung wenden wir uns nach rechts und gehen am Waldrand entlang. Der Weg führt nach etwa 500 Meter wieder nach rechts auf die Straße. Wir bleiben auf der Asphaltstraße, die dem Tal folgend zunächst eine lang gezogene Rechtskurve und danach eine Linkskurve beschreibt. Sie führt in den Wald hinein. Danach führt die Straße steiler den Hang hinauf. Am höchsten Punkt zweigt auf der rechten Seite der Staudamm Ugental ab. Wissenswert! Die Straße führt wieder hinab und knickt dann im rechten Winkel nach rechts zur anderen Talseite hin ab. Wir gehen auf einem grasbewachsenen Waldweg wenige Meter geradeaus weiter und biegen dann nach links auf einen den Hang hinauf führenden Waldweg ab. Wir treffen auf einen querenden Schotterweg. Unser Weg führt auf der gegenüberliegenden Seite schräg nach links weiter den Hang hinauf. Auf diesem erreichen wir den Waldrand und gehen geradeaus auf den Buchhof zu.

❶ Die Rodungsinsel Buchhof

Das freie Gelände rund um den Buchhof ist ein weiteres anschauliches Beispiel für die so genannten „Rodungsinseln" Wissenswert! Das Plateau der etwa südöstlich-nordwestlich streichenden Hügelkuppe ist vom Wald befreit und urbar gemacht, der Wirtschaftshof liegt relativ zentral in der Mitte. Die steiler abfallenden Flanken des Hügels wurden nicht gerodet, da eine Bewirtschaftung dort aus technischer Sicht nicht möglich war und ist. Die Wirtschaftsflächen sind durch breite Waldgürtel von den nächstliegenden Ortschaften getrennt.

Wann die Rodungsinsel zum ersten Mal angelegt worden ist, bleibt unbekannt. Der heutige Hof geht auf eine Gründung von 1861 zurück und wird nur noch privat bewohnt. Die Bewirtschaftung der Felder ist verpachtet, die zeitweilig auf dem Hof betriebene Gastronomie wurde aufgegeben.

Wir gehen über eine Wiese am Buchhof auf der linken Seite vorbei und überqueren den Zufahrtsweg zum Hof. An der rechten Seite der vor uns liegenden Baumgruppe führt ein Feldweg weiter über die Wiesenflächen. Auf dem teilweise schlecht erkennbaren Grasweg gehen wir weiter geradeaus bis zum Waldrand. Am Waldrand knickt der Weg erst nach rechts und dann gleich nach links in den Wald hinein ab. Hier überqueren wir die noch als kleinen Wall und Graben sichtbare Gemeindegrenze zwischen Herbrechtingen und Heidenheim.

Nach wenigen Metern treffen wir auf eine Kreuzung grasbewachsener Waldwege und wählen den geradeaus führenden. Am Schotterweg angekommen, können wir einen kurzen Abstecher zu einer frisch eingebrochenen Doline machen. Wenn wir hier durch die Halbschranke nach links auf dem Schotterweg weitergehen, erreichen wir sie nach etwa 30 Meter auf der linken Seite. Die Abschrankungen sollten nicht überschritten werden. Wir gehen wieder zurück an die Ausgangskreuzung, wenden uns nach links (ursprünglich geradeaus) und gehen den Grasweg immer geradeaus weiter, bis er nach etwa 500 Meter auf Schotterwege stößt. Bald weisen uns rote Rauten den Weg.

An der Kreuzung mit dem geschotterten *Hügelgräberweg*, der sich dort mit dem *Furtheimertalweg* kreuzt, angekommen, nehmen wir den *Hügelgräberweg*, der nach links abknickt. Nach etwa 300 Meter erstreckt sich im Wald auf der linken Seite ein ausgedehntes Hügelgräberfeld. Einzelne Hügel sind über einen zugewachsenen Pfad erreichbar. Sie sind jedoch schon bei wenig Vegetation sehr schwer zu finden.

❷ Das Hügelgräberfeld im Scheiterhau

Insgesamt 33 Hügel recht unterschiedlicher Größe bilden das Hügelgräberfeld im Gewann **10.1** „Scheiterhau": Die Ausdehnung der Hügel kann maximal 1,5 Meter Höhe und bis zu 15 Meter Durchmesser erreichen, ist aber häufig geringer, und manche Aufschüttung ist so unscheinbar, dass sie ohne Hilfe nur schwer erkannt werden kann.

Derartige Hügelgräber waren seit dem 19. Jahrhundert immer wieder das Ziel von – aus heutiger Sicht – unprofessionellen Ausgrabungen. Bereits im Jahr 1833 werden drei Hügel von Oberleutnant Dürrich angegraben. Die bislang letzte Störung der Nekropole erfolgte durch die Sondage an einem kleinen Hügel im Jahr 1941. Zählt man alle Eingriffe zusammen, so sind 32 der 33 bekannten Grabstätten bereits „angeschürft" worden. Zwar gibt es über die meisten Tätigkeiten wissenschaftliche Vorberichte und ein Teil der Funde wurde abgebildet, aber dies kann nicht darüber hinwegtäuschen, dass die „Ausgrabungen" sehr unsystematisch waren. Unterscheidungen zwischen der zentralen Hauptbestattung und den üblichen Nachbestattungen sind kaum möglich. Das Fundmaterial ist auf verschiedene Besitzer und Museen verteilt worden und heute zum größten Teil verschollen. Das Gräberfeld ist ein Paradebeispiel dafür, wie unprofessionelle Grabungen die Aussagekraft von archäologischen Denkmälern zunichte machen können.

Wer bestattete im Scheiterhau?

10.1

Wissenswert

Trotz der fragmentarischen Ausgrabungen und Aufarbeitungen der Funde aus den Hügelgräbern im „Scheiterhau" ist es heute immerhin möglich, eine nähere Einschätzung der Zeitstellung und Ausstattung der Gräber vorzunehmen. Die Bestattungen datieren in die Hallstattzeit. Dabei dominieren die in der älteren Phase angelegten Brand- und Urnengräber. Regelrechte Körperbestattungen, wie sie sich in der jüngeren Phase durchsetzen, sind während der Ausgrabungen nur selten in Form von Nachbestattungen beobachtet worden. Der Inhalt der Gräber bestand neben den Urnen selbst vor allem aus Geschirrsätzen. Viele Gefäße – große Urnen mit Halsfeld und Schrägrand oder Kragenrandschüsseln – sind typische Vertreter der Ostalbgruppe, also häufig rot überzogen und mit schwarzer Farbe geometrisch verziert oder graphitiert. Wenige Bestandteile der damaligen Kleidung – Ohrringe, Halsringe, Armreifen, Beschlagbleche von Leibgürteln und andere – sind ebenfalls gefunden worden, Waffen dagegen bis auf wenige Ausnahmen kaum. Die Grabhügel wurden vermutlich von der bäuerlichen Bevölkerung einer nicht weit entfernten vielleicht im Brenztal gelegenen Siedlung errichtet. Einige Funde werden im Museum Schloss Hellenstein Wissenswert! aufbewahrt.

10.6

Wir kehren auf dem *Hügelgräberweg* zur letzten Kreuzung zurück und wenden uns nun nach links auf den geschotterten *Furtheimertalweg*. Diesem folgen wir zunächst ein langes Stück geradeaus, dann durch eine Rechts- und darauf folgende Linkskurve, in der von rechts ein Weg dazu stößt. Am Ende der nächsten langen Geraden folgt wiederum eine Rechtskurve. Wir biegen unmittelbar vor dem Asphaltwerk aber nach links auf einen grasbewachsenen Weg ab, der als Hauptwanderweg 4 (HW 4) nach Mergelstetten und Heidenheim gekennzeichnet ist. Der Weg zweigt nach ungefähr 200 Meter links ab. Hier weist ein Schild bereits auf die Burgruine Hurwang hin, die über einen nach rechts abknickenden Pfad zu erreichen ist. Wir kommen zunächst an zwei Burggräben zur linken und zur rechten vorbei und gelangen dann auf den rechter Hand gelegenen Burghügel.

❸ Die Burgruine Hurwang

Zunächst muss ein Missverständnis aufgeklärt werden: Bei der heute mit dem Namen „Hurwang" bezeichneten Ruine handelt es sich eigentlich um die ehemalige Burg „Furtheim". Der Grund der Namensänderung ist wohl eine schon länger zurückliegende Verwechslung mit der Burg von Hürben bei Giengen.

1209 und 1216 erscheint in Urkunden des Klosters Steinheim am Albuch ein Forstmeister namens „Ulricus de Furheim". Ob damit die Familie der ursprünglichen Burgherren fassbar ist, lässt sich nicht eindeutig klären. In der Zeit danach scheint die Anlage in den Besitz der Grafen von Helfenstein übergegangen zu sein, zumindest überlässt Ulrich von Helfenstein dem Kloster Anhausen im Jahr 1358 Fürheim, den Hof, Burgstall und das „Fischwasser". Um diese Zeit wurde die Anlage allerdings schon nicht mehr bewohnt. Sie erscheint nochmals im Anhäuser Lagerbuch, einem Heberegister über Grundbesitz von 1474. Zum Besitz des Klosters gehörten unter anderem „2 Werden zu Fürheim in der Brenz unter dem Burgstall gelegen." Die letzte Nennung der Anlage als „Burgstall" erfolgte zum Jahr 1492.

Das in den Quellen erwähnte Fürheim sowie ein dort gelegener Hof dürften direkt südlich der Ruine zu lokalisieren sein.

Die Burganlage war seit dem Ende des 19. Jahrhunderts immer wieder das Ziel von Schatzsuchern und Raubgräbern, deren Aktivitäten sich sogar bis in die 1970er Jahre hinein erstreckten. Der Grund hierfür war wohl eine Sage von einem Schatz mit einer goldenen Krone.

Die heute auf dem Plateau sichtbaren Mauerzüge verdanken wir einer in den 1920er Jahren erfolgten, allerdings weitgehend unprofessionellen Ausgrabung. Die stattliche Burganlage besteht aus einer von Wall und Graben geschützten Vorburg, die wir bereits durchschritten haben, und einer Kernburg, die auf dem von einem Hauptgraben umgebenen Burghügel liegt. Im Bereich des heutigen Zugangs lag auch das ursprüngliche Burgtor. Es wurde auf der rechten Seite von einem rechteckigen Torhaus flankiert, dessen Grundmauern noch erkennbar sind. Die das etwa halbrunde Burgareal umschließende Ringmauer verläuft im Osten gerade an der Hangkante entlang. Schließlich sind im südlichen Burgbereich weitere Mauerzüge sichtbar, die zu einer nicht näher bestimmbaren Innenbebauung gehören.

Wir kehren auf dem Pfad zurück auf den Hauptweg und biegen nun nach rechts ab. Hier kann man auch der Beschilderung des HW 4 folgen. Der Weg verläuft parallel zum Hang und stößt auf einen Schotterweg, den wir nach rechts weitergehen. Wir gelangen an einen quer verlaufenden Schotterweg und nehmen den gegenüberliegenden Pfad, der in den Wald hineinführt und mit einem Hinweisschild auf Schloss Hellenstein versehen ist. Nachdem dieser einen weiteren Schotterweg quert, geht er in einen breiten Waldweg über. Nach etwa 400 Meter knickt dieser scharf nach links ab. Wir begeben uns aber auf den nach rechts ins Tal hinunter führenden Pfad. An dessen Ende stoßen wir auf die Straße *Buchhofsteige*. Wir überqueren sie, um in der gegenüberliegenden *Kistelbergstraße* nach rechts einzubiegen. Nach der folgenden Linkskurve zweigt auf der linken Seite ein Pfad ab (bei der Straßenlaterne mit Spiegel). Er verläuft durch den Wald. Wir halten uns auf dem linken Pfad, der sehr steil nach oben führt und erreichen am Waldrand einen Schotterweg, dem wir nach rechts folgen und dabei eine Abschrankung umgehen. Die folgende Kreuzung von Schotterwegen überqueren wir geradeaus und gehen in den Wald hinein. Sobald das erste Trimmgerät des Waldsportpfades zu sehen ist, müssen wir nach rechts abbiegen und wählen hier jedoch den im stumpfen Winkel abzweigenden Weg. Auch hier säumen Stationen des Waldsportpfades den Weg. Auf der rechten Seite zweigt schließlich ein Pfad ab, dessen Beschilderung schon auf unser nächstes Ziel, den Wasserhochbehälter „Schwende", hinweist. Die restaurierten Reste hiervon finden wir nach einer weiteren Abzweigung nach links.

④ Die Wasserversorgung von Schloss Hellenstein

Bei dem heute sichtbaren, rechteckigen Mauergrundriss handelt es sich um einen ehemaligen Wasserbehälter, der zu dem System gehörte, das vor 400 Jahren das Schloss Hellenstein in Heidenheim mit Frischwasser versorgte.

Zunächst waren Burg und Schloss Hellenstein allein durch Zisternen mit Regenwasser versorgt worden, wahrscheinlich wurde Frischwasser auch mit Pferdefuhrwerken herangefahren. Erst Herzog Friedrich I. von Württemberg, auf den die Neugestaltung des Schlosses am Ende des 16. Jahrhunderts maßgeblich zurückgeht, beauftragte den württembergischen Hofbaumeister Heinrich Schickhardt damit, eine Wasserleitung von der Brunnenmühlenquelle zum Schloss zu planen. Der Werkmeister Johannes Kretzmaier führte den Bau schließlich in den Jahren 1605/06 aus.

Die Leitung besaß ihren Ursprung bei der Brunnenmühlquelle im Brenztal. Vom dortigen Brunnenhaus wurde das Wasser zum Wasserhochbehälter „Schwende" geleitet, dessen konservierten Grundriss wir vor uns sehen. Er befindet sich 89 Meter über der Quelle am höchsten Punkt der gesamten Anlage. Von hier aus lief das Wasser in Bleirohren zum 13 Meter tiefer gelegenen Schloss. Wie der Karte, die sich auf der neben dem Wasserbehälter aufgestellten Informationstafel befindet, zu entnehmen ist, folgte die Leitung dem natürlichen Gefälle und war dementsprechend wesentlich länger als die Luftlinienstrecke zwischen Behälter und Schloss.

Die Wasserkunst

10.2

Mit dem Begriff „Wasserkunst" bezeichnete man im späten Mittelalter und der frühen Neuzeit technische Einrichtungen, die zur Versorgung oder zum Abpumpen von Wasser eingerichtet worden waren. Dabei handelte es sich um Wasserwerke im modernen Sinne, aber auch um Pumpstationen, die zum Beispiel für den Bergbau unabdingbar waren, um Stollen und Schächte trocken zu legen und den Abbau zu ermöglichen. Mit dem Wasser konnten natürlich auch Wasserräder und damit andere Maschinen betrieben werden.

Von der „Wasserkunst", die das Schloss Hellenstein versorgte, ist eine für damalige Verhältnisse recht ausführliche Entwurfszeichnung überliefert, die der Baumeister Heinrich Schickhardt selbst anfertigte.

Wissenswert

Drei Brunnen und eine Pferdetränke wurden im Schloss Hellenstein mit dieser Leitung versorgt. Die aufwändige **10.2** „Wasserkunst"wurde leider im Dreißigjährigen Krieg – wahrscheinlich nach der Schlacht bei Nördlingen 1634 – so stark zerstört, dass eine Instandsetzung gar nicht erst in Angriff genommen wurde. Stattdessen legte man von 1666 bis 1670 einen 78 Meter tiefen Schlossbrunnen an.

A Hier können wir die Tour abkürzen und entweder über Schloss Hellenstein oder auch direkt zum Parkplatz zurückgehen. Hierzu wählen wir den links am Wasserbehälter vorbeiführenden Waldweg, der schon nach ungefähr 50 Meter auf einen Schotterweg trifft. Wir gehen diesen nach rechts weiter, und überqueren die nächste Kreuzung geradeaus und gelangen so abwärts zur *Mergelstetter Straße*. Diese überqueren wir. Für einen Schlossbesuch wählen wir den Fußgängerweg, der uns rechts, oberhalb der *Mergelstetter Straße*, am Albstadion vorbei zur *Schlosshaustraße* führt. Auf der linken Straßenseite gehen wir weiter bis zum Parkplatz des Naturtheaters. Dort können wir die Straße zum Schloss Hellenstein überqueren und unsere Tour bei **A** fortsetzen.

Ohne Schlossbesuch führt unser Weg geradeaus und dann rechts hinter den Sportanlagen vorbei. Wir gehen den Weg rechts den Berg hinab zum Albstadion. Dort folgen wir nach dem Entenweiher links dem Teerweg, der als Schotterweg wieder hoch in den Wildpark führt. Oben angelangt halten wir uns immer links und gehen am Gehege des Sika-Wildes vorbei hinunter ins Ugental. Dort angekommen nehmen wir den rechten Schotterweg, der oberhalb des Tales zum Parkplatz zurückführt. Hierfür passieren wir einen rechts liegenden Aussichtsturm und gehen dann am Ende der Viehweide links einen Pfad hinunter zur *Talhofstraße*.

Um der Altstadt Heidenheims einen Besuch abzustatten, folgen wir dem schmalen Pfad, der rechts am Wasserbehälter vorbei und etwa 200 Meter parallel zur Hangkante über dem Brenztal entlang führt. Er knickt schließlich scharf links ab. Unmittelbar nach der scharfen Linkkurve wählen wir den nach rechts in Serpentinen ins Tal führenden Pfad und kommen an einem schönen Aussichtspunkt, dem „Hexenfelsen", vorbei. Unten angelangt überqueren wir die Kreuzung, gehen geradeaus in die Straße *Im Flügel* hinein und betreten somit das Stadtgebiet von Heidenheim.

Beim Einbiegen in die Straße *Im Flügel* liegt etwa 500 Meter rechts davon die Brunnenmühle, einstige Quellfassung und Versorgungsstation für Schloss Hellenstein.

5 Im Herzen Heidenheims

Die linke Seite der Straße *Im Flügel* wird von einer Häuserzeile gesäumt, die dem aufmerksamen Beobachter sofort ins Auge fällt. Bei den recht gleichförmig gestalteten Gebäuden handelt es sich um eine Webersiedlung.

Heidenheim – frühes ostwürttembergisches Wirtschaftszentrum

10.3

Heidenheims guter Ruf als ostwürttembergisches Wirtschaftszentrum des 19. und 20. Jahrhunderts gründet sich auf Erwerbszweige, deren Wurzeln hier teilweise bis in die vorgeschichtliche Zeit reichen. Grabhügelfelder in der Umgebung deuten eine dichte Besiedlung im 8. bis 5. Jahrhundert v. Chr. an, die ganz wesentlich von den hiesigen Bohnerzvorkommen motiviert gewesen sein dürfte (Tour 4, 5 und 6). Aus der römischen Epoche fand man Reste einer Gießerei. Im 14. Jahrhundert werden Eisenabbau und –verarbeitung an Kocher und Brenz erwähnt. Wissenswert! Um 1630 wurde der erste Heidenheimer Hochofen erbaut. 1819 musste die Eisenverhüttung wegen der übermächtigen Konkurrenz aus Wasseralfingen und dem Rheinland eingestellt werden. Bis ins 16. Jahrhundert lässt sich die hiesige Papierherstellung zurückverfolgen: 1530 errichtete die Stadt eine Papiermühle an der Brenz; 1539 wurde hier Papier mit dem seit 1486 nachgewiesenen Heidenheimer Stadtwappen produziert. Heinrich Voelter jun. gelang es in Zusammenarbeit mit Johann Matthäus Voith die erste brauchbare Holzschleifmaschine zu konstruieren. Aus der Schlosserwerkstatt des Johann Matthäus Voith entstand eine Maschinenfabrik, die mit der Konstruktion und dem Bau von Wasserturbinen Wissenswert! den Aufstieg zu einem Unternehmen mit Weltgeltung erreichte und heute in vielen Bereichen der Antriebstechnik erfolgreich auf der ganzen Welt tätig ist.

Der im Brenztal und auf der östlichen Schwäbischen Alb angebaute Flachs bildete die Grundlage für die Leinwandherstellung in Heidenheim. Der Weg vom Flachs zum Leinen verschaffte vielen Menschen Arbeit. Eine eigene Webersiedlung „Im Flügel" wurde im 17. Jahrhundert angelegt. Wissenswert! Seit dem 19. Jahrhundert ebnete das importierte Massenprodukt Baumwolle der fabrikmäßigen Textilherstellung den Weg. Die ersten mechanischen Webstühle Deutschlands standen in der 1823 gegründeten Fabrik von Johann Gottlieb Meebold. Unternehmer wie Zoeppritz, Neunhoeffer oder Ploucquet folgten seinem Beispiel. Die Meeboldsche Firma wurde 1856 in die Aktiengesellschaft „Württembergische Cattunmanufactur Heidenheim/Brenz" (WCM) umgewandelt und entwickelte sich zu einer der bedeutendsten Stoffdruckereien. Paul Hartmann gründete 1867 einen Textilveredelungsbetrieb und nahm sechs Jahre später die gewerbliche Herstellung von medizinischer Watte aus entfetteter Baumwolle auf. Damit hatte er solchen Erfolg, dass sich das Unternehmen bald ganz auf die Herstellung von Verbandsstoffen und Medizinartikeln konzentrierte und heute zu den Marktführern ihrer Branche zählt.

Heidenheim

Es war einmal mehr Herzog Friedrich I., auf dessen Initiative hin die Ansiedlung von Webern *Im Flügel* betrieben worden ist. Die heute noch erhaltene Bausubstanz der Häuser stammt aus dem 18. und 19. Jahrhundert, nur wenig ist noch aus der ursprünglichen Bauzeit des 17. Jahrhunderts erhalten.

Bemerkenswert ist das Handwerkerhaus Nr. 10. Wegen der Wandverkleidung kaum zu vermuten, gehört der Kern des Hauses wohl noch in die erste Hälfte des 17. Jahrhunderts und gibt damit am besten den ursprünglichen Bauzustand wieder. Im Sockelbereich ist außerdem die alte Raumaufteilung mit Werkstatt und Gewölbekeller erhalten. Bei dem Gebäude mit der Nr. 16 handelt es sich um ein Weberhaus der zweiten Hälfte des 17. Jahrhunderts, ein hervorragendes Beispiel dieses besonderen Bautyps. Auch hier haben sich viele Teile der ursprünglichen Ausstattung bewahrt, so zum Beispiel die Aufteilung des Wohngeschosses in der traditionellen Anordnung mit Stube, Kammer, Küche und Flurkammer. Typisch sind außerdem die Treppe zum Wohngeschoss und die im Werkstattbereich befindliche, in den Boden eingetiefte Weberdunke mit Lehmboden, die das zur Leinenweberei erforderliche feuchte Klima gewährleistete. Ähnlich viel alte Substanz hat sich auch im Haus Nr. 28 erhalten, allerdings stammt dieses bereits vom Ende des 18. Jahrhunderts. Haus-Nr. 64 ist schließlich ein Tagelöhnerhaus Wissenswert! aus den 1830er Jahren, das den alten **11.3** Weberhaustypus allerdings beibehält und die letzte Ausbauphase der Siedlung im 19. Jahrhundert exemplarisch aufzeigt.

Die Straße *Im Flügel* knickt schließlich nach rechts ab und wir wenden uns nach links in die *Hauptstraße*, die als Fußgängerzone durch den **10.4** alten Stadtkern von Heidenheim hindurchführt.

Heidenheim – planmäßige stauferzeitliche Siedlung

10.4 Unterhalb des Schlosses erstreckt sich auf dem Talboden der Brenz der mittelalterliche Siedlungskern der Stadt. Sie entstand als Burgsiedlung. Das Gründungsjahr ist nicht bekannt, wird jedoch aufgrund der vorhandenen Quellen für das Ende des 12. Jahrhunderts angenommen. Sein Grundriss lässt heute noch die planmäßige stauferzeitliche Siedlung mit den typischen Elementen erkennen: giebelseitige Anreihung der Häuser entlang einer geraden Durchgangsstraße, die zur Mitte hin breiter wird, ohne dabei einen Marktplatz zu bilden. In der „Vorderen Gasse", heute *Hauptstraße*, spielte sich reges Markt- und Geschäftsleben ab. Offiziell erhielt Heidenheim 1356 das Marktrecht durch Kaiser Karl IV. verliehen.

Der Ortsname Heidenheim wurde im 8. Jahrhundert erstmals erwähnt, als möglicherweise zwei Siedlungen aus dieser Zeit zu einem Dorf vereinigt wurden. Er nimmt vermutlich auf die damals noch sichtbaren römischen, d.h. heidnischen Ruinen Bezug oder soll an einen Heido genannten Alamannen erinnern.

Wissenswert

An der *Hauptstraße* befinden sich zahlreiche historische Baudenkmäler, die hier nicht alle detailliert vorgestellt werden können. Auf die wichtigsten sei aber verwiesen. Dazu gehört zum Beispiel das stattliche ehemalige Physikatshaus (Nr. 55), dessen Bau am Ende des 17. Jahrhunderts erfolgte. Nur wenige Meter weiter steht mit der Haus-Nr. 51 die Schlossapotheke. Sie ist in einem dreigeschossigen Eckgebäude untergebracht, das im 16. Jahrhundert errichtet worden ist und zur Gastwirtschaft „Zum Pflug" gehörte. Erst 1754 wurden die Räumlichkeiten als Heidenheimer Apotheke genutzt. Die Fassade wurde um 1900 maßgeblich umgestaltet.

Das Haus mit der Nr. 48 gibt schon durch seine vergleichsweise starke Dachneigung einen Hinweis auf eine frühere Entstehungszeit. Tatsächlich dürfte der Bau des zweigeschossigen Eckgebäudes noch im 15. Jahrhundert erfolgt sein, während das seitlich anschließende Querhaus eine Zutat des frühen 17. Jahrhunderts ist. Bis zum Jahr 1610/11 war die Stadtschreiberei in diesem Haus untergebracht, weswegen es auch als Kanzleigebäude bezeichnet wird. Das gegenüber liegende Haus-Nr. 49 stammt zwar aus der Mitte des 19. Jahrhunderts, an seiner Stelle befand sich aber bis 1618 die städtische Badstube.

Repräsentativ in der Altstadtmitte liegt das alte Heidenheimer Rathaus (Nr. 34). Es wurde 1845-46 nach dem Entwurf des Ellwanger Kreisbaurats Friedrich Wilhelm Dillenius anstelle eines Vorgängerbaus von 1606 errichtet und bis 1972 als Rathaus genutzt. Der dreigeschossige, giebelständige Bau ist aus Jurasteinen massiv ausgeführt und bildet durch seine zentrale Lage, seine Proportionen und seine Gestaltung den baulichen Mittelpunkt der historischen Stadtanlage. Stadtwappen und der weithin sichtbare Dachreiter (ehem. Sturmglocke) dokumentieren seine besondere Funktion. Unter der Bezeichnung „Elmar-Dolch-Haus" dient das Gebäude heute als Kulturhaus der Stadt Heidenheim. Die Tourist-Info und die städtische Bücherei findet man dort ebenfalls.

Erwähnenswert ist noch das Gebäude mit der Nr. 22, die ehemalige Gastwirtschaft „Zur Goldenen Krone". Das imposante Gebäude geht wohl auf das 15./16. Jahrhundert zurück und wurde am Anfang des

18. Jahrhunderts nach Süden hin erweitert. Die Gastwirtschaft ist 1581 anhand von schriftlichen Belegen nachweisbar, von 1749 bis 1805 diente das Gebäude als Posthalterei der Fürsten von Thurn und Taxis. *Wissenswert* In der Krone soll laut Überlieferung König Ludwig I. von Bayern (1846) und Kaiser Wilhelm I. (1859) übernachtet haben.

Am Ende der *Hauptstraße*, die von weiteren baugeschichtlich interessanten Gebäuden gesäumt wird, gelangen wir zum *Eugen-Jaekle-Platz*. Von hier aus ist es über die nach rechts abzweigende *Brenzstraße* und die anschließend querende *Ploucquetstraße* nicht weit zum **10.5** Museum im Römerbad.

Die Römer in Heidenheim

Die Keimzelle des römischen Heidenheim bildet ein Reiterkastell, das innerhalb des heutigen Straßengevierts *Brenz-, Bahnhof-, Kurt Bittel-,* und *Karlstraße* liegt. Nach den Ergebnissen der jüngsten Grabungen muss seine Innenfläche von 5,2 auf etwa 5,5 Hektar korrigiert werden. Gegründet um 100 n. Chr. hatte das Kastell Bestand bis 160 n. Chr., als die hier stationierte ALA II FLAVIA an den neu entstehenden Raetischen Limes bei Aalen verlegt wurde. Um diesen Kern gruppiert sich eine stadtartige Siedlung mit einer Fläche von annähernd einem Quadratkilometer, deren Name „AQUILEIA" durch einen Eintrag in eine spätrömische Straßenkarte überliefert ist. Der Ort gehört zu den bedeutenden Siedlungen Raetiens mit städtischem Erscheinungsbild, das durch einen palastartigen Großbau von etwa 80 x 50 Meter und Raumhöhe bis zu 20 Meter noch betont wird.

Die hier stationierte Reitereinheit mit 1000 Mann (*ala milliaria*) taucht in allen militärischen Annalen Raetiens bis etwa 180 n. Chr. meist an erster Stelle auf, d. h. sie war bis zur Stationierung einer Legion in Regensburg die wichtigste Truppe im raetischen Heer. Auch vor Ort ist sie durch mehrere Inschriften belegt, z. B. durch eine Nennung auf einem Reitergrabstein vom Heidenheimer Totenberg, durch das Fragment eines hier gefundenes Militärdiploms und durch mehrere mit dem Kürzel der Truppe (IIF) gestempelte Dachziegelfragmente.

Das Kastell war von einer 1,2 bis 1,4 Meter (Fundamentbereich) starken, etwa 6 Meter hohen Steinmauer umgeben, die über vier Tore mit je zwei flankierenden Türmen und je zwei Durchfahrten verfügte. Dazu kamen vier Ecktürme und insgesamt zwölf Zwischentürme, die dem Lager einen wehrhaften Charakter verliehen. Etwa im Zentrum befindet sich ein mächtiger Steinbau, die *principia*, flankiert von Speichern, Magazinen, Werkstätten und vielleicht einer Krankenstation.

Nördlich liegen sechs Doppelkasernen und vier einschiffige Holzfachwerkkasernen, bei denen eine teilweise zweigeschossige Bauweise diskutiert wird. Südlich konnten ebenfalls vier Doppelkasernen in Spuren nachgewiesen werden, die in Bauweise und Grundriss mit den nördlichen Bauten übereinstimmen.

In zwei großen Grabungen, 1964 bis 1965 und 2001 bis 2004 konnte die Konstruktion der Mannschaftsunterkünfte weitgehend geklärt werden, so dass eine Rekonstruktion, wie das Aalener Beispiel zeigt, prinzipiell möglich ist.

Die Frage nach eventuell früheren Kastellen ist noch ungeklärt. Möglicherweise hatte das Steinkastell einen hölzernen Vorgängerbau, der aber wohl rasch durch Steinbauten ersetzt wurde. Ob im Bereich des heutigen Amtsgerichts ein Holz-Erde-Kastell für die Bautruppen existierte, muss vorläufig offen bleiben.

Nach dem Abzug der Truppe wurde die Südhälfte des Kastells rasch durch Bauten der Zivilsiedlung überlagert. Auch die südliche, östliche und westliche Kastellmauer wurde, wie es scheint, bald abgeräumt und der Graben planiert. Die Zivilsiedlung „AQUILEIA" scheint um 259/260 n. Chr. planmäßig geräumt worden zu sein, jedenfalls fanden sich hier bisher keine großflächigen Zerstörungshorizonte, wie man sie von „frontnahen" Siedlungen teilweise kennt.

Nach dem „Limesfall" wurde die nördliche Kastellhälfte bald von frühen Alamannen besiedelt. Bauliche Befunde, Keramik, elbgermanischer Provenienz und zwei Münzschätze des 4. Jahrhunderts belegen dies.

Der 1980/81 und 1987 zwischen *Bahnhofsplatz* und *Theodor-Heuss-Straße* ausgegrabene römische Monumetalbau ist teilweise im Museum im Römerbad integriert und der Öffentlichkeit zugänglich. Der Bau weist insgesamt drei Bauphasen auf, eine wissenschaftliche Auswertung der Grabungsbefunde steht noch aus. Die ursprüngliche Deutung als Badeanlage muss wohl revidiert werden. Manches spricht dafür, dass es sich um einen staatlichen Repräsentationsbau gehandelt hat, der im Rahmen der Verwaltungsstruktur der raetischen Provinz eine wichtige Rolle spielte. Jedenfalls handelt es sich um einen der größten bisher bekannten römischen Baukomplexe im nördlichen Raetien. Eine begleitende Ausstellung mit zahlreichen Originalfunden informiert sowohl über die Geschichte AQUILEIAS als auch den historischen Rahmen innerhalb der raetischen Provinz.
Weitere Infos zum Museum im Flyer und S. 293.

Bevor wir den *Eugen-Jaekle-Platz* erreicht haben, liegt links das Bettenhaus Schmid. Das Gebäude wurde 1695 als Dekanat erbaut und 1866/67 zum „ersten modernen Laden" Heidenheims umgestaltet. Wir befinden uns jetzt direkt am nördlichen Ende der mittelalterlichen Stadtbefestigung. Der Standort des Oberen Tores ist an der Kalksteinmarkierung im Straßenbelag erkennbar.

Vor dem Bettenhaus führt eine schmale Gasse zur Michaelskirche. Von hier aus gehen wir entlang der alten Stadtmauer, durchs „Uhuloch" zum Schandturm und gelangen die Stufen abwärts in die *Hintere Gasse* und von dort nach wenigen Metern wieder zur *Hauptstraße*. Ein Abstecher in die *Hintere Gasse* lohnt sich wegen der hohen Dichte baugeschichtlich bemerkenswerter Gebäude, wie z.B. das „Alte Eichamt". Weitere Vorschläge für Stadtrundgänge erhält man bei der Tourist-Info im „Elmar-Doch-Haus".

Die Michaelskirche, heute evangelische Pfarrkirche, geht auf die in der zweiten Hälfte des 15. Jahrhunderts (Spätgotik) anstelle eines mittelalterlichen Vorgängerbaus errichtete Pfarrkirche St. Nikolaus zurück. Die Umbenennung auf St. Michael erfolgte nach der Reformation. Im 17. und 18. Jahrhundert wurde die Kirche mehrfach umgestaltet und erweitert. Die heute überlieferte Innengestaltung ist maßgeblich durch die 1964 durchgeführten Renovierungs- und Umbaumaßnahmen geprägt.

Im Inneren sind die auf der Empore angebrachten Tafelbilder mit Szenen aus dem neuen Testament bemerkenswert. Die meisten der Bilder fertigte 1629 der Heidenheimer Maler und Bürgermeister Johann Gottfried Enßlin. Außerdem sei auf das Ölgemälde aus der ersten Hälfte des 17. Jahrhunderts mit Darstellung der Anbetung durch die Heiligen Drei Könige hingewiesen.

Die Wanderung führt uns über die *Hauptstraße* zurück zur Straße *Im Flügel*. An der Stelle, wo diese nach links abknickt, beginnt auf der rechten Seite der *Hermann-Mohn-Weg*. Er führt über einige Serpentinen den Hang hinauf und auch an der Heidenschmiede vorbei.

⑥ Die Heidenschmiede – Aufenthaltsort der Neandertaler

Der Zugangsweg zur Heidenschmiede und zum darüber liegenden Schloss Hellenstein ist nach Hermann Mohn, dem Entdecker des Fundplatzes benannt worden. Angeregt durch Untersuchungen an anderen Felsen im Brenztal begann er im Frühjahr 1930 mit Grabungen an der Heidenschmiede, einer Nische an der südwestlichen Ecke des mächtigen Weißjura-Felsens, auf dem sich Burg und Schloss Hellenstein erheben. Schon bald wurde reiches Fundmaterial ans Tageslicht befördert. Zu einem fortgeschrittenen Zeitpunkt der Grabung stieß man allerdings auf einen mittelalterlichen Mauerzug, von dem man annahm, er hätte erhebliche Störungen an den Fundschichten verursacht. Deswegen wurde der Abschluss der Grabungskampagne in die Hände des Fachmannes Eduard Peters gelegt.
Das Fundmaterial umfasst etwa 5.000 Geräte und Abschläge sowie etwa fünf Kilogramm teilweise verkohlter Tierknochen. Es wird von der heutigen Forschung der archäologischen Kulturstufe des Micoquien zugeordnet. Diese Gerätekultur wird in Süddeutschland vor allem in die ersten Phasen der letzten Eiszeit – der Würm-Eiszeit – zwischen 80.000 und 40.000 Jahren vor heute datiert. Sie wurde vom Neandertaler hervorgebracht. Er schuf die für den Micoque-Komplex typischen Artefakte, so zum Beispiel spitz ausgeformte Faustkeile ("Micoque-Keile"), beidflächig bearbeitete, dreieckige Faustkeile oder einfache Schaber. Die vielen Tierknochen geben Auskunft über die bevorzugte Nahrung: Mammut, Fellnashorn, Pferd, Ren, Wolf,

Fuchs, Hase und Murmeltier. Dazu kommen einige Vogelarten wie Saatgans und Stockente sowie kleine Nagetiere. Diese Fauna, besonders die Kälte liebenden Arten, zeigen an, dass zur Nutzungszeit der Heidenschmiede durch die Neandertaler in der Umgebung eine tundrenartige Landschaft vorherrschte, in der in geschützten Lagen ein subarktischer Wald bestand.

Die Mächtigkeit der Ablagerungen und die Verteilung der Artefakte lassen darauf schließen, dass Gruppen von Neandertalern über einen Zeitraum von mehreren zehntausend Jahren das Felsschutzdach immer wieder zu Jagdzwecken aufgesucht haben, wobei zwischen den kurzfristigen Aufenthalten Jahrtausende vergangen sein können. Ein kleiner Teil der 1930 entdeckten Funde befindet sich heute in der Sammlung des **10.6** Museums Schloss Hellenstein.

Der *Hermann-Mohn-Weg* führt uns weiter den Felsen hinauf. An seinem Ende liegen rechter Hand Burg und Schloss Hellenstein. Wir erreichen den Schlossplatz über das Südtor mit davor liegender Brücke. Hierher gelangen wir auch, wenn wir die kürzere Strecke direkt zum Schloss gewählt haben. **A**

❼ Burg und Schloss Hellenstein

Auf der linken, westlichen Seite der Anlage liegt das so genannte „Obere Schloss". Es handelt sich dabei um die Ruinen der alten Burg Hellenstein. Der ursprüngliche Bau wurde wohl in der ersten Hälfte des 12. Jahrhunderts errichtet. Allerdings ist erst für die zweite Hälfte des 12. Jahrhunderts der Name eines Bauherrn greifbar: Degenhard von Hellenstein wurde in den Quellen zwischen 1150 und 1182 mehrfach als Lehensmann des Staufers Friedrich I. Barbarossa erwähnt und von diesem sogar zum „Procurator" über alle königlichen Güter in Schwaben ernannt.

Die weitere Besitzgeschichte der Burg ist wechselhaft. So gelangte sie 1351 als Erblehen an die Grafen von Helfenstein, die sie 1448 an die Württemberger verkauften. Zwischen 1450 und 1503 war sie im Besitz der Grafen von Bayern-Landshut, zwischen 1521 und 1536 gehörte sie der Reichsstadt Ulm, danach wieder den Württembergern. Am 5. August 1530 brannte die Burganlage nieder, wie man dank der schriftlichen Erwähnung dieses Ereignisses im Ratsprotokoll der Stadt Ulm weiß.

1537 wurde unter Herzog Ulrich von Württemberg mit einem Neubau begonnen, der in der Mitte des 16. Jahrhunderts vollendet war. Dessen Ruinen sind erhalten: Man kann einen nördlichen Gebäudetrakt – den ehemaligen Palas – und einen südlichen mit einem dazwischen liegenden Innenhof erkennen. Die an einigen Mauerzügen noch sichtbaren „Buckelquader" stammen wohl von der ersten Burganlage staufischer Zeit. Besonders beeindruckend ist die südwestlich anschließende Bastion, die auch „Runder Turm" genannt wird. Die neue Burg verlor aber bald an Bedeutung und wurde sogar 1797 zum Abbruch freigegeben, da Herzog Friedrich I. von Württemberg zwischen etwa 1595/1600 und 1611 östlich davon im Renaissance-Stil das „Untere Schloss", also das eigentliche Schloss Hellenstein errichten ließ. Dazu gehören in erster Linie die Gebäude nördlich des Schlosshofes. Den höchsten Punkt nimmt dabei die im Westen liegende Schlosskapelle ein. Das Vorbild des Quersaales mit dreiseitig umlaufender Empore und dem Chor an der freien Seite ist in der Stuttgarter Schlosskapelle zu suchen und folgt insgesamt dem Typus altprotestantischer Schloss-kapellen. Von der Innenausstattung sind die vom Kalkschneider Gerhard Schmidt gestalteten Emporen-Stuckreliefs hervorzuheben, von denen noch drei Exemplare mit den Themen Sündenfall, Sintflut und Geburt erhalten sind. Der Chor wird bekrönt von einem achteckigen Turm mit geschweiftem Dach.

Östlich schließen sich die Gebäude der Obervogtei und der Burgvogtei an. Bis zur Mitte des 18. Jahrhunderts dienten sie als Wohn- und Arbeitsgebäude für den herzoglichen Obervogt, der die Landesherr-schaft repräsentierte, und seine Bediensteten. An der nordöstlichen Ecke befindet sich schließlich der von zwei Türmen flankierte so genannte Altanenbau, in dessen Erdgeschoss der Marstall und darunter eine Torhalle integriert sind.

Auf der gegenüberliegenden Hofseite steht der mächtige Fruchtkas-ten. Er gehört im Kern zu den ältesten noch erhaltenen Bestandteilen des gesamten Schlossensembles, da er bereits 1470/71 in der Vorburg der ersten Burganlage errichtet worden ist und vom Brand im Jahre 1530 nicht in Mitleidenschaft gezogen wurde. Vor allem die Dach-konstruktion ist ein imposantes, konstruktionsgeschichtliches Denk-mal der alten Zimmermannskunst. Der gesamte Bau ist ein bedeu-tendes Beispiel spätgotischer Profanarchitektur.

Die Burgruine wird heute von der Stadt Heidenheim für die som-merlichen Opernfestspiele genutzt, während im Fruchtkasten das Museum „Kutschen Chaisen Karren" und im „Unteren Schloss" das Museum Schloss Hellenstein untergebracht sind.

Das Museum Schloss Hellenstein

Die Dauerausstellung des 1901 gegründeten Museums Schloss Hellenstein wird seit 1998 schrittweise aktualisiert. In der Abteilung „Ur- und Frühgeschichte im Kreis Heidenheim" sind Fundstücke von der Altsteinzeit bis zur alamannischen Besiedelung zu sehen. Einen lebendigen Eindruck vom Alltagsleben im 18./19. Jahrhundert in Heidenheim vermittelt die stadtgeschichtliche Sammlung. Landkarten veranschaulichen die territoriale Situation der Herrschaft Heidenheims. Die neu geschaffene Museumsabteilung „Kirchenkunst im Kirchenraum" fand ihren angemessenen Ort in der 1605 erbauten Schlosskirche. Im Saal werden spätgotische und barocke Plastiken sowie Gemälde gezeigt. Die Emporen sind Totengedenktafeln und Holztafelbildern vorbehalten. Mit ihrer hervorragenden Akustik bildet die Schlosskirche auch den Rahmen für kleinere Vokal- und Instrumentalkonzerte. Der Bereich „Altes Spielzeug" bietet einen Ausschnitt aus der bürgerlichen Kinderwelt in Deutschland zwischen 1880 und 1950. In der „Indischen Sammlung Alfred Meebold" ist ein Großteil der Objekte zu sehen, die der Heidenheimer Fabrikantensohn während seiner Reisen durch den indischen Subkontinent Anfang des 20. Jahrhunderts sammelte.

1987 wurde im Fruchtkasten das „Museum für Kutschen, Chaisen, Karren", ein Zweigmuseum des Landesmuseums Württemberg eröffnet. Die Ausstellung fügt sich in vorbildlicher Weise in das historische Gebäude ein.

Weitere Infos im Flyer und S. 293.

Wir verlassen das Schlossgelände wieder durch das Südtor und gehen zur Straße vor, um sie beim Heidenheimer Naturtheater zu überqueren. Das Heidenheimer Naturtheater lassen wir links liegen und gehen auf einem Schotterweg in Richtung Wildpark. Wir kommen direkt auf ein Gehege zu. Wer noch etwas mehr vom Wildpark, in dem unter anderem Hirsche, Wildschweine, Steinböcke und Wasservögel zu sehen sind, erfahren möchte, kann sich nun nach links wenden und am „Hermannsfelsen" vorbei in das Ugental zum Talhof hinunter wandern und von dort zum Auto zurückkehren. Ansonsten bietet es sich an, den Wildpark rechts zu umrunden. Auf der anderen Seite des Geheges stoßen von rechts zwei Wege hinzu, schließlich führt ein dritter Weg direkt hinunter ins Ugental. Über die *Teckstraße* kommen wir wieder zur *Talhofstraße*, linker Hand liegt der Parkplatz.

Kuppenalb und tertiäre Klifflinie

Kurzinfo

Start:	Wanderparkplatz zwischen Gerstetten und Heldenfingen
Anfahrt:	Von Gerstetten in südliche Richtung auf der *L 1164* fahren, nach links der *L 1164* in Richtung Heldenfingen/ Heuchlingen folgen. Nach etwa 1,4 km liegt auf der linken Straßenseite ein Wanderparkplatz.
ÖPNV:	Lokalbahn Amstetten - Gerstetten oder Busverbindungen aus Heidenheim
Strecke:	ca. 16,4 km, abgekürzt ca. 10 km
Dauer:	reine Gehzeit ca. 5 Stunden, Abkürzung: ca. 3 Stunden
Charakter:	leicht hügeliger Rundwanderung mit Ortsbesichtigung

In Verlängerung der Parkplatzeinfahrt führt ein grasbewachsener Weg hinab. Wir erreichen einen quer verlaufenden Schotterweg.

Hier können wir uns schon für die **A** abgekürzte Tour zum Kliff und durchs Hungerbrunnental entscheiden. Für die Abkürzung wählen wir den Weg nach rechts und treffen nach etwa 250 Meter auf die gekennzeichnete Stelle in der Wanderbeschreibung.

Um die längere Tour mit Ortsbesichtigung zu wandern, begeben wir uns auf dem Schotterweg nach links.

Unser Blick fällt geradeaus auf den Ort Gerstetten mit dem gewaltigen Wasserturm. Gerstetten liegt am Rande der **11.1** Kuppenalb.

Kuppen- und Flächenalb

11.1 Eine fossile Nordost-Südwest gerichtete Meeresküste aus der Tertiärzeit, deren Verlauf heute in Heldenfingen oberirdisch sichtbar ist, teilt die Schwäbische Alb in zwei sehr unterschiedliche Landschaften, die Flächenalb und die Kuppenalb.

Im Südosten befindet sich die Flächenalb, eine reine Ackerbaulandschaft. Durch tertiäre Meeresabrasion eingeebnet ist sie heute mit Sedimenten und Löss aus der Tertiärzeit bedeckt. Die im Nordwesten gelegene Kuppenalb besitzt dagegen eine sehr unruhige Reliefgestaltung mit einem hohen Wald- und Grünlandanteil.

Schräg links nur etwa 150 Meter Luftlinie entfernt sehen wir eine Baumgruppe um einen Erdfall. Wir folgen dem Schotterweg, um kurz darauf nach rechts in einen Grasweg abzubiegen, der uns direkt am Erdfall Wissenswert! vorbeiführt. Der Erdfall zeichnet sich als Trichter im Gelände ab. Er ist durch Einsturz des Bodens infolge unterirdischer Auslaugung des wasserlöslichen Gesteins entstanden. Anschließend führt unser Weg in einer leichten Linkskurve etwas bergan, macht dann eine leichte Rechtskurve, um uns schließlich zwischen den Feldern auf einen Asphaltweg zu führen, dem wir nach links folgen. Am Ende des Weges kommen wir direkt auf ein Holzgebäude zu, unter dem der „Hirschwirt's Keller" Wissenswert! gelegen ist. Er wurde 1995-99 durch den Schwäbischen Albverein/Ortsgruppe Gerstetten e.V., die Höhleninteressengemeinschaft Ostalb sowie den Naturschutzbund Gerstetten als Fledermauswinterquartier eingerichtet. Wir folgen der von unserem ursprünglichen Weg nach rechts abzweigenden Straße leicht bergab in Richtung Gerstetten. Kurz vor Erreichen des südlichen Ortsrandes gehen wir bergan und gelangen auf der *Heldenfinger Straße* in den ehemals bedeutsamen Salzhandelsort Gerstetten hinein. Wir bleiben auf der *Heldenfinger Straße*, die schließlich in die *Böhmenstraße* mündet. Noch vor Erreichen der *Hauptstraße* sehen wir auf der rechten Seite die evangelische Michaelskirche. Wir biegen vor der Kirche nach rechts in die *Obere Kirchstraße*. Hinter der Kirche liegt die „Pforte zur Ruhe", ein aufgelassener Friedhof mit altem Baumbestand und zum Teil erhaltener Umfassungsmauer.

① Gerstetten

Aufgelassener Friedhof

Der Friedhof, ausgeführt vom Werkmeister Wulz aus Heidenheim, wurde 1839 nördlich der Kirche als Ortsfriedhof angelegt. Noch heute sind Teile der verputzten, aus Bruchstein gearbeiteten Umfassungsmauer sowie die holzgerahmte Eingangspforte erhalten. Im Suden ist die Umfassungsmauer auf einer kurzen Strecke unterbrochen. Dort befand sich das heute abgegangene Leichenhaus. 1873 wurde der Friedhof etwa 30 Meter nach Osten ausgeweitet. Diese Erweiterung ist heute noch am Verlauf der Einfriedung aus verzierten Steinpfeilern mit dazwischen angeordneten Mauerabschnitten aus Backstein ablesbar. Auch beim Einmarsch amerikanischer Soldaten am 24. April 1945 gefallene deutsche Soldaten fanden hier ihre letzte Ruhestätte. Der Friedhof wurde bis 1959 belegt.

Evangelische Michaelskirche

Die in der *Böhmenstraße 63* gelegene Pfarrkirche wurde am Platz eines mittelalterlichen Vorgängerbaus errichtet. Sie wurde erstmals im Jahr 1225 urkundlich erwähnt. Der Bau der heutigen, schlichten und flach gedeckten Saalkirche erfolgte nach Plänen des Kirchenratsbaumeisters Götz im Jahre 1774. Der Ostturm wurde 1786 angefügt. Er zeichnet sich in den oberen Geschossen durch einen achteckigen Grundriss mit ebenfalls achteckiger Haube aus. Im Zuge dieser Baumaßnahme wurde der östliche Walm des Schiffes durch einen Giebel ersetzt. Der Bau weist an den Längsseiten hohe Rundbogenfenster auf, im Westen drei große Oculi, das sind runde Öffnungen, die neben ihrer Funktion als Fenster dekorativen Wert besitzen.

Im Inneren befinden sich eine zweigeschossige Westempore und ein geschnitzter Kanzelaltar. Der bis 1839 um die Kirche angelegte Friedhof ist erhöht und wird von einer Mauer aus alten verputzten Bruchsteinen mit Ziegelabdeckung umgeben. Im Osten und Südwesten befindet sich je ein Tor. Acht gusseiserne, zum Teil recht aufwändig mit Wappenschmuck gestaltete Epitaphien beziehungsweise Grabkreuze des 16. bis 19. Jahrhunderts erinnern an hier beigesetzte Pfarrer und Bürger.

Im südöstlichen Teil des Kirchhofes befindet sich ein steinernes Kriegerdenkmal, das von einer knienden Soldatenfigur bekrönt ist, die der Stuttgarter Bildhauer Ackerlen entworfen hat. Das Denkmal ist von zwei Stelen flankiert, auf denen die Namen der in den zwei Weltkriegen gefallenen Gerstetter verewigt worden sind. Der Entwurf des Denkmals aus dem Jahr 1921 stammt vom Heidenheimer Stadtbaumeister Beutler. Gegenüber dem Kircheneingang liegt das Pfarrhaus.

Pfarrhaus

Das zweigeschossige, von einem Satteldach abgeschlossene Pfarrhaus wurde in den Jahren 1711/12 anstelle eines aus dem 16. Jahrhundert stammenden Vorgängerbaus errichtet. Im massiven Erdgeschoss befanden sich zumindest im nördlichen Bereich ehemals Ökonomieräume. Die leichten Vorstöße im Dachgeschoss des Südgiebels belegen, dass der verputzte Bau aus Fachwerk errichtet ist. Der Bau zählt zu den schlichten Vertretern des Pfarrhaustyps. Größe und behäbige Proportionen des Gebäudes belegen jedoch eindrucksvoll seine einstige Stellung in der dörflichen Bauhierarchie.

Zum ursprünglichen Ensemble des Pfarrhofes zählten ein massives Wasch- und Backhaus sowie eine Scheuer. Beides ist abgegangen.

Vom Pfarrhaus aus kehren wir auf die *Böhmenstraße* zurück und gehen weiter in Richtung der *Hauptstraße*, die weiterhin *Böhmenstraße* heißt, nun aber rechtwinklig nach rechts abknickt. Wir folgen ihrem leicht bergab führenden Verlauf. Zwischen der auf der rechten Seite schließlich abzweigenden *Wilhelmstraße* und der *Böhmenstraße* liegt ein Fachwerkhaus mit der Nummer 41, das Wohnhaus des herrschaftlichen Amtmannes.

Wohnhaus des herrschaftlichen Amtmannes

Die Errichtung des Hauses mit Wohn-, Stall- und Scheuerteil erfolgte 1713 an der Gabelung zweier dörflicher Hauptstraßen anstelle des dort ursprünglich errichteten, 1634 niedergebrannten Amtshauses. Wissenswert! Das heutige Gebäude ist ein zweigeschossiger Fachwerkbau mit Satteldach und überwiegend massivem verputztem Erdgeschoss. 1850 erfolgte eine Erweiterung durch den damaligen Schultheißen. Nachdem die Näherei Herbst aus Ulm Ende des 19. Jahrhunderts den Bau erworben hatte, wurde der ehemalige Ökonomietrakt 1894 zur Gewinnung von Arbeitssälen durch einen flach gedeckten zweigeschossigen Anbau ersetzt. Im älteren Bauteil ist im Brüstungsbereich freiliegendes Fachwerk in Form von Andreaskreuzen zu erkennen.

Die *Böhmenstraße* führt uns weiter zu einem Kreisel, den wir geradeaus überqueren. Rechter Hand befindet sich in der *Bismarckstraße 2,* im Bereich des früheren Marktplatzes, ein breit gelagerter, eingeschossiger Satteldachbau des frühen 19. Jahrhunderts. Das Haus besaß ehemals als Gasthof „Zum Pflug" Schankrecht und diente der Kaufmannsfamilie Junginger als Wohnsitz. Das Familienoberhaupt ist als Inhaber des Gerstetter Anwaltamtes und Vorsteher des örtlichen Weberhandwerks überliefert.

Auf der gegenüberliegenden Straßenseite, *Marktplatz 1,* befindet sich das ehemalige Schulhaus.

Schulhaus

Das zweigeschossige Gebäude mit Halbwalmdach ist ein gutes Beispiel für einen stattlichen dörflichen Schulhausbau der Zeit um 1825. Der Putzbau wurde nach Plänen des Bauinspektors Manz aus Gmünd errichtet. Er zeichnet sich durch ein massives Keller- und Erdgeschoss mit aufgehendem Fachwerk aus. Seine Proportionen erinnern an spätbarocke Formen. Aufgrund der überlieferten Originalpläne ist bekannt, dass im Erdgeschoss Lehrerwohnung und Ökonomieräume untergebracht werden sollten. Das mit zwei Sälen ausgestattete Obergeschoss war ursprünglich für schulische Zwecke vorgesehen. Diese Planung scheint aber nur bedingt durchgeführt worden zu sein, da das Obergeschoss nachweislich zur Unterbringung des Rathauses diente. Seit der Verlegung der Schule 1876 diente das gesamte Gebäude noch bis 1968 als Rathaus. Heute ist die Musikschule darin untergebracht. Vor dem Eingang steht ein Brunnen, der „Gero" dem Gründer Gerstettens gewidmet ist. An dieser Stelle soll einst sein Urhof gestanden haben.

Wir gehen an der am *Marktplatz* gelegenen Seite um das Gebäude herum und sehen nun bereits die Kirchturmspitze unseres nächsten Zieles. Um dorthin zu gelangen, folgen wir den schmalen Gassen. Über einen kleinen Parkplatz gelangen wir zu der in der *Unteren Kirchstraße 5* gelegenen Kirche St. Nikolaus.

Nikolauskirche

Der früheste Kirchenbau könnte bereits vor 1000 n. Chr. an dieser Stelle bestanden haben. Der erste urkundliche Beleg stammt aber erst aus dem Jahr 1396. Das heutige Erscheinungsbild des lang gestreckten Baus mit einer im Norden angebauten Sakristei ist Folge verschiedener Bauphasen, die unter anderem an den unterschiedlichen Fensterformen ablesbar sind. Um 1400 wurde der Chor, also der östliche Abschluss des vorgotischen Baus aufgegeben, um das Kirchenschiff zu verlängern, um dann durch einen Chorturm abgeschlossen zu werden. Der Chorbogen und somit der ehemalige Zugang zum Chor ist heute verschlossen. 1585 erfolgte eine zweite Verlängerung des Schiffes auf der Westseite. 1705 wurde auf dem Turm mit quadratischem Grundriss ein achteckiger Aufsatz mit Zwiebelhaube installiert.

Um zurück zum Kreisel zu gelangen, gehen wir den kleinen Parkplatz auf der rechten Seite liegen lassend zu der von hier aus bereits zu sehenden *Hauptstraße* (*Bismarckstraße* beziehungsweise *Marktplatz*).

Hier halten wir uns rechts und kommen zum Kreisel, wo wir nach links in die *Karlstraße* Richtung „Bahnhof-Museum" abbiegen. Am Ende der Straße liegt nach etwa 300 Meter auf der rechten Seite das Bahnhotel.

Bahnhotel und Lokalbahn Amstetten - Gerstetten

Der Bau des Bahnhotels ist stark gegliedert. Er besitzt eine symmetrische Schauseite, zwei geschweifte Hauben und eine Freitreppe. Der Bauzeit entsprechend ist das Innere im Jugendstil dekoriert. Das Zentrum der Anlage wird von dem im Hochparterre gelegenen Ballsaal eingenommen. Das Bahnhotel wurde 1905/06 nach Plänen des Heidenheimer Oberamtsbaumeisters Härlen zur Einweihung der Eisenbahn erbaut. Es überliefert sehr anschaulich einen über den ländlichen Raum herausragenden Typus dieser Baugattung.

Erste Überlegungen zum Bau einer Eisenbahnstrecke über die Gerstetter Alb gab es bereits im Jahr 1845. Die Industrieansiedlung sollte gefördert werden. Rund 60 lange Jahre musste die hiesige Bevölkerung aber noch warten, bis endlich 1906 die Eröffnung der 20 Kilometer langen Lokalbahn von Amstetten nach Gerstetten gefeiert werden konnte. Die ursprünglich geplante Verlängerung der Strecke bis nach Herbrechtingen wurde beim Bau zunächst aus Geldmangel zurückgestellt und später komplett verworfen.

Nach knapp 90 Jahren stellte die Württembergische Eisenbahn-Gesellschaft (WEG) im Jahr 1996 ihren Betrieb auf der Lokalbahn ein. In der Folge gelang es dem Verein Ulmer Eisenbahnfreunde e.V. und den an der Strecke liegenden Gemeinden die Zukunft der Nebenbahn auf ein neues, tragfähiges Fundament zu stellen.

Besucher können an allen Sonn- und Feiertagen von Mai bis Mitte Oktober eine Fahrt auf der Lokalbahn unternehmen. Sowohl im Dampfzug als auch im 1956 gebauten Museumstriebwagen T 06 kann man noch einmal die Reisekultur längst vergangener Zeiten erleben.

Weitere Informationen zur Geschichte der Lokalbahn findet man vor oder nach der Fahrt im Eisenbahnmuseum im Bahnhofsgebäude Gerstetten.

Schräg gegenüber des Bahnhotels liegt in der Straße *Am Bahnhof* das **11.2** Riff- und Eisenbahnmuseum.

Präsentation tertiärer Unterwasserwelt und Eisenbahngeschichte

11.2 Im historischen Bahnhofsgebäude Gerstetten ist das Riffmuseum untergebracht. Der Besucher kann sich dort über die Erdgeschichte vor 150 Millionen Jahren informieren. Darüber hinaus wird die reichhaltige Gerstetter Korallenfauna präsentiert. Der Nachbau einer Unterwasserwelt ist trockenen Fußes begehbar. Wissenswert!

5.4

Im Museum befindet sich auch eine GeoPark-Infostelle und im Erdgeschoss findet man Informationen zur Geschichte der Lokalbahn.

Weitere Infos im Flyer und S. 293.

Wir folgen der *Karlstraße* bis nach rechts die *Albuchstraße* abbiegt, von der schließlich nach links die *Teckstraße* abzweigt. Von der *Teckstraße* biegen wird nach rechts in den *Ameisenbühl* ab. Auf der linken Seite liegt nun der Wasserturm, den man besteigen kann. Wenn man ihn auf seinen 200 Stufen erklimmt, bietet sich eine wunderschöne Aussicht auf die Albflächen rund um Gerstetten. Bequemer geht es mit dem Personenaufzug. Verantwortlich für den Besuchsdienst ist der Schwäbische Albverein, Ortsgruppe Gerstetten. Weitere Infos im Flyer und auf S. 293.

Wir folgen dem *Ameisenbühl* bis zum Ende und biegen dort nach links in die *Alleestraße* ein. Dort steht das Naturdenkmal „Deutsche Linde". Sie wurde 1863 anlässlich des 50-jährigen Jubiläums der Völkerschlacht bei Leipzig gepflanzt.

Die abwärts führende *Alleestraße* mündet in den *Müllerweg*. Wir folgen den Hinweistafeln zum „Flugplatz", „Rüblinger Hof" und „Kleingartenanlage" und gelangen so aus dem Ort hinaus. Die Straße verläuft in mehreren Kurven, bis nach rechts ein Asphaltweg abbiegt mit einem Hinweisschild auf die Kleingartenanlage, dem wir nun folgen. Der Weg führt zunächst durch eine Senke.
Auf der gegenüberliegenden Höhe angelangt, treffen wir auf eine T-Kreuzung, der wir nach links auf einem durch die freie Feldflur führenden Weg folgen.

Schließlich gelangen wir zu zwei mit Fichten eingehegten Grundstücken. Wir biegen nach rechts in den vorgelagerten grasbewachsenen Weg ab, der nach einer Senke in eine asphaltierte Straße mündet.

Diese gehen wir den Hang hoch weiter. Links vor uns sehen wir in einiger Entfernung den Hangar und die Flugzeuge des Flugplatzes.

A

Auf die Straße treffen wir auch, wenn wir vom Parkplatz aus die Abkürzung gewählt haben.

Wir folgen diesem Weg vorbei am Naturdenkmal „Zottliger Baum". Dort finden wir eine Bank zum Rasten und können einen schönen Blick über die Kuppenalb und auf den Südrand des Albuchs genießen. Schließlich in Heldenfingen angelangt, wird der Weg als *Breite Straße* bezeichnet.

An der nächsten T-Kreuzung halten wir uns links, indem wir der *Rüblinger Straße* folgen, die schließlich eine Rechtskurve beschreibt. Dann geht nach rechts die *Untere Hirschstraße* ab. Auf der rechten Straßenseite, *Untere Hirschstraße 14*, befindet sich ein **11.3** Tagelöhnerhaus des 17./18. Jahrhunderts, das jedoch neu renoviert wurde. Ursprünglichere Beispiele findet man im linker Hand liegenden *Hügelweg*. Am Ende der *Unteren Hirschstraße* gelangen wir wieder an eine T-Kreuzung. Hier wenden wir uns nach links in die *Raiffeisenstraße.* Schließlich erreichen wir das auf der linken Straßenseite gelegene Kliff.

Tagelöhnerhaus **11.3**

Die geringe Größe der Tagelöhnerhäuser dokumentiert die finanziell und räumlich bedrückenden Verhältnisse der Bewohner, ist also Zeugnis der damaligen Wohnsituation der untersten sozialen Schichten im dörflichen Gefüge.
Seit der Mitte des 18. Jahrhunderts kam es zu einer starken Zunahme an Tagelöhnern. Die Bewohner dieser Häuser verdingten sich im Taglohn, zunächst beim Bauer oder als Waldarbeiter, später auch in gewerblichen Betrieben.
Die Tagelöhnerhäuser in der *Unteren Hirschstraße 14* und im *Hügelweg* markieren den Ortsrand Heldenfingens im 18. Jahrhundert. Die kleinen Tagelöhnerhäuser wurden typischerweise entlang der Ortsränder errichtet.

Wissenswert

❷ Heldenfinger Kliff

Am Heldenfinger Kliff ist die 25 Millionen Jahre alte tertiäre Meeresküste Wissenswert! als Hohlkehle im Weißjurakalk erkennbar. Aufgrund der Einzigartigkeit seiner Überlieferung ist das Kliff, das als besterhaltener fossiler Strand gilt, seit 1934 als Naturdenkmal ausgewiesen. 1936 wurde der schräg ansteigende Meeresboden freigelegt. Größere und kleinere Löcher zeugen von der Bearbeitung durch Bohrmuscheln und Bohrschwämme.

11.1

Wir gehen die *Raiffeisenstraße* zurück bis hinter die Rechtskurve und biegen dann links in die *Friedhofsstraße* ein. Wir erreichen die *Heuchlinger Straße*, der wir nun nach rechts folgen. Auf der linken Straßenseite liegt ein Wohnhaus mit der Nummer 2.

❸ Heldenfingen

Wohnhaus

Das verputzte Wohnhaus ist ein stattlicher zweigeschossiger Bau, der im 17. Jahrhundert mit mächtigem Satteldach errichtet wurde. Im Erdgeschoss massiv, ist das Gebäude im Obergeschoss teilweise, im Giebelbereich vollständig in unter Putz versteckter Fachwerktechnik gestaltet. Das Gebäude gehörte einst zum Widumhof des Klosters Anhausen. Wissenswert! Ihm war 1231 die örtliche Pfarrei angegliedert worden.

12.2

Hinter dem Wohnhaus biegen wir nach links in die *Pfarrgasse* ein. Auf der linken Seite, Hausnummer 3, liegt das Pfarrhaus aus dem 18. Jahrhundert. Dahinter, *Pfarrgasse 5*, befindet sich der Aufgang zur „Heilig-Kreuz-Kirche", die ihr heutiges Erscheinungsbild maßgeblich durch Baumaßnahmen des 18. Jahrhunderts erhalten hat. Wir gehen um die Kirche herum, dann nach rechts in die *Heuchlinger Straße*, vorbei an der rechts liegenden ehemaligen Zehntscheuer, Wissenswert! und schließlich erneut nach rechts in den *Altheimer Weg*. Wir verlassen den Ort und folgen dem Asphaltweg unter einer Brücke hindurch Richtung Wald. Vorbei am Hinweisschild „Schafhof" gelangen wir zur „Heuweghütte" mit Grill-, Spiel- und Parkplatz. An der nächsten Möglichkeit biegen wir nach rechts ab in die Wiesensenke. Dieser Weg führt uns auf einem Schotterweg ins Hungerbrunnental hinab, wo wir uns nach rechts wenden und gleich links unseres Weges den als Naturdenkmal ausgezeichneten Hungerbrunnen vorfinden.

6.6

4 Hungerbrunnen

Der Hungerbrunnen ist eine Karstquelle. Sie fließt unregelmäßig und nur in besonders feuchten Jahren. Dabei kann sie bis zu 700 l/s Wasser schütten. Wenn das Wasser dann einmal fließt, sucht es sich an manchen Stellen seinen Weg selbst und fließt auch über Feldwege. Schüttet die Quelle kein Wasser, kann man das trockene Bachbett als Weg benutzen und die Quelle besteht selbst nur aus einer unscheinbaren, mit Feldsteinen gefüllten Vertiefung.

Das Wasser aus dem Hungerbrunnen fließt der Lone zu. Durch den karstigen Untergrund ist das Bachbett jedoch wasserdurchlässig, und wenn der Karstwasserspiegel insgesamt sinkt, versickert das Wasser wieder. Daher ist es möglich, dass der Bach im Quellbereich zeitweise mehr Wasser führt als im Mündungsbereich.

Dieses Naturphänomen führte dazu, dass der Quelltopf als Kultplatz die Menschen schon immer anzog. Sein Fließen prophezeite feuchte Jahre und damit Missernten mit folgenden Hungersnöten, Krankheiten und Kriege.

Sein größtes Besucheraufkommen mit bis zu 30.000 Menschen erfährt das Hungerbrunnental jährlich beim **11.4** Brezgenmarkt am Palmsonntag.

Der Brezgenmarkt

11.4

Als erster Markt des Jahres findet der Brezgenmarkt jährlich am Palmsonntag im Hungerbrunnental statt. Seit 1533 ist dieser Markt durch Ulmer Ratsprotokolle urkundlich belegt. Hier hat sich der nur noch selten auf der Alb geübte Brauch gehalten, dass junge Männer den Mädchen Brezeln schenken und zum Osterfest dafür Eier von ihnen erhielten. Dieser Brauch ist generell auf den Ulmer Raum und die Ulmer Alb beschränkt. An die Parzelle, in welcher der Hungerbrunnen liegt, grenzen drei Markungen: Heuchlingen, Heldenfingen und Altheim. Die Parzelle galt jahrhundertelang als „Freiplatz". Hier durfte kein „Umgeld", also keine Steuer erhoben werden. Auch die Strafverfolgung soll ausgesetzt gewesen sein. Die Albgemeinden feierten im Frühjahr nach den harten Albwintern mit Markt und Tanz. Übermut blieb da nicht aus und wegen „Verfehlungen aller Art und blutiger Händel" wurde das Fest vom Rat der Stadt Ulm im Jahr 1705 und von der Regierung von Stuttgart im Jahr 1730 verboten. Seit mindestens 1844 lebt der Brauch im alljährlichen Brezgenmarkt fort.

Wissenswert

Wir folgen dem durch das Hungerbrunnental führenden Weg für einen weiteren Kilometer aufwärts. Dann sehen wir auf der rechten Seite ein kleines Schild mit der Bezeichnung „Hohlenstein". Gegenüber einer der kleinen, über das Bachbett führenden Steinbrücke liegt rechts im Wald, etwa fünf Meter vom Wegrand entfernt ein Abri, ein so genannter überhängender Felsvorsprung mit Höhlencharakter. In dessen Nähe wurden frühlatènezeitliche Scherben gefunden.

Wir bleiben weiter auf dem Talweg und passieren ein Hinweisschild „Naturschutzgebiet". Schließlich weitet sich das Tal. Bevor unser Weg den Bachlauf (Schmelzwassergraben) kreuzt, biegen wir hinter einem Felskopf nach rechts ab und gehen den leicht ansteigenden grasbewachsenen Schotterweg am Rande des Feldes hinauf. Auf halber Höhe angekommen, zweigt im Waldeck vor einer starken Eiche rechts ein grasbewachsener Weg im spitzen Winkel in den Wald ab, dem wir bis zum Erreichen eines Schotterweges folgen. Der Weg ist sehr verwachsen und nicht leicht zu erkennen. Den erreichten Schotterweg gehen wir nach links bis zur Kreuzung von vier Schotterwegen weiter und nehmen anschließend den geradeaus führenden Weg, der schließlich in eine lang gezogene Linkskurve übergeht. Wir passieren zwei in dieser Kurve auf der rechten Seite abzweigende Graswege. Beim dritten, ebenfalls nach rechts abzweigenden grasbewachsenen Weg, biegen wir ab. Hier steht das kleine Schild „Hochberg I/2". Unser Weg führt uns zunächst noch etwa 300 Meter durch den Wald, dann wieder hinaus und schließlich auf einen Schotterweg, dem wir rechts zur *L 1164* folgen. Diese überqueren wir und gehen auf der schräg gegenüberliegenden Straße weiter, bis kurz darauf nach rechts ein Asphaltweg abzweigt. Diesem parallel zur Landesstraße verlaufenden und später in einen Schotterweg übergehenden Weg folgen wir. Linker Hand sehen wir bald den Erdfall vom Beginn unserer Tour. Bei der ersten Möglichkeit gehen wir nach rechts auf dem bekannten Weg zu unserem Ausgangspunkt zurück.

Wildbeuter und Raubritter
im Eselsburger Tal

Wildbeuter und Raubritter im Eselsburger Tal

Kurzinfo

Start:	Parkplatz beim Kloster Anhausen
Anfahrt:	Über die *A 7*, Ausfahrt Giengen/Herbrechtingen auf die *B 19* Richtung Herbrechtingen fahren. Hinter Herbrechtingen links auf die *L 1082* nach Bolheim abbiegen, in Bolheim der *L 1164* nach Anhausen folgen. Direkt am ehemaligen Kloster Anhausen befindet sich ein Parkplatz.
ÖPNV:	Bahnverbindungen aus Ulm oder Aalen
Strecke:	ca. 16,5 km, abgekürzt: ca. 10 km
Dauer:	Reine Gehzeit ca. 5,5 Stunden, Abkürzung: 3,5 Stunden
Charakter:	Rundtour mit mehreren mittelschweren An- und Abstiegen und als gesamte Tour anstrengend

Da die gesamte Tour lang und anstrengend wäre, wird empfohlen, sie in zwei Routen zu wandern. Route I beginnt beim Kloster Anhausen und führt über den Falkenstein nach Eselsburg und von dort auf der anderen Talseite wieder zurück.

Das Eselsburger Tal – Die Talschlinge der Brenz

Wissenswert 12.1

Das unter Naturschutz und damit unter gewissen Verboten stehende Eselsburger Tal zählt zu einem der landschaftlich großartigsten Flusstäler auf der Ostalb. Die Brenz umfließt als Schlinge den mit einem Bannwald bestockten Umlaufberg Buigen. Wachholderheiden, Felsen, Feuchtgebiete und Hangwälder sowie die Abgeschiedenheit des Tales bieten Lebensraum für eine besonders große Zahl von Pflanzen- und Tierarten.

Die etwa 7 Kilometer lange Schlinge ist im sonst eher geradlinigen Brenztal eine auffällige Erscheinung. Das war aber nicht immer so: In früheren Zeiten floss die damals sehr viel mächtigere Urbrenz in mehreren solch großen Talschlingen über die Ostalb. Bei der raschen Eintiefung des Brenztals während des Pleistozäns wurden die Schlingen eine nach der anderen abgeschnitten, als letzte, vor 20 000 bis 50 000 Jahren, die um Schloss-, Stett- und Kagberg **Wissenswert** bei Hermaringen. Übrig geblieben ist bis heute gerade noch die Schlinge des Eselsburger Tals, denn auch bei ihr hat die Brenz am nördlichen Ortsrand von Herbrechtingen den Durchbruch schon fast geschafft.

13.1

Auch im Eselsburger Tal sind die für alle Täler im obersten Weißjura der südlichen Ostalb typischen gesteinsabhängigen Unterschiede in der Talausformung zu sehen. Wo der sehr standfeste Massenkalk ansteht, sind die Talwände steil und mit Felsen bestückt. Im Bereich der geschichteten Kalke und Zementmergel ist das Tal breiter, die Talhänge sind durch Rutschungen abgeflacht, Felsen gibt es hier nicht.

Route II beginnt am Wanderparkplatz oberhalb von Eselsburg an der *L 1079*. Von dort können wir über die Burgruine Eselsburg ins Tal wandern. Hierzu gehen wir vom Parkplatz zum Ortsschild Eselsburg und auf dem Grasweg rechts der Straße entlang. Vorn an der Kuppe angekommen, gehen wir den Grasweg rechts weiter und an einer Kleingartenanlage vorbei. Geradeaus, zwischen den Hecken hindurch, wird der Weg enger. Links von uns liegen die Ruinen der einstigen Burg Eselsburg. Nach einer Erkundung können wir unseren Weg wie auf S. 204 f. beschrieben, fortsetzen und genießen einen wunderschönen Blick ins **12.1** Tal hinab.

❶ Die ehemalige Benediktinerabtei St. Martin in Anhausen

Direkt gegenüber dem Ausgangsparkplatz befinden sich die Gebäude des ehemaligen **12.2** Benediktinerklosters St. Martin. Die ursprünglich romanische Klosteranlage wurde in unterschiedlichen kriegerischen Auseinandersetzungen schwer in Mitleidenschaft gezogen und am Ende des 15. Jahrhunderts im gotischen Stil erneuert. Nach weiteren Umbauten und Ergänzungen erfolgte 1831/35, einige Jahre nach der Säkularisierung, der Abbruch der Klosterkirche.

Die meisten Klostergebäude sind heute in privater Hand und daher nicht öffentlich zugänglich. Außer der im Norden und Südosten des ehemaligen Konventareals recht gut erhaltenen Klostermauer existieren noch der zweigeschossige Westflügel, ein Teil des Südflügels und im Winkel zwischen beiden die dreigeschossige ehemalige Oberamtei mit Abschnitten des gotischen Kreuzganges. Ein Teil des Gebäudes wird als „Winterkirche" bezeichnet, weil dort 1729 für die Bewohner Anhausens ein Kirchenraum eingerichtet worden ist. Südlich des rechts davon angebauten, modernen Scheunen- und Stallbaus befindet sich die dreigeschossige ehemalige Prälatur, der **12.3** Sitz des Prälaten, mit zwei Erkertürmen. Bereits aus nachreformatorischer Zeit

(17. Jahrhundert) stammen zwei kleine, hinter der Prälatur gelegene Wohnstallhäuser in verputzter Fachwerkkonstruktion. Sie dienten wohl als Unterkünfte einiger Klosterbediensteten.

Eine Scheune im Süden der beschriebenen Baugruppe wurde in den 1930er Jahren zu einem Bauernhof mit Wohnteil umgebaut. Das zweigeschossige Torgebäude des 18. Jahrhunderts im Westen wird heute von einem Restaurant eingenommen, im Süden schließt ein Ökonomietrakt an. Schließlich verdient noch das im Garten zwischen Westflügel und Torhaus gelegene Wasch- und Backhaus des 19. Jahrhunderts Beachtung.

Die Benediktiner in Anhausen

Wissenswert

Um das Jahr 1095 war das Kloster St. Martin in Langenau (Alb-Donau-Kreis) vom Pfalzgraf Adalbert und seinen Brüdern gegründet, 1125 aber nach Anhausen verlegt worden, da die hohe Bevölkerungsdichte und der lebhafte Verkehr in Langenau dem Klosterleben abträglich gewesen waren. Dank einer Urkunde aus dem Jahr 1143, die auf Bischof Walter von Augsburg, einen der letzten Angehörigen des Stiftergeschlechts zurückgeht, ist man über den Grundbesitz des Klosters sehr gut unterrichtet. Es war bei seiner Gründung reich ausgestattet worden und besaß Güter in 55 Orten und einigen Walddistrikten, hauptsächlich auf der Ulmer, Heidenheimer und Geislinger Alb. Zwei Lagerbücher von 1474 und 1538 lassen die Entwicklung des Klosterbesitzes erkennen und besonders das Bestreben, den Güterkomplex im direkten Umfeld des Klosters zu verdichten.

Das sehr bedeutende Kloster wurde durch seine Vögte – nach den ursprünglichen Stiftern folgten zunächst die Staufer, dann die Grafen von Helfenstein und schließlich die Württemberger – immer wieder in Auseinandersetzungen verstrickt und erlitt im Städtekrieg 1449, im Bayerischen Erbfolgekrieg 1504 und im Markgrafenkrieg 1552 schwere Zerstörungen. Die Einführung der Reformation im Jahr 1536 wurde zunächst unterbrochen und erst 1552 fortgeführt. Die Klosterherrschaft verwandelte sich damit in ein herzogliches Klosteramt, das neben den evangelischen Äbten (Prälaten) von weltlichen Beamten verwaltet wurde. Lediglich für eine kurze Zeitspanne während des 30jährigen Krieges kam es zu einer Restitution des Konvents. Schließlich erfolgte 1806 die Säkularisierung des Klosteramtes und die Überführung Anhausens in das Oberamt Giengen, später Heidenheim.

Vom Parkplatz aus wenden wir uns zur Straße, überqueren diese und folgen dem Schotterweg *Kapellenweg*, der schräg rechts gegenüber einmündet. Hier verläuft auch die für Fahrräder ausgeschilderte „Brenz-Tour". Am Waldrand angekommen gehen wir geradeaus weiter auf dem HW 4 (roter Strich auf weißem Grund) in Richtung Falkenstein und Eselsburg. Der Pfad schlängelt sich den Hang hinauf, kreuzt einen breiten Waldweg und führt weiter innerhalb des Waldes am links liegenden Felsabhang entlang. Nach wenigen hundert Metern trifft man auf eine Asphaltstraße und folgt dem schräg rechts gegenüber als Feldweg weitergehenden HW 4. Der Pfad kommt nach kurzer Wegstrecke an einem schönen Aussichtspunkt über das Eselsburger Tal vorbei und verläuft ab hier innerhalb des Waldrandes. Kurz bevor der Weg wieder aus dem Wald heraustritt und von rechts ein Feldweg einmündet, ist linker Hand ein kleines, in das Eselsburger Tal hinausragendes Felsplateau zu sehen. Darauf befand sich vermutlich die Burg der Ritter von Hürgenstein.

Bitte die Verbote von Naturschutzgebieten beachten!

❷ Die Burg Hürgenstein der Hürger-Ritter

Vom Weg aus einige Meter in Richtung des Felsplateaus liegt der Halsgraben, der die Burg zur Hochfläche absichern sollte. Auf dem über dem Brenztal gelegenen Felsklotz sind von der Kernburg außer weniger Mauerreste kaum Spuren im Gelände erhalten. Allerdings lässt sich anhand der Gesamttopografie des heute unzugänglichen Felsens ein Eindruck von der ehemaligen Ausdehnung der Burganlage gewinnen, zudem ist der Burgname noch als Flurname bekannt.

1216 wird zum ersten Mal ein „Hurgerus miles", also ein Ritter Hurger genannt. Durch weitere Familienmitglieder lässt sich das Geschlecht der Hürger bis zur Mitte des 15. Jahrhunderts verfolgen. Unter anderem war Jakob Hürger von 1390 bis 1409 Abt des Klosters von Anhausen und Ulrich Hürger gehörte 1414 zu den Ministerialen der Grafen von Helfenstein.

Der Besitz des Niederadelsgeschlechts wird erst im frühen 14. Jahrhundert durch eine Reihe von Verkäufen deutlich, die gleichzeitig den Niedergang der Familie dokumentieren. So kommen umfangreiche

Besitzungen sowie Pfründe 1328 und 1339 an das Kloster Anhausen. Nachrichten, die sich explizit auf die Burg beziehen, sind rar und liegen erst ab 1399 vor. Allerdings führt die Familie seit 1264 den Namenszusatz „von Hürgerstein", was die Existenz der Burganlage indirekt andeutet. 1429 wird sie explizit als „Burgstall" erwähnt und auf der Giengener Forstkarte von 1591 als „öd" bezeichnet. Vermutlich wurde die Anlage im frühen 15. Jahrhundert aufgelassen. Sie war bereits seit der zweiten Hälfte des 14. Jahrhunderts nicht mehr im Besitz der Hürger, sondern über die Württemberger an die Grafen von Gültlingen gelangt, die die Burg schließlich an die Ulmer Familie Ferber verkauften, welche sie gegen Leistung einer Leibrente dem Kloster Anhausen übergaben.

Archäologisch interessant ist außerdem, dass sich am Fuß des Burgfelsens, dessen Name „Hirgensteintor" lautet, Höhlen oder Felsdächer befinden, bei denen in den 1950er Jahren unter anderem Funde des Mittelpaläolithikums, also der Zeit zwischen etwa 125.000 bis um 30.000 v. Chr. gemacht werden konnten.

Weiter dem HW 4 am Waldrand entlang folgend erreichen wir nur wenig später die Domäne Falkenstein. Der Weg leitet uns an Ställen vorbei, bis eine Zufahrt auf der linken Seite zum ehemaligen Burggelände abbiegt.

❸ Die ehemalige Burg und Domäne Falkenstein

Die Burganlage derer von Falkenstein gliedert sich in eine auf der Hochfläche liegende Vorburg und eine auf einem Felsen über dem Brenztal thronende Hauptburg. Auf dem Areal der Vorburg haben sich spätgotische Reste des 15. Jahrhunderts im so genannten Pächterhaus und der dahinter liegenden, in einem Turm untergebrachten Kapelle erhalten. Auf dem Weg zur Hauptburg liegen diese Gebäude auf der rech- ten Seite. Bei der Kapelle informiert eine kleine Hinweistafel über die Geschichte der Anlage. Über eine moderne Brücke erreicht man das Areal der Hauptburg, wo anhand von wenigen Mauerresten und Podien die Standorte der Gebäude zu erkennen sind. Wiederum bietet sich ein schöner Blick über das Eselsburger Tal.

Die Burg selbst wird explizit erst 1331 in den Quellen genannt. Mit Gotebert von Falkenstein ist allerdings um die Mitte des 12. Jahrhunderts ein Angehöriger der Familie bekannt, der sich schon nach der Namen gebenden Burg nennt. Nach 1283 verschwindet die Familie von Falkenstein aus der schriftlichen Überlieferung. Die Burganlage kommt über den Erbgang im Jahr 1260 an die Familie von Faimingen und ist in den folgenden Jahrhunderten samt Besitzungen in den Händen verschiedener Adelsfamilien nachweisbar. Nach Zerstörungen im 30jährigen Krieg wurde die einstmals imposante Anlage 1740 teilweise abgebrochen und im Jahr 1818 gänzlich bis auf die heute sichtbaren Reste niedergelegt. Sie befindet sich heute in Privatbesitz.

Für den Rückweg nehmen wir vom Areal der Hauptburg aus die „Fluchttreppe", die zunächst steil hinunter und dann an einer Wiese entlang wieder hinauf auf die Hochfläche und dort auf einen Asphaltweg zuführt. Diesen gehen wir nach links weiter und biegen nach einem kurzen Stück auf einen geschotterten Feldweg nach links ab. Gleich darauf zweigt nach rechts ein Feldweg ab, der zunächst am Waldrand entlang und später innerhalb des Waldes verläuft. Etwa 175 Meter nach einem scharfen Knick nach rechts befindet sich nur etwa 30 Meter links im Wald ein großer Grabhügel, aus dem vermutlich eine mittelbronzezeitliche Bestattung stammt. Er ist jedoch unter dem Bewuchs schwer zu erkennen.

Der HW 4 führt auf einen Parkplatz zu, den wir nach links gewandt überqueren. Auf der anderen Seite zweigt nach links ein Weg Richtung Eselsburg ab. Bei der folgenden Weggabelung nehmen wir den Weg ganz links und folgen diesem ins Tal. Nach etwa 250 Meter sehen wir auf der rechten Seite die Felsen der Spitzbubenhöhle.

④ Die Spitzbubenhöhle & Co. im Eselsburger Tal

Im Eingangsbereich der in einem Seitental der Brenz gelegenen **12.3** Spitzbubenhöhle sollen bereits zu Beginn des 19. Jahrhunderts Nachforschungen stattgefunden haben. Nachdem dem Denkmalamt in den 1960er Jahren zunächst einige Funde gemeldet worden waren und schließlich eine Raubgrabung entdeckt wurde, fanden 1970 und 1971 reguläre Ausgrabungen des Urgeschichtlichen Instituts der Universität Tübingen statt. Dabei stieß man auf eine Schichtenfolge, die im jüngeren Abschnitt eine sporadische, mittelalterliche bis neuzeitliche Begehung des Felsschutzdaches belegt. Neben sehr wenigen Scherben der Jungsteinzeit und der Bronzezeit konnte in der älteren Fundschicht vor allem eine Nutzung während der ausgehenden jüngeren Altsteinzeit, dem Jungpaläolithikum nachgewiesen werden. Die von Menschen hergestellten Artefakte bestanden aus Hornstein und Bohnerzjaspis – Rohstoffen, die in der Umgebung der Fundstelle natürlich vorkommen. Sie gehören in eine Epoche, die nach einem französischen Fundort als Magdalénien bezeichnet wird und etwa zwischen 16.000 und 12.000 v. Chr. anzusetzen ist. Die aufgefundenen Tierknochen, Abschläge und Werkzeuge – besonders Klingen,

12 Herbrechtingen – Eselsburger Tal

Kratzer, Bohrer und Stichel – lassen darauf schließen, dass eine kleine Menschengruppe den Eingangsbereich der Höhle aufsuchte, um an einem Schlagplatz Steinwerkzeuge anzufertigen, mit denen sogleich die Jagdbeute zerlegt und zubereitet wurde. Die Analyse der Knochenfunde zeigte, dass Pferde, Rentiere, Hasen und Füchse die hauptsächlich gejagten Tierarten waren.

Höhlen und Abris, Aufenthaltsorte von Neandertalern und frühen anatomisch modernen Menschen

12.3 Es ist schon auffällig, dass die Fundstellen der Altsteinzeit im süddeutschen Raum und speziell auf der Schwäbischen Alb fast ausnahmslos an Höhlen oder unter den Überhängen von Felsen – so genannten Abris – liegen. Es entsteht der Eindruck, Neandertaler und frühe anatomisch moderne Menschen hätten sich ausschließlich an diesen Plätzen aufgehalten und sich besonders die Höhlen als mehr oder weniger dauerhafte Wohnungen hergerichtet.

Dieses Bild trügt jedoch. Zunächst haben die Menschengruppen natürlich auch Plätze unter freiem Himmel aufgesucht und sich dort länger aufgehalten. Diese Stellen sind aber in den letzten Jahrtausenden durch Umwelteinflüsse wesentlich stärker in ihrem Bestand dezimiert worden als die Plätze an Höhlen und Abris, die durch den natürlichen Felsschutz ihre Substanz besser bewahren konnten und heute für Archäologen günstigere Auffindungsbedingungen bieten.

Höhlen und Abris wurden außerdem nicht ständig besiedelt, sondern im Zuge des Umherschweifens der Menschengruppen innerhalb eines Jagdreviers regelmäßig im Verlauf eines Jahres aufgesucht. Dies dürfte auch auf die Fundstellen im Eselsburger Tal zutreffen. Sie dienten als Felsschutzdächer, die einen trockenen und windgeschützten Unterschlupf boten. Dabei wurde selbst bei Höhlen nur der Eingangsbereich genutzt, aber nie die eigentlichen Höhlenräume.

Von der Spitzbubenhöhle kehren wir zurück auf den Hauptweg und gehen nach rechts weiter ins Tal. Am Waldrand wenden wir uns nach rechts in Richtung Eselsburg. Die weiteren Fundstellen befinden sich entlang des Weges jeweils ein gutes Stück rechts im Wald und sind schwer bis gar nicht zugänglich.

Bis zum Ortseingang von Eselsburg sind von unserem Weg aus weitere Felsen hoch im Wald des Eselsburger Tal zu sehen. Von vier dieser Abris – den Malerfelsen I und II, der Eselsspalte und der Fröscherwand – liegen durch Aufsammlungen oder Sondagen archäologische **12.3** Funde vor.

Von den Funden vom Malerfels I gehören nur wenige ebenfalls dem Magdalénien an, während die Hauptnutzungszeit des Abris in der Mittelsteinzeit, dem so genannten Mesolithikum liegt. Typisch für diese Epoche sind die sehr kleinteiligen, als Mikrolithen bezeichneten Steinartefakte. Von den übrigen Felsschutzdächern sind nur sehr wenige Artefakte bekannt geworden, die in der Mehrzahl analog zu den übrigen, größeren Fundstellen ebenfalls an das Ende der jüngeren Altsteinzeit zu datieren sind. Sie zeigen ein sporadisches Aufsuchen der Abris, wahrscheinlich zu Jagdzwecken an. Das trifft auch auf das so genannte Abris Klemmer zu, das sich nördlich von Eselsburg und etwa 175 Meter südlich der Steinernen Jungfrauen Wissenswert! di-
12.4 rekt auf der rechten Seite des Wanderweges befindet.

Die paläolithischen und mesolithischen Fundkomplexe sind zwar von großer Bedeutung, doch sollte nicht vergessen werden, dass Funde der bandkeramischen Kultur, die dem älteren Neolithikum angehört, ein sehr frühes Ausgreifen der ersten Viehzüchter und Ackerbauern auf die Gebiete der Schwäbischen Alb anzeigen. Die landschaftsverändernden Einflüsse dieser neuen Bevölkerung werden um einiges nachhaltiger gewesen sein als die der als Wildbeuter lebenden Menschengruppen des Magdalénien.

Auf der nun asphaltierten Straße – der *Falkensteiner Straße* – gehen wir nach Eselsburg hinein. Am Ende der *Falkensteiner Straße* kommt man an eine T-Kreuzung. Wendet man sich dort nach rechts in die Talstraße, kommt man nach wenigen Metern zu einem auf der rechten Seite liegenden Bauernhaus.

⑤ Der Ort Eselsburg

Das in jüngerer Zeit renovierte Bauernhaus (*Talstraße 10*) ist ein eingeschossiger Bau mit Satteldach, besitzt massive Umfassungswände und ist ansonsten in Fachwerk errichtet. Das 1858 erbaute Haus weist im Inneren noch weitgehend die ursprüngliche Aufteilung mit Hausgang, Küche, Stube und Kammer auf, selbst in dem vom Wohnteil durch eine Tenne abgetrennten Stall zeigen steinerne Futtertröge und der Bodenbelag ebenfalls den ursprünglichen Ausbau an.

Gegenüber befindet sich die Zehntscheune (*Talstraße 11*) Wissenswert! des Ortes, ein schlichtes Gebäude des 18. Jahrhunderts in mas-
6.6 siv ausgemauertem Fachwerk. Das Satteldach, dessen Dachstuhl in wesentlichen Teilen noch der Originalsubstanz entspricht, weist straßenseitig einen merklichen Traufenüberstand auf, um die Eingangsfront mit dem mittig angeordneten Tennentor vor der Witterung zu schützen.

Am Ortsausgang liegt auf der linken Seite des Weges die Mühle von Eselsburg (*Talstraße 23*). Das lang gestreckte, zweigeschossige Mühlengebäude mit Satteldach aus der ersten Hälfte des 18. Jahrhunderts steht wohl an der Stelle eines älteren Vorgängerbaus. Auf der zur Brenz gewandten Seite lag ein inzwischen zugeschütteter Mühlkanal, auf den sich die noch erhaltene Radstube hin orientiert. Nur im straßenseitigen Teil des Obergeschosses befand sich der Wohnteil der Mühle, die übrigen Hausteile dienten dem Mühlbetrieb. Von der Mühleneinrichtung haben sich allerdings nur geringe Reste erhalten. Erwähnenswert sind außerdem die straßenseitigen Zugänge mit ihren profilierten Holzgewänden.

Extratour zur Burgruine Eselsburg:

Um zur Burgruine Eselsburg zu gelangen, muss man von der *Falkensteiner Straße* kommend rechts die etwas steile *Burgstraße* hinaufgehen, die schließlich nach links abknickt. Nach etwa 40 Meter zweigt auf dem Hügelkamm ein grasbewachsener Weg nach links ab. Dieser führt schließlich an einem auf der rechten Seite liegenden und durch einen Zaun abgetrennten Areal entlang. Linker Hand befindet sich schon der Halsgraben der Burg. Wo sich der schmale Weg erweitert, kann man über einen nach links abzweigenden Pfad den Burggraben durchqueren und zur Kernburg gelangen, von wo sich ein wunderschöner Blick ins Eselsburger Tal ergibt.

❻ Die Burgruine Eselsburg

Von der durch einen doppelten Halsgraben gesicherten, auf einem schroff abfallenden Bergsporn gelegenen Burgstelle sind, abgesehen von den Geländeformen, nur noch wenige Mauerreste obertägig sichtbar. Angehörige der Familie von Eselsburg sind zum ersten Mal 1244 in den Quellen fassbar. Sie gehören zunächst dem Umfeld der Grafen von Dillingen an, später sind sie Ministerialen des Hochstifts Augsburg. Ab dem frühen 14. Jahrhundert findet man sie dann im Gefolge der Grafen von Helfenstein. Ab 1327 bezeichnet sich die Familie selbst als „Esel von Eselsburg". Zahlreiche Güterverkäufe in der Folgezeit machen den allmählichen Niedergang der Familie deutlich, noch vor 1385 verlieren sie sogar ihre Stammburg. Nach wechselnden Besitzern erscheint die Burg in der Mitte des 15. Jahrhunderts als

Reichslehen. Nach mehreren Zerstörungen und Wiedererrichtungen sowie mehrfachem Besitzerwechsel kommt sie 1593 an Württemberg und verfällt in der Folgezeit. Nach weiteren Zerstörungen im Dreißigjährigen Krieg wird sie letztlich ganz aufgegeben und die Gebäude abgetragen.

Wir verlassen das Burgareal auf dem Pfad, den wir gekommen sind, und halten uns nach Überwinden des Burggrabens nun links. Der unscheinbare Pfad führt über den mit einer Wacholderweide bestandenen Bergrücken namens „Hölzle" allmählich wieder ins Tal hinab. Schließlich stoßen wir auf die im Tal verlaufende Straße. So gehen wir auch, wenn wir Route II wandern möchten. Die lange Wanderung geht nun nach rechts weiter, die **A** abgekürzte Route führt nach links und dann nach rechts über die Brücke auf die andere Talseite.

Wegstrecke, Route I ohne Besuch der Burgruine Eselsburg:
Auf der *Talstraße* gehen wir weiter zum Ort hinaus und gleich darauf links über eine Brücke. Auf der anderen Flussseite wenden wir uns nach links. Der Schotterweg führt uns am Waldrand entlang durch das Eselsburger Tal wieder zurück Richtung Anhausen. Beim Zeichen **A** auf Seite 211 ist beschrieben wie wir durch das Eselsburger Tal nach Anhausen zurück gehen.

Lange Wanderstrecke oder Route II:
Die Straße in Richtung Herbrechtingen beschreibt zunächst eine lang gezogene Rechts- und danach eine leichte Linkskurve. Hinter dieser befindet sich auf der rechten Seite direkt am Weg das schon erwähnte Abri Klemmer. Etwa 175 Meter weiter stehen am rechten Wegesrand **124** die „Steinernen Jungfrauen". Es handelt sich dabei um eine bizarre Felsformation, die die Brenz im Laufe der Zeit aus dem anstehenden Massenkalk heraus gewaschen hat.

Die Sage von den Steinernen Jungfrauen   **12.4**

Der Sage nach lebte auf der Burg Eselsburg ein Burgfräulein, welches so hohe Ansprüche hatte, dass ihr kein Mann genügen konnte. So blieb sie ihr Leben lang allein, wurde hartherzig und fing an, alle Männer zu hassen. Selbst den beiden auf der Burg arbeitenden Mägden verbot sie jeglichen Umgang mit Männern. Die Mädchen befolgten die Anordnungen, freundeten sich aber im Laufe eines Frühlings mit einem musizierenden Fischer an, den sie beim Wasserholen am Fluss kennen gelernt hatten. Ihre Herrin schöpfte Verdacht und folgte den Mägden eines Abends zum Fluss. Dort entdeckte sie die drei und schrie voller Wut: „Werdet zu Stein! Das ist die Strafe für euren Ungehorsam!" Die Mädchen erstarrten daraufhin zu den heute sichtbaren Felsen am Rande des Fischweihers. Die Burgherrin aber wurde in der folgenden Nacht vom Blitz erschlagen und die gesamte Burg brannte nieder.

Wissenswert

Foto: Anneliese Patzig

Etwa 225 Meter hinter den „Steinernen Jungfrauen" zweigt auf der rechten Seite der Straße ein schmaler Pfad ab. Wer einen kleinen Abstecher machen möchte, kann diesem Pfad auf den nahe gelegenen **12.5** Radberg folgen.

Die Befestigung auf dem Radberg

12.5

Wissenswert

Der Pfad führt in einem Taleinschnitt den Hügel hinauf. Oben angekommen, wenden wir uns nach links und gelangen so auf die Kuppe des über das Eselsburger Tal hinausragenden Hügels. Am Rande des Plateaus kann man eine schwache Erhebung erkennen, die Reste eines ehemaligen Umfassungswalles. Hier befand sich eine eisenzeitliche Befestigungsanlage, die bereits in den 1920er Jahren erstmals sondiert worden ist. Größere Ausgrabungen führte das Institut für Vor- und Frühgeschichte der Universität Tübingen in den 1980er Jahren durch. Spuren einer Bebauung konnten auf dem Burgplateau nicht mehr festgestellt werden. Die Befestigung selbst bestand aus einer Mauer, die mithilfe von Kalksteinen, Erde und einer inneren Holzarmierung erbaut worden war. Eine leichte Einsattelung des Walls an der südlichen Flanke des Plateaus entpuppte sich als ehemaliges Tor. Auch wenn eine Vielzahl an Funden eine intensive Nutzung des Platzes in der Hallstatt- und frühen La-Tène-Zeit belegt, scheint die Anlage der Mauer und ihre Zerstörung erst in der Spät-La-Tène-Zeit stattgefunden zu haben. Angesichts der beherrschenden Lage des Radberges ist es nicht verwunderlich, das der Platz zu verschiedenen Zeiten aufgesucht wurde, vielleicht, um den Verkehr im Tal zu kontrollieren.

Wir verlassen den Hügel über den nordöstlich gelegenen, talähnlichen Einschnitt und gelangen so über einen Pfad wieder auf die im Tal verlaufende Teerstraße, der wir nach rechts in Richtung Herbrechtingen folgen.

Ohne den Abstecher bleiben wir auf der Straße, die geradewegs nach Herbrechtingen hineinführt. Wir kommen kurz nach dem Ortseingang an der alten, 1799 errichteten Herbrechtinger Mühle vorbei, in der heute ein Heimatmuseum untergebracht ist. Weitere Infos hierzu im Flyer und S. 294. Dargestellt ist das Leben in einem Dorf auf der Ostalb vor etwa 150 Jahren.

Die *Eselsburger Straße* führt weiter nach Herbrechtingen hinein. Auf der linken Seite erkennt man bald die Mauer und die weißen Gebäude des ehemaligen Klosters von Herbrechtingen.

⑦ Das Stift St. Dionysius in Herbrechtingen

Betritt man den Innenhof des schon in der Karolingerzeit gegründeten **12.6** Klosters von der *Eselsburger Straße* aus, so erstreckt sich auf der linken Seite die ehemalige Propstei (Haus-Nr. 10). Der zweigeschossige Massivbau des 16. Jahrhunderts besitzt Gewölbekeller und im Erdgeschoss eine Durchfahrt zum westlichen Klosterareal, an dessen südlicher Seite entlang der *Eselsburger Straße* die alte Klostermauer verläuft. Unter dem Gebäude und dem zugehörigen Grundstück fließt ein von der Brenz abzweigender Kanal in einem gewölbten Schacht, der in der Gaststätte „Hirschbachkeller" offen sichtbar ist.

Der nordseitige Fachwerkanbau stellt die Verbindung zum Fruchtkasten (Haus-Nr. 8) her. Das dreigeschossige, sowohl massive als auch in Fachwerk ausgeführte Gebäude fällt vor allem durch seine zweigeschossige Aufzugsgaube auf. Bei der Errichtung des Baus im 16./17. Jahrhundert verwendete man wohl ältere, ursprünglich zum südlichen Konventsflügel gehörende Gebäudeteile. Eine rückwärtig zur Stiftskirche verlaufende Mauer ist vermutlich der Rest des abgegangenen Westflügels. Die Stelle des südlichen Konventflügels wird seit Ende des 18. Jahrhunderts vom ehemaligen Kameralamt (Haus-Nr. 6) eingenommen. Teile der darunter liegenden Kellergewölbe dürften noch in die Gründungszeit des Klosters (8./9. Jahrhundert) zurückreichen. Über eine Einfahrt rechts daneben gelangt man zum heute nicht mehr sichtbaren Kreuzgang.

12 Herbrechtingen – Eselsburger Tal

Der Haupteingang der Stiftskirche liegt auf der anderen Seite. Um dorthin zu kommen, biegt man am Ende der *Eselsburger Straße* nach links in die *Lange Straße* ein, um sich nach weiteren 100 Meter wiederum nach links zum Friedhof zu wenden. Man passiert hier den bemerkenswerterweise freistehenden, im unteren Teil noch romanischen Glockenturm. Er weist im hochgelegenen Erdgeschoss einen gewölbten Kapellenraum auf, während sich im unteren Teil Reste eines romanischen Torhauses mit Torkapelle befinden. Über den bereits 1171 in der Gründungsurkunde des Augustiner-Chorherrenstifts erwähnten Friedhof gelangt man schließlich zur ehemaligen Stiftskirche, der heutigen evangelischen Pfarrkirche. Spätgotische, zum Teil sogar romanische Reste (Rundbogenfenster mit Mäanderfries) haben sich im Chor erhalten, ansonsten ist die Bausubstanz durch spätere Eingriffe überprägt.

Die Geschichte des Herbrechtinger Stiftes

12.6

Wissenswert

Wohl um 760 gründete Abt Fulrad von St. Denis auf seinem Eigengut in Herbrechtingen eine erste Mönchszelle und übertrug dieser die Gebeine des Märtyrers Veranus. 774/76 stattete Karl der Große das Kloster mit Gütern aus dem örtlichen königlichen Besitz aus. Zwar war der Konvent anfangs den Heiligen Veranus und Dionysius geweiht, doch in der Folgezeit setzte sich das Dionysiuspatrozinium durch. Zu einem unbekannten Zeitpunkt, aber wohl vor 1046, als Kaiser Heinrich III. in Herbrechtingen weilte, wurde das Kloster in eine Gemeinschaft von Weltgeistlichen umgewandelt. Kaiser Friedrich I. Barbarossa richtete dann 1171 ein Augustiner-Chorherrenstift ein. Die weitere Geschichte des Konvents ist wenig erforscht, lediglich sein Ende lässt sich besser fassen. Nach der Inbesitznahme der Herrschaft Heidenheim durch die Württemberger wurde die Einführung der Reformation ab 1536 vorangetrieben. Nach einer kurzen Phase der Restitution wurde das Stift 1554 endgültig aufgehoben, die Wiederbesiedlung durch Chorherren aus Wettenhausen während des Dreißigjährigen Krieges blieb nur eine Episode. Die Verwaltung des ausgedehnten Klosterbesitzes lag fortan in den Händen des Klosteramtes Herbrechtingen. Teile des westlichen Klosterareals wurden im 19. Jahrhundert von einer Baumwollspinnerei genutzt und sind erst kürzlich aus der gewerblichen Nutzung herausgenommen und von der Stadt Herbrechtingen renoviert worden. In den übrigen Konventgebäuden sind heute ein Kulturzentrum und die Evangelische Fachschule für Sozialpädagogik untergebracht.

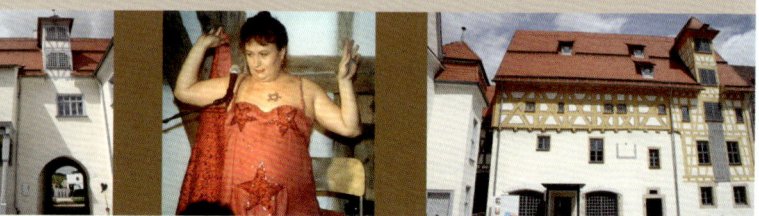

Rechts der Kirche können wir durch den Klostergarten zur *Eselsburger Straße* zurück gehen. Hinter dem Neubaugebiet zweigt nach rechts der *Baumschulenweg* ab. Hinter dem auf der linken Seite liegenden Festplatz biegen wir nach links auf einen asphaltierten Weg ein, der am Hallenbad des Ortes vorbeiführt. Direkt dahinter wenden wir uns auf einem nur undeutlich sichtbaren, grasbewachsenen Weg nach links auf die Wacholderweide, die wir in Richtung Wald überqueren. Im Zwickel des Waldstücks beginnt ein Waldweg, der uns nach einem kurzen Stück über einen Wall führt. Hier gehen wir das Eselsburger Tal wieder zurück.

8 Die rätselhafte Schanze beim Linsenfels

Der Wall gehört zu einer in etwa quadratischen Schanzanlage. Die Abschnitte der Befestigung, deren Seitenlänge über 110 Meter beträgt, bestehen aus einer doppelten Wall- und Grabenanlage, der im Süden noch ein etwa 75 Meter langer Graben vorgelagert ist. Im östlichen Teil wird die Befestigung durch den steilen Abhang zum Eselsburger Tal hin begrenzt. Wahrscheinlich bestand hier ebenfalls eine Wall-/Grabenanlage, die bereits ins Tal abgerutscht ist.

1921 wird die Anlage vom Statistischen Landesamt zum ersten Mal kartiert. Eine später in der Literatur zu findende Datierung der Schanze in das 17. Jahrhundert basiert weder auf Funden, noch auf einer historischen Überlieferung zur Anlage. Es wurde auch schon ein Zusammenhang mit der Gründung des Dionysiusklosters in Herbrechtingen vermutet. Momentan muss ihre chronologische Einordnung wie auch ihre Funktion als ungeklärt gelten. Einzig die Ansprache als keltische Viereckschanze ist auszuschließen, da das System aus mehreren Wällen für diese untypisch ist.

Der Pfad führt weiter entlang der Hangkante, linker Hand geht es mal mehr, mal weniger steil zum Eselsburger Tal hinab. Nach etwa einem Kilometer kommt man an der Buigenhütte vorbei. Am nahe gelegenen Felsvorsprung eröffnet sich ein weiterer schöner Blick ins Eselsburger Tal. Nach einem weiteren kurzen Stück trifft man auf einen breiteren Waldweg, den man nach links weitergeht. Von rechts kommen weitere Wege hinzu. Schließlich erstreckt sich auf der rechten Seite ein sehr imposanter Abschnittswall, der bereits zu den Befestigungsanlagen auf dem „Buigen" gehört.

❾ Die Befestigungsanlagen auf dem „Buigen"

Auf der südlichen Zunge des als „Buigen" bekannten Höhenzuges erstreckt sich ein heute noch 4,5 Meter hoher und an seiner Sohle durchschnittlich 16 Meter breiter Abschnittswall, der den Geländerücken auf einer Länge von 140 Meter nach Norden hin abriegelt. Dem mächtigen Wall ist ein Graben vorgelagert, der zwei Unterbrechungen aufweist – vielleicht Standorte von aus dem Wall hervorspringenden Türmen. Bei den übrigen Eintiefungen im Vorfeld handelt es sich wohl um Materialentnahmegruben.

Folgt man dem Weg über den Bergrücken weiter, so kommt man nach 325 Meter zur eigentlichen Hauptbefestigung. Man überschreitet einen schmalen Graben und einen dahinter liegenden Steinwall, der quer über den Berg verläuft. 90 Meter weiter bergab riegelt ein wesentlich höher erhaltener Wall mit Graben den Bergrücken ab. Diese Anlage setzt sich im Süden in einem Bogen parallel zum Hang fort, nimmt den schmaleren Graben auf und verliert sich dann im weiteren Verlauf der steilen Hangkante. Eine Befestigung der nördlichen Hangkante ist nicht sicher nachweisbar.

So eindrucksvoll die Befestigungsreste sind, so wenig lässt sich über ihre Datierung und Baugeschichte aussagen. Die einzigen Grabungen fanden am Anfang des 20. Jahrhunderts statt und erbrachten kein verwertbares Material. Es scheint lediglich gesichert, dass der nördliche, hohe Abschnittswall im Kern eine Steinmauer mit Holzeinbauten besitzt. Außerdem verraten Überlagerungen von Wall und Graben innerhalb der Hauptbefestigung mehrere Bauphasen.

Sicherlich handelt es sich um Befestigungen, die zu verschiedenen Zeiten in der Vor- und Frühgeschichte genutzt worden sind. Aufgrund seiner Höhe dürfte der nördliche Abschnittswall im Mittelalter nochmals ausgebaut worden sein. Die Wallkrone markierte noch lange Zeit die Gemarkungsgrenze zwischen Herbrechtingen und Eselsburg.

(A) Der Weg führt uns weiter bergab und beschreibt dann eine Linkskurve. Im Tal angekommen wenden wir uns nach rechts auf den geschotterten Weg. Hierher führt unsere Abkürzung über die Brücke und Route I.

Für Route II gehen wir den Weg nach der Linkskurve weiter, um dann anschließend über die Brücke die Brenz zu überqueren. Auf der anderen Seite angelangt, gehen wir rechts in den Ort hinein. Die *Burgstraße* führt uns wieder hoch zum Ausgangsparkplatz unserer Route II.

Um Route I und die Abkürzung weiter zu gehen, führt uns der Schotterweg am Waldrand entlang durch das Eselsburger Tal wieder zurück Richtung Anhausen. Man passiert noch einige wenige Felsformationen, so zum Beispiel den „Bachfelsen". Nach fast zwei Kilometer kommen wir zum imposanten „Fischerfelsen", an dem sich schon so mancher Freikletterer versucht hat. Schräg rechts gegenüber, noch vor einer Grillhütte, führt ein grasbewachsener Weg quer durch das Tal auf eine Brücke an der Bindsteiner Mühle zu.

⑩ Burg, Dorf und Mühle von Bindstein

Für das Jahr 1171 ist durch eine Schenkung des Kaisers Friedrich I. Barbarossa an das Kloster in Herbrechtingen der Ort „Binstein" zusammen mit einer Burg schriftlich überliefert. Über deren Entstehungszeit ist nichts bekannt, auch ist der Standort der Burg unklar. Vermutet wird das gegenüberliegende Flussufer, zumindest befinden sich auf dem „Fischerfelsen" Reste eines Burgturmes. Nachkommen der Bindsteiner Ritter sind im 15. Jahrhundert noch in Herbrechtingen nachweisbar.

Im Jahr 1390 wird die örtliche Mühle erstmals urkundlich erwähnt. Zu diesem Zeitpunkt waren das Dorf Bindstein und die dazugehörige Burg bereits abgegangen. Im Umfeld der Mühle hielten sich in den darauf folgenden Jahrhunderten immer nur wenige Häuser oder Gehöfte. Die Mühle selbst gehörte vielen Herrschaften an, wurde im Dreißigjährigen Krieg zerstört und erst 1676 wieder aufgebaut. Die heutigen Mühlgebäude auf dem nicht zugänglichen Mühlenareal dürften im 19. und 20. Jahrhundert entstanden sein.

Oberhalb der Bindsteiner Mühle verläuft am Waldrand ein Weg, den wir nach rechts einschlagen. Er führt in einem langen Bogen nach rechts im Tal entlang und knickt dann am Ende nach links um. Hier ist nochmal ein Blick zurück ins Eselsburger Tal möglich. Etwa 250 Meter weiter kommen wir an die Stelle zurück, an der wir zu Beginn der Wanderung auf den Waldpfad abgebogen sind. Rechts geht es wieder zurück zum ehemaligen Kloster Anhausen und zum Parkplatz.

Tour 13
Hermaringen – Giengen a. d. Brenz

Burgen und „Versuchsanstalten"
entlang der Brenz

Burgen und „Versuchsanstalten" entlang der Brenz

Kurzinfo ⓘ

Start:	Parkplatz in Hermaringen, *Güssenstraße*, Nähe Güssenburg
Anfahrt:	Über die *A 7* kommend die Ausfahrt Giengen/Herbrechtingen nehmen und die *B 492* Richtung Giengen/Hermaringen wählen. Vor Hermaringen von der Bundesstraße abfahren und auf der *Friedrichstraße* den Ort durchqueren, bis nach rechts die *Heusteigstraße*, Richtung Burgberg in eine Bahnunterführung abzweigt. Gleich rechts in die *Güssenstraße* abbiegen und weiter hoch fahren. An deren Ende schräg links liegt ein großer Parkplatz.
ÖPNV:	Bahnverbindungen aus Ulm oder Aalen
Strecke:	ca. 15,5 km, abgekürzt ca. 9 km
Dauer:	reine Gehzeit ca. 4,5 Stunden, Abkürzung: ca. 2,5 Stunden
Charakter:	Rundwanderung ohne nennenswerte Schwierigkeiten. Wanderweg führt kaum durch bewaldetes Gebiet.

An der Parkplatzeinfahrt befindet sich ein hölzernes Schild, das uns die Richtung zur ersten Station unserer Wanderung – der Güssenburg – anzeigt. Wir folgen also dem in das gegenüberliegende Wäldchen führenden, geschotterten Weg, der später als Waldweg weiterläuft, und gelangen so durch den ehemaligen Graben zu den Resten der Burgruine. Wir befinden uns hier auf einem so genannten **13.1** Umlaufberg und haben zwischen den Bäumen hindurch einen wunderschönen Blick Richtung Norden ins Brenztal und Richtung Westen in ein trocken gefallenes Tal der Brenz.

❶ Die Burgruine Güssenburg

Die Reste der 1449 im Krieg der schwäbischen und fränkischen Städte mit den Württembergern zerstörten Stammburg der Güssen von Güssenburg liegt in Spornlage auf einem Ausläufer des Schlossberges – eine hervorragende Position, um das Brenztal und das von Westen hinzustoßende, nach Hürben weisende Tal zu kontrollieren.

Die Güssen waren ein weit verzweigtes diepoldingisches, später staufisches Ministerialengeschlecht. Im Jahr 1171 lässt sich mit Theoboldus/Diepoldus Gusse der erste Vertreter dieser Familie fassen. Er wird in mehreren Urkunden Kaiser Friedrich I. Barbarossas als Zeuge genannt. Ebenfalls als Zeuge tritt 1216 Heinrich I. von Güssenberg in Erscheinung, der sich als erster nach dem Stammsitz benennt, was als indirekter Hinweis auf die Existenz der Burganlage gewertet werden darf. Seine Nachfahren Heinrich II. und Heinrich III. können bis an das Endes des 13. Jahrhunderts verfolgt werden. 1367 geht die Burg an die Linie der Güssen von Haunsheim über, wird aber 1372 an die Grafen von Helfenstein verkauft, die ihre Vögte zur Kontrolle des Grundbesitzes im Brenztal dort einsetzen. 1448 kommt sie mit der Herrschaft Heidenheim an die Grafen von Württemberg. Am 24. Juni 1449 werden die Burgen Hürben und „Güssenberg" durch die Ulmer eingenommen und zerstört. Beteiligt waren aber dabei, zumindest bei der Burg Hürben, noch weitere Städte, wie beispielsweise Giengen. Seit 1709 befindet sich die Ruine im Besitz der Gemeinde. Von 1981 bis 1998 wurde sie durch einen Förderverein renoviert und dient heute als Festplatz.

Umlaufberg Schlossberg – Kagberg – Stettberg

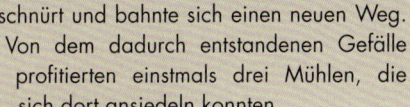

13.1

Vor etwa 10 000 bis 20 000 Jahren floss die Brenz in einer zehn Kilometer langen Schleife um den Bergrücken Schloss-, Stett- und Kagberg zwischen Hermaringen und Hürben. Mit der Zeit verlor sie auf ihrem gesamten Verlauf ihre Schleppkraft, so dass sich das Flussbett mit Schutt auffüllte. An der Stelle vor Hermaringen wurde sie abgeschnürt und bahnte sich einen neuen Weg. Von dem dadurch entstandenen Gefälle profitierten einstmals drei Mühlen, die sich dort ansiedeln konnten.

Nach dem Durchschreiten des Halsgrabens gelangt man auf das etwa rechteckige Burgplateau. Es wird beherrscht von den beiden noch erhaltenen Bauresten: zwei Teile der Schildmauer zur Rechten und der Stumpf eines Bergfrieds zur Linken. Erst bei eingehender Betrachtung erweist sich das Gelände als zweigeteilt, was in den zwei Bauphasen der Burg begründet liegt. Die ursprüngliche Anlage des 12. Jahrhunderts nahm nur den hinteren Teil des Bergsporns ein. Der Bergfried stand als Frontturm an der Kernburgmauer, die noch als stark verflachter Wall vor dem nur noch als leichte Mulde bemerkbaren Abschnittsgraben vorhanden ist. Das Gelände bis zum großen Halsgraben diente als Vorburg. Beim Ausbau der Anlage im 14. Jahrhundert wurde durch die Errichtung der mächtigen Schildmauer, die heute noch eine Stärke von 3,4 Meter besitzt und bis 10 Meter hoch erhalten ist, die ehemalige Vorburg in das Kernburggelände einbezogen. Ein mithilfe der Dendrochronologie (Jahrringdatierung von Hölzern) gewonnenes Datum, das an einem in der Schildmauer eingebauten Eichenbalken gewonnen werden konnte, belegt eine Bauzeit von 1346 ±10.

Die um den Bergfried herum bemerkbaren Podien zeigen vermutlich die Standorte ehemaliger Gebäude an. Hier wird auch der repräsentative Wohnbau der Burgherrenfamilie – der *palas* – gestanden haben.

Nach dem Rundgang verlassen wir das Burggelände über eine Treppe am östlichen Ende der Schildmauer. Auf der Sohle des Burggrabens biegen wir nach links auf einen Pfad ins Tal ab. Bei der nächsten Gabelung halten wir uns links und erreichen den Waldrand, an dem nach links ein undeutlicher Grasweg entlang führt. Über eine Streuobstwiese gelangen wir auf einen asphaltierten Weg, den wir nach rechts weitergehen. Bei der nächsten Möglichkeit wenden wir uns auf den asphaltierten Fuß-/Radweg nach links und überqueren die Ausfahrt der *B 492* nach Hermaringen. Auf der gegenüberliegenden Seite folgen wir dem Asphaltweg nach links, lassen ein Regenrückhaltebecken zur Rechten liegen und folgen der dahinter liegenden Abzweigung nach rechts den Hang hinauf. Der Weg geht zunächst in einen geschotterten Feldweg über, trifft dann aber wieder auf einen asphaltierten Weg, den wir weiter geradeaus gehen. Auf dem nächsten Stück treffen immer wieder von links Wege im rechten Winkel auf unseren Wanderweg. Erst bei der nächsten Gabelung halten wir uns links. Die Strecke ist durch das Wanderwegsymbol eines liegenden Y gekennzeichnet. Bei der folgenden Weggabelung wenden wir uns nach rechts. Nach einem zur Rechten liegenden, aufgelassenen Steinbruch folgt eine Linkskurve. Hier erwarten uns immer wieder schöne Ausblicke auf die Giengener Altstadt.

Unterhalb der Hangkante und über Wege leider nicht erreichbar, liegen die Felsschutzdächer Spitalhöhle, Klingenfels und Bärenfelsgrotte. Sie wurden 1954 von Gustav Riek ausgegraben, nachdem von Laien unternommene Untersuchungen der 1930er und 1950er Jahre schon einige Zerstörungen hinterlassen hatten. Immerhin konnten wichtige stratigrafische Beobachtungen festgehalten werden, die die kulturelle Ansprache der Artefakte ermöglicht. So erbrachten alle drei Fundstellen typische Geräte der jungpaläolithischen Stufe des Magdalénien. Bärenfelsgrotte und Spitalhöhle lieferten darüber hinaus auch Flintartefakte des Mesolithikums Wissenswert! und Tour 14.

Der Weg führt uns in ein Wohngebiet hinein und trifft dort auf den *Kernerweg*, dem wir nach rechts folgen. An der anschließenden Biegung nach links gehen wir geradeaus die Treppen hinunter und wenden uns dann nach links auf die *Ulmer Straße*, die parallel zur Bahnstrecke verläuft.

123

2 Giengen an der Brenz

Es eröffnet sich ein Ausblick auf den Giengener Bahnhof. Das 1875 eingeweihte Empfangsgebäude mit Walmdach und Mittelrisalit besitzt ein aus Jurakalksteinen aufgeführtes Erdgeschoss, während das Obergeschoss aus Backsteinen besteht. Es wird von einem Güterschuppen mit Satteldach und einer charakteristischen Zierverbretterung flankiert und gehört zu den typischen Bahnhofsgebäuden der jüngeren Ausbaustufe der **13.2** Brenztalbahn.

Die Brenztalbahn von Aalen nach Ulm

13.2

Die Eisenbahnlinie der Brenztalbahn wurde durch die Königlich Württembergische Staatseisenbahn unter Leitung des namhaften Stuttgarter Architekten Georg von Morlok zunächst 1860-64 von Aalen nach Heidenheim und 1872-76 von Heidenheim nach Ulm erstellt. Grund der Verzögerung war die Sperrfrist für die Verbindung nach Ulm, die im 1861 abgeschlossenen Staatsvertrag mit Bayern aufgenommen worden war.

Durch die über zehnjährige Bauunterbrechung repräsentieren die Bahnhöfe entlang dieser Strecke sehr anschaulich die architekturgeschichtliche Entwicklung der württembergischen Bahnhofsarchitektur in der zweiten Hälfte des 19. Jahrhunderts. Von den strengen spätklassizistischen Bauten des älteren Abschnitts setzen sich die 1872-76 entstandenen Empfangsgebäude durch eine historisierende Formensprache ab, die sich maßgeblich an der Gestaltungsauffassung der deutschen Renaissance orientiert. Typisch sind die reicher differenzierte Behandlung der Baukörper und der gestalterische Einsatz unterschiedlicher Materialien in einem veränderten Formenschatz. Zu dieser letztgenannten Gruppe zählt neben dem Bahnhof in Giengen auch das Bahnhofsgebäude in Hermaringen.

Wissenswert

Gegenüber von Haus Nr. 21 in der *Ulmer Straße* folgen wir der Gleisunterführung. Auf der anderen Seite der Bahngleise erreichen wir die *Bahnhofstraße* und wenden uns nach rechts, um bei der nächsten Möglichkeit nach links in die *Margarete-Steiff-Straße* abzubiegen. Über eine kurze Brücke nähern wir uns nun der Altstadt von Giengen.

Giengen an der Brenz – Altstadt

Die zahlreichen Denkmale der Bau- und Kunstgeschichte, die es in der Giengener Altstadt zu entdecken gibt, machen es unmöglich, hier einen Gesamtüberblick zu geben. Auf einer vorgeschlagenen Route sollen vielmehr einige wenige Bauten vorgestellt werden, um das Interesse an einem ausführlicheren Stadtrundgang zu wecken.

Weitere Informationen zu Stadtrundgängen gibt es bei der Tourist-Information in der *Marktstraße*, neben dem Rathaus.

Giengener Stadtbefestigung

Schräg gegenüber an der Ecke zwischen *Fischgasse* und *Turmstraße* hat sich ein längerer Abschnitt der Giengener Stadtbefestigung aus dem 16. Jahrhundert erhalten. Sichtbar ist darüber hinaus ein Turm der Stadtmauer, der so genannte „Bocksturm". Eine erste Befestigung aus dem 11. Jahrhundert bestand vermutlich aus einem Wall mit vorgelagertem Graben. Im Zuge des Stadtwerdungsprozesses während der ersten Hälfte des 13. Jahrhunderts entstand die aus Graben, Mauern, Türmen und Toranlagen gebildete Befestigung, die im 16. Jahrhundert nach Süden erweitert wurde. Die bis ins 19. Jahrhundert unverändert bestehende Stadtmauer soll nach schriftlichen Quellen 24 Türme besessen haben. Drei Tore – das Spitaltor im Süden, im Nordwesten das Obere und im Nordosten das Memminger Tor (siehe unten) – ermöglichten den Zugang zur Stadt. Einige Teile des Mauerrings haben sich in den die Altstadt umgebenden Straßenzügen noch erhalten, gut sichtbar sind sie an *Tanzlaube* und *Memminger-Tor-Straße*.

Über die *Margarete-Steiff-Staße* gelangen wir zum *Margarete-Steiff-Platz*. Auf der linken Seite liegen die Fabrikgebäude der Margarete-Steiff-GmbH.

Stofftierfabrik der Margarete Steiff

Der ab 1880 aus einem Kleidergeschäft entstandenen Stofftierfabrik **13.3** Margarete-Steiff-GmbH gelang 1903 mit dem Plüschbären, der als „Teddy" in den USA einen reißenden Absatz fand, der große Durchbruch. Zwischen 1903 und 1908 entstanden deswegen westlich des alten Giengener Ortskerns vier Fabrikgebäude, die aufgrund ihrer Bauweise eine herausragende Bedeutung für die Architekturgeschichte des 20. Jahrhunderts besitzen. Der Entwurf des als Ostbau bezeichneten Pionierbaus der Anlage wird Richard Steiff, dem Sohn des Werkmeisters Friedrich Steiff und Neffen der Firmengründerin, zugeschrieben. Die Ausführung lag in den Händen eines Münchner

Bauunternehmens. Entstanden ist ein kubischer Baukörper, der den Produktionsanforderungen nach licht- und luftdurchfluteten Räumen entsprach. Er besteht aus einem Skelett aus Eisenträgern, die nicht tragenden und zweischaligen, gläsernen Außenwände. Das Gebäude gilt als Vorreiter der funktionalistischen Architektur beziehungsweise des in den 1920er Jahren verbreiteten Internationalen Stils. Die später errichteten Gebäude, von denen die 1910 entstandene Schreinerei bereits in den 1950er Jahren abgebrochen wurde, wurden als genagelte Holzkonstruktionen erstellt.

**Margarete Steiff -
eine außergewöhnliche Frau und ihre „Welt von Steiff"**

13.3

Wissenswert

Margarete Steiff wird am 24. Juli 1847 als Tochter eines selbstständigen Bauwerkmeisters in Giengen an der Brenz geboren und erkrankt schon mit drei Jahren an Kinderlähmung. Ihre Beine sind von nun an gelähmt, den rechten Arm kann sie nur eingeschränkt bewegen. Als lebenslustiges Kind mit starkem Charakter lernt sie trotz Schmerzen im rechten Arm das Nähen. Die von ihr 1879 gefertigten Nadelkissen in Form eines Stoffelefanten werden als Spieltier begeistert aufgenommen und so schafft sie mit 5000 verkauften „Elefäntle" innerhalb von sechs Jahren den Durchbruch und Wandel von der kleinen Hausschneiderei zur „Filzsachen- und Spielwarenfabrik". 1902 entwickelt ihr Neffe den ersten gegliederten Plüschbären der Welt, der als Teddybär zum weltweiten Verkaufsschlager wird. Margarete stirbt am 9. Mai 1909 im Kreis ihrer Familie.

Die Geschichte der Margarete-Steiff GmbH ist sehr spannend im Erlebnismuseum „Welt von Steiff" dargestellt. Der im Sommer 2005 zum 125 jährigen Jubiläum eröffnete elliptische Neubau wurde nach Entwürfen des Züricher Architektenbüros Ramseier geschaffen. Weitere Infos im Flyer und Buch S. 294.

Rund um den Marktplatz

Am *Margarete-Steiff-Platz* halten wir uns vor der Erlebniswelt rechts und gelangen so bergauf mitten in die Giengener Altstadt.

In der *Marktstraße 2* fällt auf der linken Seite das ehemalige Postgebäude auf. Es handelt sich um einen 1911/12 errichteten, stattlichen Bau in prominenter Lage, an dessen Rückseite sich der Telegrafenturm befindet, das äußere Kennzeichen der Gebäudefunktion.

Um das Gebäude herumgehend – davor befinden sich Informations-
tafeln über die Giengener Stadtgeschichte – erreichen wir die *Tanzlaube*. Wir kommen direkt auf das heutige evangelische Pfarrhaus (Haus-
Nr. 1) zu, das in einem Gebäude des 17. Jahrhunderts untergebracht
ist. Das größtenteils massiv errichtete, aus einem nord-süd-orientierten
Hauptbau mit mächtigem Zweidrittelwalmdach bestehende Haus war
einst Sitz des Stadtsyndicus, des staufischen Vogtes und beherbergte
zwischen 1806 und 1809 kurzzeitig das Oberamt.

Wir kehren zum Postgebäude zurück und gehen die *Marktstraße* ein
Stückchen weiter. Im Haus-Nr. 11 befindet sich das Rathaus von
Giengen. Das imposante, giebelständige Gebäude stammt aus dem
17. Jahrhundert und dominiert das ganze Ortsbild.

Vermutlich waren die Fassaden einstmals bemalt. Flankiert wird das
Rathaus von stattlichen Wohnhäusern, so dem 1704 errichteten Zier-
fachwerkbau (Haus-Nr. 9) und einem giebelständigen Bür- gerhaus
(Haus-Nr. 13). Letzteres entstand wohl in der ersten Hälfte des 18.
Jahrhunderts und trägt über einem massiv ausgeführten Erdgeschoss einen Fachwerkkörper, der durch seine streng
symmetrisch angeordneten Hölzer auffällt.

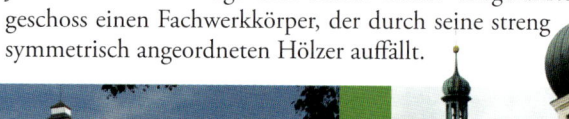

Am Kirchplatz

Über die nach links abbiegende *Kirchgasse* gelangen wir zum Kirchplatz und zur evangelischen Stadtpfarrkirche, ehemals St. Maria. An
dieser Stelle stand ursprünglich eine um 1200 errichtete, sechsjochige
romanische Pfeilerbasilika, deren Reste sich in Form von Pfeilerarkaden und Fenstern in der südlichen Mittelschiffswand erhalten haben.
Im 14./15. Jahrhundert erfolgte zunächst der Bau eines neuen gotischen Chores und danach eine Erweiterung des Langhauses, wobei
der nördliche Turm der Westfassade – der so genannte Bläserturm
– in den Kirchenbau einbezogen und der südliche Turm neu errichtet
wurde. Wie fast die gesamte Stadt fiel auch die Kirche dem Stadtbrand von 1634 zum Opfer und wurde unter Einbeziehung der alten
romanischen und gotischen Bauteile neu errichtet. Auch der Süd-
turm musste erneuert werden. Weitere tief greifende Umgestaltungen
erfolgten außerdem 1821 und 1904-06. Gerade der letzte Ausbau
bestimmt maßgeblich das heutige Erscheinungsbild des Kirchenin-
neren. Trotzdem sind noch Bestandteile der Ausstattung des 17. Jahrhunderts zu finden – der Taufstein, die Kanzel und der Hochaltar mit
Tafelbildern der Ulmer Maler Andreas Schuch und Matthias Campa-
nus – als auch einige Epitaphe des 15. bis 18. Jahrhunderts, die sich

im Chorbereich befinden. Erwähnenswert ist außerdem die auf der Westempore erhaltene Jugendstil-Orgel der Giengener Orgelbaufirma der Gebrüder Link.

Zu den Schrannen

Folgen wir der *Schrannenstraße* nach links, so sehen wir auf der rechten Seite sogleich die ehemalige Giengener Markthalle, die 1869 nach den Plänen des ersten Stadtbaumeisters von Giengen Carl Friedrich Rau (1830-1913) erstellt wurde. Der Neubau einer „Fruchthalle" war notwendig geworden, da an einem Markttag im Oktober 1867 der Platz in der alten Kornschranne am *Geißenmarkt 3* nicht mehr ausreichte und die angelieferten Säcke die Straße entlang bis zur Stadtkirche hinauf gelagert werden mussten. Entstanden ist ein funktionsgerechter und qualitätvoller Backsteinbau, der über 60 Jahre lang den jeweils am Freitag abgehaltenen, für das wirtschaftliche Leben der Stadt wichtigen Getreidemarkt beherbergte. Die Markthalle diente allerdings schon bald nach ihrer Errichtung auch anderen Zwecken, so wurde in ihr zum Beispiel die Feier zur Eröffnung der Eisenbahn am 25. Juni 1875 abgehalten. Nach behutsamer Sanierung ist die Schranne heute ein beliebter Ort für kulturelle Veranstaltungen.

Wir gehen nun zurück auf der *Schrannenstraße*, hinter der Kirche entlang – auf der linken Seite befindet sich noch ein Rest der Stadtmauer – und biegen in den *Geißenmarkt* ein. Linker Hand, noch am *Kirchplatz* gelegen (Haus-Nr. 16), befindet sich die 1891 erbaute Kleinkinderschule, die heute noch als Kindergarten genutzt wird.

Im *Geißenmarkt* kommen wir an der alten Schranne (Haus-Nr. 3) vorbei, die um 1818 unter Einbeziehung eines älteren, wohl um 1650 errichteten Kornhauses erbaut worden ist. Die Funktion des großen verputzten Gebäudes mit massivem Erd- und in Fachwerk ausgeführtem Obergeschoss wird verdeutlicht durch die mittig übereinander liegenden Aufzugsöffnungen mit flankierenden Fenstern und den Aufzugsbalken in der Giebelspitze.

Am Ende des *Geißenmarkts* wenden wir uns nach links und kommen nach wenigen Metern zum *Memminger Torplatz*, wo auf der rechten Seite noch Gebäudereste des Memminger Torhauses, eines der alten Giengener Stadttore zu sehen sind.

Wir gehen zurück in die *Memminger Torstraße*, überqueren die *Markt-straße* und kommen so in die *Biberstraße*. Hier biegen wir die erste Möglichkeit nach links in die *Lederstraße* ab.

An der Kreuzung mit der *Bleiche* befindet sich auf der linken Seite ein Mietshauskomplex mit der Nr. 19. Der heute auffällig erscheinende Bau wurde 1908 erbaut und 1910 erweitert. Der in Ecklage erstellte Gebäudekomplex ist ein Werk des namhaften Stuttgarter Architekten Philipp Jakob Manz. Die Wohnungen des Mehrfamilienhauses waren für die Bediensteten der in Stadtrandlage gelegenen Wollfilzmanufak-tur gedacht. Die Anlage überliefert anschaulich die Grundgedanken des Wohnungsbaus im frühen 20. Jahrhundert.

Wir gehen die *Lederstraße* weiter, biegen wenig später nach rechts in die Straße *Am Wildbad* ab und wenden uns nach links in die *Biber-straße*. Wo diese nach rechts abknickt, nehmen wir den geradeaus füh-renden Schotterweg, der schließlich nach rechts an einer Pappelallee entlangführt. Direkt vor der Brenz läuft er nach rechts weiter. Er führt nach Gerschweiler, einem Ortsteil von Hermaringen und Standort **13.4** der „Vereinigten Filzfabriken Giengen".

Achtung: Wir wenden uns an dieser Stelle nach links und kommen auf ein Wasserhebewerk zu. Wir gehen nicht mehr den Schotterweg weiter, sondern am Gebäude links vorbei, über eine geteerte Fläche, die in einer Wiese endet. An dieser Stelle sehen wir auch Wegweiser des Schwäbischen Albvereins. Wir folgen dem Wegweiser Richtung „Otto-Steiff-Weg", der auf einem schmalen Pfad schräg nach rechts über eine Wiese auf eine kleine Brücke zuführt. Auf der anderen Seite der Brücke wenden wir uns zunächst nach links, um dann nach weni-gen Metern, vor dem nächsten Strommasten, rechts auf einem grasbe-wachsenen Pfad den Hang hinauf zu gehen. Blaue Rauten markieren den Weg. Weiter oben geht er in einen Grasweg über, der gemächlich den Hang hinaufführt. Auf der Kuppe angekommen, nehmen wir den nach rechts weisenden, grasbewachsenen Weg, der nach einer Weile in einen geschotterten Feldweg und schließlich in einen Asphaltweg übergeht.

Der Weg führt wieder ins Brenztal nach Hermaringen hinunter. In der lang gezogenen Rechtskurve lohnt ein Blick auf den vor uns liegen-den Sporn des Benzenberges, auf dem sich eine hügelartige Erhebung deutlich abzeichnet. Blickt man hier nach rechts lässt sich eine Mul-de erkennen. Dort befindet sich das Areal einer vorgeschichtlichen

Siedlung aus der Urnenfelderzeit. Wer den Benzenberg bis zum Sporn hochgeht, wird mit einer schönen Rundumsicht belohnt.

Lina Hähnle – Vogel-Mutter mit Courage

13.4

Lina Hähnle wird am 3. Februar 1851 in Sulz am Neckar als Tochter des Salineninspektors Johannes Hähnle geboren. Im Alter von zwanzig Jahren heiratet sie ihren Vetter, den Fabrikanten Hans Hähnle. Hähnle ist ein klassischer Selfmade-Mann, der sich vom Färbergesellen zum erfolgreichen Geschäftsmann hinaufarbeitet. In Giengen an der Brenz gründet er eine Filzfabrik, die er später zu einem weltweit agierenden Unternehmen ausbaut. Der liberale Geist der Hähnles macht sich auch in der früh eingeführten freiwilligen Arbeiterkrankenversicherung, der von Lina Hähnle eingerichteten Kinderkrippe für Arbeiterkinder und der Stiftung einer Arbeitersiedlung in Giengen bemerkbar. Lina Hähnle übernimmt 1899 den Vorsitz des neuen Bundes für Vogelschutz (BfV), und führt den Verein 38 Jahre lang. Bei allem Reichtum der Familie bleibt Lina Hähnle materiell bescheiden. Sie trägt stets einfache Kleider und reist noch bis ins hohe Alter hinein in der Bahn grundsätzlich per „Holzklasse". Lina Hähnle stirbt am 1. Februar 1941, zwei Tage vor ihrem 90. Geburtstag und genau 42 Jahre nach Gründung des Bundes für Vogelschutz. Im Giengener Stadtmuseum ist ihr eine naturkundliche Abteilung gewidmet. Weitere Infos im Flyer und Buch S. 294.

Wissenswert

❸ Rätselhafte Spuren auf dem Benzenberg

Schon in der Beschreibung des Oberamtes Heidenheim von 1844 und im Verzeichnis der „Kunst- und Altertums-Denkmale im Königreich Württemberg" aus dem Jahre 1913 werden auf dem nach Süden ausgerichteten Sporn des Benzenberges Reste einer Befestigung beschrieben, genauer gesagt eines Burghügels mit Graben. Der in Heidenheim geborene und spätere Präsident des Deutschen Archäologischen Instituts **13.5** Kurt Bittel konnte 1926 im Zuge einer Begehung des Areals zahlreiche Scherben der Hallstattzeit feststellen und interpretierte die übrigen Spuren zunächst auch als Reste einer Befestigung. Eine neuerliche Begutachtung des Geländes zwölf Jahre später führte ihn allerdings zu dem Schluss, dass es sich bei der Erhebung um einen verschleiften hallstattzeitlichen Grabhügel handelt.

Eine genaue Identifizierung des erst vor wenigen Jahren durch Bodenabtragungen stark in Mitleidenschaft gezogenen Hügels steht folglich noch aus. Einer weiteren Interpretation folgend, könnte es sich auch um eine Warte des späten Mittelalters und der frühen Neuzeit gehandelt haben. Eindeutig ist wohl nur der weitgehend aus Steinen erfolgte Aufbau des rätselhaften Hügels, dessen genaue Funktion nur eine archäologische Ausgrabung klären könnte.

Prof. Dr. Dr. h. c. Kurt Bittel – Ein Archäologe aus Heidenheim

13.5

Der am 5. April 1907 in Heidenheim an der Brenz geborene und am 30. Januar 1991 in seiner Heimatstadt verstorbene Kurt Bittel gilt als einer der bedeutendsten und international bekanntesten deutschen Prähistoriker.

Schon mit 13 Jahren führte er seine ersten Ausgrabungen in einem Grabhügel bei Oggenhausen durch. Seitdem ließ ihn die Archäologie nicht mehr los. Nach dem Abitur studierte er an der Universität Marburg und promovierte bereits im Alter von 22 Jahren über „Die Kelten in Württemberg". Die 1934 veröffentlichte Arbeit bildete einen Grundstein für die keltische Archäologie Südwestdeutschlands.

Nach seinem Studium besuchte er im Rahmen des Reisestipendiums Hattus, die Hauptstadt der Hethiter in der Türkei, die ihn Zeit seines Lebens beschäftigen sollte. Seit 1931 wurden dort Untersuchungen vorgenommen, an denen sich Kurt Bittel zunächst als Referent, später als erster Direktor der Abteilung Istanbul des Deutschen Archäologischen Instituts (DAI) beteiligte.

1946 wurde er Professor für Vor- und Frühgeschichte an der Universität Tübingen. Obwohl er nur fünf Jahre in dieser Position tätig war, legte er wichtige Grundsteine für die landesarchäologische Forschung und initiierte unter anderem die archäologische Untersuchung des „frühkeltischen Fürstensitzes Heuneburg" bei Hundersingen an der oberen Donau.

Ab 1953 leitete er erneut die Istanbuler Abteilung und wurde schließlich 1960 zum Präsidenten des DAI gewählt. In dieser Funktion gab er entscheidende Impulse für die archäologische Forschung und erlangte als Repräsentant der deutschen Archäologie im Ausland hohes Ansehen und Renommee. 1972 pensioniert, kehrte er in seine Heimatstadt Heidenheim zurück, verfolgte aber mit Eifer weiterhin archäologische Forschungen.

Die Stadt Heidenheim verleiht in Erinnerung an ihren Ehrenbürger seit 1987 den Kurt-Bittel-Preis an herausragende Doktorarbeiten auf dem Gebiet der süddeutschen Ur- und Frühgeschichte.

Am Fuß des Hügels biegt man zunächst nach rechts und dann gleich wieder nach links ab und kommt so durch eine Unterführung unter der *B 492* hindurch auf der *Kronenstraße* nach Hermaringen. Die Straße führt an der Brenz entlang und unweit hinter dem Ortseingang sieht man auf der anderen Flussseite die Gebäude des Wasserkraftwerkes der Firma Voith.

❹ Hermaringen

Wasserkraftwerk und „Versuchsstation" Voith

Das Werk der Heidenheimer Firma Voith, das man von der hinter der Anlage über den Fluss führenden Fußgängerbrücke sehr gut einsehen kann, wurde in den Jahren 1907/08 als „Elektrische Centrale und Versuchsstation" erbaut. Bis zu diesem Zeitpunkt hatten zwei gegenüberliegende Mühlen seit Jahrhunderten die Wasserkraft an dieser natürlichen Brenzschwelle Wissenswert! genutzt.

13.1

Die Anlage des Wasserkraftwerks umfasst Wehre mit eisernem Steg, doppeltem Ober- und Unter- sowie einem Messkanal, zudem das kombinierte Turbinen-, Maschinen- und Wärterwohnhaus. Das Gefälle des Flusses wurde durch Aufstauen und Verlegung/Vertiefung des unterhalb liegenden Brenzbettes noch gesteigert. An der Planung und Durchführung war unter anderem das Architekturbüro P. J. Manz aus Stuttgart beteiligt.

Das Kraftwerksgebäude stellt sich als verschachtelte, im Sinne der damaligen „Heimatstilbewegung" errichtete Baugruppe dar, und ist mit dem größten Teil seiner Grundfläche über die Kanäle gebaut. Der nordwestliche Trakt mit steilem Satteldach und seitlichem, halbrundem Treppenturm fasst Turbinenhaus, Werkstatt und darüber liegende Wohnung. Südlich schließt sich, tiefer gelegen und niedriger, der Maschinenhausflügel an. Ein im Südosten angebauter, rechteckiger Turm mit Zeltdach dient als Schaltraum und Ausgangspunkt der Freileitungen. Die gesamte Anlage ist einschließlich der technischen Ausstattung weitgehend im Originalbestand überliefert. So ist im Maschinenraum eine teilweise verglaste Trennwand zwischen dem **13.6** Versuchsbereich mit Turbinenversuchsschacht und dem für den kontinuierlichen Betrieb vorbehaltenen Bereich erhalten. Hier findet sich auch noch die Wand- und Bodenfliesung aus der Erbauungszeit. Der Versuchsbetrieb wurde bis 1970 aufrechterhalten, die Stromerzeugung ist weiterhin in Betrieb.

Die „Versuchsanstalt" der Firma Voith

13.6

Das 1907/08 erbaute Wasserkraftwerk erfüllte von Anfang an mehrere Funktionen. Zunächst einmal hatten die beiden 1907 installierten und bis heute in Funktion befindlichen Aggregate mit Zwillingsfrancisturbinen von je 200 PS die 11,5 Kilometer entfernt liegende Voithsche Fabrik und die ebenfalls dort gelegene Versuchsstation „Brunnenmühle" mit elektrischer Energie zu versorgen. Der Aufbau eines lokalen Stromnetzes für Hermaringen war dagegen eher ein Nebenprodukt.

Ihren Namen verdankt die „Versuchsanstalt" dem so genannten „Versuchsschacht", dem ein Bereich des Maschinenraumes vorbehalten war und in dem Niederdruckturbinen getestet wurden. Es erfolgten Abnahmeprüfungen fertiger Turbinen vor ihrer Auslieferung und Experimente im Rahmen der firmeninternen Turbinenentwicklung zu Wasser-, Gefälle- und Leistungsmessungen sowie Regulatorversuche. Der Anstalt wurde von der damaligen Forschung eine große Bedeutung bei der Entwicklung der Turbinentechnologie beigemessen. Erst 1970 wurde der den Versuchen vorbehaltene Teil stillgelegt.

Wissenswert

A Hier können wir die Tour abkürzen. Wir gehen weiter die *Kronenstraße* entlang. Beim Haus Nr. 73 biegen wir nach rechts ab und gelangen über eine kleine Holzbrücke in die *Mühlstraße* und gehen links den Hang hinauf. Oben in der *Friedrichstraße* angelangt, gehen wir nach rechts weiter, um nach einem kurzen Stück bei Haus Nr. 33 die Straße zu überqueren und links auf einem Fußweg über die Bahnlinie zu gehen. Der Weg führt weiter den Hang hinauf und endet in der *Schwalbenstraße* unterhalb der Güssenhalle. Dort wenden wir uns nach links und erreichen die *Güssenstraße*, auf der wir zu Beginn gekommen sind. Nun gehen wird diese rechts bis zum Ausgangsparkplatz entlang.

Die längere Strecke führt uns weiter die *Kronenstraße* entlang, die an ihrem Ende auf die *Kirchstraße* trifft. Hier wenden wir uns nach rechts und sehen bereits auf der gegenüberliegenden Straßenseite die evangelische Pfarrkirche.

Kirche, Schule und Bahnhof

Die 1712-14 erbaute und 1790 durch einen Anbau nach Süden zu einer hakenförmigen Anlage erweiterte Saalkirche ist im Inneren durch eine umfassende Neugestaltung von 1960/61 geprägt. Der mittelalterliche, 1825 erneuerte Eingangsturm im Westen wird von einem achteckigen Geschoss mit Zwiebelhaube abgeschlossen und trägt im unteren, älteren Teil noch das Wappen des Klosters Kaisheim. Eine Pfarrei „Unsere Liebe Frau" ist in Hermaringen seit 1216 urkundlich belegt und dürfte die Keimzelle der Kirche gewesen sein.

Neben der Kirche und schon an der *Karlstraße* gelegen erblicken wir das 1873 errichtete Schulhaus (Nr. 23). Es handelt sich um ein zweigeschossiges Schulgebäude in Sichtbackstein mit Werksteingliederung. Der Bau besteht aus zwei parallelen Flügeln, die durch einen schmalen Mitteltrakt mit Eingang und Treppenhaus zu einer u-förmigen Anlage verbunden sind. Der östliche Flügel ist etwas schmaler gehalten als der westliche. Die mittlere Achse seiner südlichen Giebelseite zeigt anstatt der Fenster im Obergeschoss eine Rundbogennische mit einer rundplastischen, weiblichen Personifikation der Bildung, im Erdgeschoss eine Inschriftentafel mit Baujahresangabe und Bibelzitat.

Auch die übrige Fassade ist sehr aufwändig gegliedert. So stehen die reichlich bemessenen Fensteröffnungen mit den hellen Fenstergewänden in wirkungsvollem Kontrast zu den glatten, dunklen Ziegelflächen der Wände. Die Traufseiten sind mit einer Abfolge hoher Pfeilerarkaden und eingestellten Rechteckfenstern aufgegliedert. Ein besonderes Motiv bildet das vorspringende Hauptportal.

Insgesamt handelt es sich um ein verhältnismäßig anspruchsvoll ausgebildetes Beispiel für ein Dorfschulhaus der frühen 1870er Jahre.

Wir gehen nun wieder die *Karlstraße* zurück, am Rathaus vorbei und biegen hinter der Brenzbrücke nach links in die *Schillerstraße* ein, die direkt auf den Bahnhof von Hermaringen zuführt.

Das Bahnhofsempfangsgebäude ist ein zweigeschossiger, massiver Bau mit Satteldach und mittigen Zwerchgiebeln, also kleinen, quer zum Dachfirst gesetzten Dachhäuschen. Es wurde, wie der Bahnhof von Hermaringen, 1874 als Bestandteil des jüngeren Streckenabschnitts der Eisenbahnlinie Aalen-Ulm errichtet. Wissenswert! Das Erdgeschoss wird bestimmt durch ein sauber bearbeitetes Kalksteinquaderwerk mit rundbogigen Öffnungen. Über einem Gesims mit Stationstafeln folgt das in Sichtbackstein gehaltene Obergeschoss. Der Dachbereich weist verziertes Holzwerk auf.

Vor dem Bahnhof stehend wenden wir uns nach links und gehen auf der Asphaltstraße parallel zu den rechts liegenden Bahngleisen. Am Ende des Ortes geht die Straße in einen Fuß-/Radweg über, der weiterhin am Bahndamm entlangfuhrt. Wenden wir den Blick hier nach links, sehen wir das Hermaringer Gewerbegebiet, ein Areal vor- und frühgeschichtlicher Siedlungen. Wir überqueren die Hürbe auf einer Brücke und folgen dem Weg weiter. Schließlich gelangen wir zu einer rechter Hand liegenden Bahnunterführung, durch die wir hindurchgehen und dahinter dem Weg den Hang hinauffolgen. Auf der Hügelkuppe angekommen zweigt nach rechts ein grasbewachsener Waldweg ab. Nach etwa 200 Meter zeichnen sich auf der rechten Seite die Reste der Ravensburg im Wald ab.

Das Areal steht unter Naturschutz. Bitte die Verbote beachten!

❺ Die Ravensburg

Bei der so genannten Ravensburg handelt es sich um eine Anlage aus Wall und einem kaum erkennbarem, davor liegenden Graben. Der Wall verläuft in etwa u-förmig westlich des Weges, östlich ist kein

Teilstück nachgewiesen. Er umschließt eine Fläche von ca. 70 x 140 Meter. Im nordöstlichen Bereich befindet sich auf 50 Meter Länge der Rest eines zweiten, inneren Walles.

Eine Burg mit Namen Ravensburg ist aus mittelalterlicher Zeit nicht überliefert. Nachrichten über das Burgareal sind spärlich: 1653 ist das Areal im Besitz des Herzogs Manfred von Württemberg-Weiltingen, der es im selben Jahr an Franz von Welz verkauft.
Die Zeitstellung der Wallanlage bleibt somit im Dunkeln. Insgesamt entspricht sie nicht dem Charakter hoch- oder spätmittelalterlicher Burgen, eher ist an eine vorgeschichtliche oder frühmittelalterliche Entstehung zu denken.

Aus Gründen des Naturschutzes kann man die Wallanlage nur in der Zeit vom 1. Juli bis 31. Januar auf dem Forstweg umrunden.

Wir kehren auf derselben Wegstrecke zur Hürbe-Brücke zurück. Hier fließt die Hürbe bald darauf in die Brenz. Hinter der Brücke wenden wir uns jedoch nach links, unter der Bahnbrücke hindurch, um hinter dem Bahndamm auf einem schmalen, geschotterten Pfad nach rechts abzubiegen. Der Pfad knickt bald nach links ab und stößt auf einen asphaltierten Weg. Auf diesem bleiben wir, halten uns also an der nächsten Gabelung rechts und kommen durch eine Schrebergartenkolonie. An der folgenden T-Kreuzung biegen wir nach rechts ab und folgen dem Weg, bis wir auf die *K 3021* stoßen. Wir überqueren sie und halten uns auf der gegenüberliegenden Seite auf dem linken, asphaltierten Weg. Von dieser Strecke aus, der wir etwas mehr als einen Kilometer folgen, bietet sich ein schöner Ausblick in den Süden und Westen nach Burgberg und Hürben. Schließlich nehmen wir an der nächsten Kreuzung den nach rechts abzweigenden Schotterweg, der uns den Hang hinaufführt. Oben angelangt, liegt rechter Hand der Parkplatz, der Ausgangspunkt unserer Wanderung.

Tour 14
Lonetal – Bissingen

14

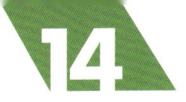

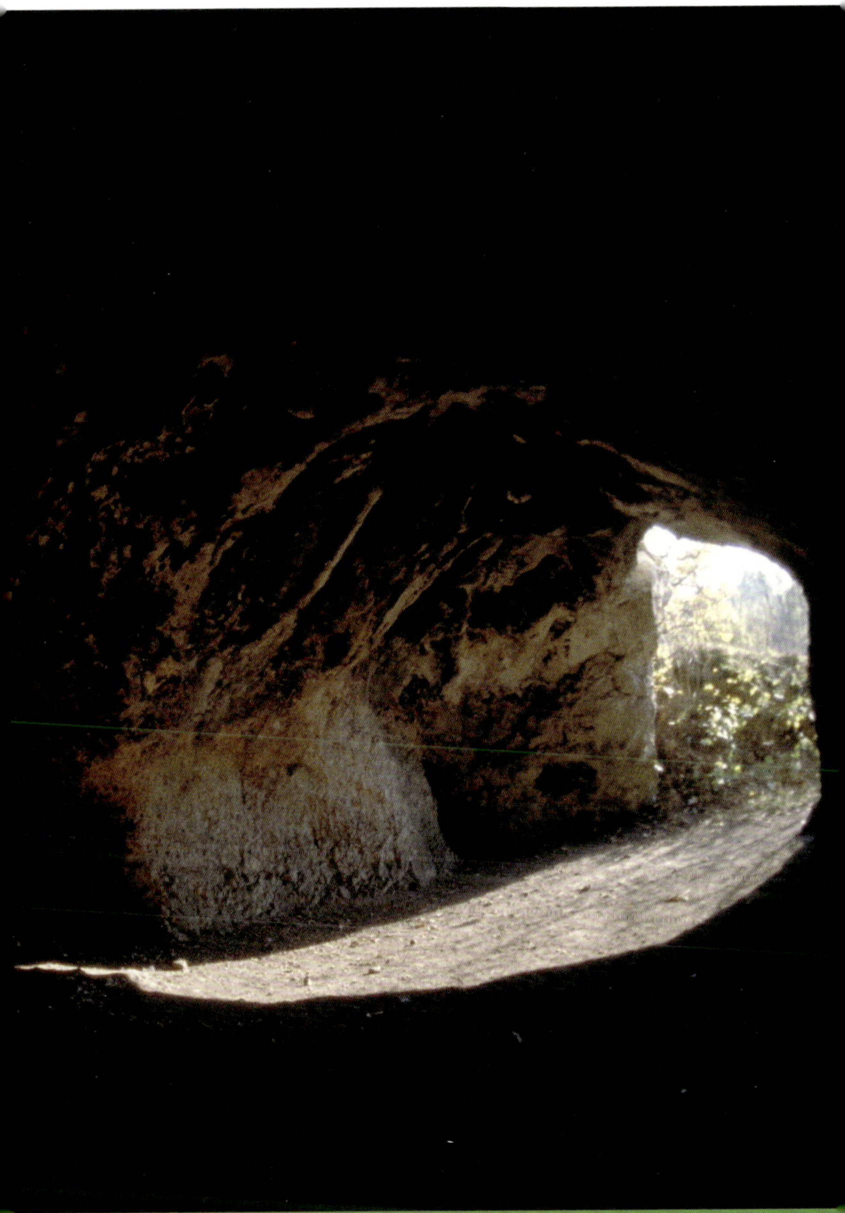

Neandertaler und Co.
im Lonetal

14. Lonetal – Bissingen

Neandertaler und Co. im Lonetal

Kurzinfo

Start:	Parkplatz zwischen Bissingen und Stetten an der *L 1168*	

Anfahrt: Über die *A 7* – Ausfahrt Niederstotzingen – auf die *L 1168* Richtung Niederstotzingen fahren. Hinter Bissingen führt die Straße ins Lonetal hinab. Auf der rechten Seite liegt etwa 1 km hinter Bissingen der Parkplatz, von dem aus die Wanderung startet. Ein weiterer Parkplatz befindet sich nur 250 Meter weiter auf der linken Seite unterhalb der Vogelherd-Höhle.

ÖPNV: Busverbindungen aus Heidenheim nach Bissingen

Strecke: ca. 15,5 km, abgekürzt: ca. 10 km

Dauer: reine Gehzeit ca. 5 Stunden, Abkürzung: ca. 3 Stunden

Charakter: Rundwanderung mit wenigen mittelschweren An- und Abstiegen und Ortsbesichtigung Bissingens

Vom Parkplatz aus nehmen wir den im Tal entlang des Waldrandes verlaufenden Schotterweg, die Lone liegt dabei auf der linken Seite. Bei der nächsten Möglichkeit biegen wir nach links Richtung Rahmensteinfels ab und gelangen über eine Brücke auf die andere Talseite, wo wir dem verwachsenen Schotterweg nach rechts den Hang hinauf folgen. Auf dieser Talseite befinden wir uns bereits im benachbarten Alb-Donau-Kreis. An der nächsten Weggabelung gehen wir geradeaus weiter und kommen an der Abteilungstafel „18/2 Dornhau" vorbei. An der folgenden Gabelung folgen wir dem breiten Schotterweg nach rechts. Nach etwa 750 Meter und mehreren, von links auf den Hauptweg treffenden Wegen zweigt in einer leicht abwärts verlaufenden Rechtskurve auf der linken Seite im spitzen Winkel ein grasbewachsener Waldweg ab. Nach etwa 50 Meter, kurz vor Erreichen des Waldrandes, liegen auf der rechten Seite dieses Weges die Steinfundamente von zwei Gebäuden, die zu einem römischen Gutshof gehören. Die Steine können so stark eingewachsen sein, dass eine längere Suche nicht lohnenswert erscheint.

❶ Die Ruinen des römischen Gutshofes im „Lehenhölzle"

Insgesamt vier Gebäudereste konnte L. Bürger im Jahre 1890 am Südrand des Lonetals untersuchen. Deren gleichförmige Ausrichtung spricht für die Zugehörigkeit zum Komplex eines römischen Gutshofes (*villa rustica*) Wissenswert! des 2. und 3. Jahrhunderts n. Chr., dessen obligatorische Umfassungsmauer aber bislang nicht nachgewiesen werden konnte. Die beiden östlichen Gebäude auf der rechten Seite des Weges sind 9 x 11 Meter und 14 x 17 Meter groß. Sie werden als Hauptwohngebäude und Speicher angesprochen. Das kleinere Hauptgebäude besitzt unter seiner südlichen Hälfte einen Keller mit zwei Lichtschächten und einem Aufgang. Während der Ausgrabungen gefundener bemalter Wandverputz zeugt von der einstigen Ausgestaltung der Wohnräume.

Wenn wir auf den ursprünglichen Hauptweg zurückkehren und diesen nach links weitergehen, gelangen wir an eine Gabelung mit Grillplatz. An der Weggabelung haben wir die Möglichkeit, einen Abstecher nach Lindenau zu machen, um dort im **14.1** „Schlößle" einzukehren – an warmen Tagen am besten im Biergarten. Hierzu wählen wir den links abzweigenden Weg, der aus dem Wald bergauf herausführt. Der Weg ist auch ausgeschildert. Am Waldrand angelangt, müssen wir noch einige hundert Meter auf dem Asphaltweg über die Felder gehen, bis wir unsere Einkehrmöglichkeit erreichen.

„Zum Schlößle Lindenau" – mit Info-Station zur Höhle des Löwenmenschen

14.1

Wissenswert

Die Vergangenheit der Gemäuer reicht bis ins Jahr 1274 zurück. Zu dieser Zeit stand in Lindenau eine berühmte Wallfahrtskirche, die 1312 von Rammingen an das Kloster Kaisheim verschenkt wurde. Die Wallfahrtskirche wurde um ein Hospiz erweitert. Als Lindenau allerdings im Jahr 1803 an die Bayern ging, wurde die Kirche abgerissen. Das noch erhaltene Hospitum wurde dann in ein Jägerhaus umgewandelt und kam 1833 in den Besitz eines Privatmannes. Von diesem wurde es als Bauernhaus genutzt. Später wurde eine Gaststätte eingerichtet, die heute zu einem der beliebtesten Ausflugslokale der Region zählt.

In der ehemaligen Martinsklause findet man eine archäologische Info-Station zur Höhle des Löwenmenschen einschließlich einer GeoPark-Infostelle.

Weitere Infos im Flyer und S. 294.

Ohne Einkehr folgen wir dem Schotterweg weiter talabwärts, der hier als Radweg ausgeschildert ist.

Am Waldrand angekommen, wenden wir uns nach rechts auf einen schmalen Pfad oder gehen weiter unten über die Wiese nach rechts ins Lonetal hinein. Nach einem kurzen Stück eröffnet sich uns auf der rechten Seite der Blick auf die imposante Felswand des Hohlenstein.

14. Lonetal – Bissingen

❷ Die Fundplätze Bärenhöhle und Stadel im Felsmassiv Hohlenstein

Das Felsmassiv des Hohlenstein gliedert sich in drei Höhlen. Auf der rechten Seite trifft man zunächst auf die so genannte Bärenhöhle. Nach einer Sondage 1937 führte R. Wetzel zusammen mit M.-L. Taute-Wirsing von 1954 bis 1961 die umfangreichsten Ausgrabungen durch. Sie betrafen, genau wie die frühen Grabungen von O. Fraas aus den 1860er Jahren, nur den vorderen Teil der ungefähr 60 Meter tiefen Höhle. Ihr hinterer Bereich ist zum Schutz gegen unerlaubte Nachforschungen mittlerweile abgeriegelt.

Die in der Bärenhöhle angetroffenen Fundschichten belegen eine Nutzung im Mittel- und Jungpaläolithikum, im Altneolithikum, in Frühbronze-, Urnenfelder- und La-Tène-Zeit sowie in der Römischen Epoche. Die Höhle verdankt ihren Namen den Unmengen in ihr gefundener Knochen des Höhlenbären, der die Höhle als Winterquartier nutzte. Ein herausragender archäologischer Fund ist das Halbfabrikat einer Harpunenspitze aus Rengeweih, die dem Magdalénien zuzuweisen ist. Links oberhalb der Bärenhöhle ist das als Kleine Scheuer bezeichnete Felsdach zu erkennen. Dort wurden mehrere Sondagen vorgenommen. Die Funde belegen auch hier eine Nutzung im Jung- und Spätpaläolithikum sowie im Neolithikum.

Die bedeutendsten Funde stammen aus dem Hohlenstein-Stadel, dessen beeindruckender acht Meter breiter und vier Meter hoher Eingang die linke Seite der Felswand einnimmt. Erst nachdem die Überreste einer Mauer, die die 60 Meter tiefe Höhle seit dem 16. Jahrhundert verschloss, 1937 abgebrochen wurden, waren Grabungen im Inneren möglich. R. Wetzel und O. Völzing konnten Fundschichten nachweisen, die eine Nutzung der Höhle im Mittel- und Jungpaläolithikum belegen. Zahlreiche nacheiszeitliche Funde aus den oberen Schichten zeugen von weiteren Aufenthalten des Menschen von der Jungsteinzeit bis in die römische und frühalamannische Zeit.

Das Mittelpaläolithikum, auch mittlere Altsteinzeit genannt, ist die Zeit des Neandertalers. Von den meisten Fundstellen sind lediglich die von den Neandertalern hergestellten Artefakte bekannt. Knochenreste von Mammut, Wollnashorn, Höhlenbär oder Wildpferd geben Auskunft über die bevorzugten Jagdtiere. Allerdings haben sich im Stadel auch Spuren der Neandertaler selbst erhalten und zwar in Form eines ⓮.2 Oberschenkelfragments, als einziger Neandertalerknochen auf der Alb.

Mit den Zeitstufen, die als Aurignacien und Magdalénien bezeichnet werden, befinden wir uns bereits im Jungpaläolithikum, das durch das Auftreten der ersten anatomisch modernen Menschen charakterisiert ist. Sie hinterließen im Stadel nicht nur Werkzeuge, Waffen und Schmuck aus Stein, Geweih, Knochen und Elfenbein, sondern auch eines der berühmtesten figürlichen Kunstwerke dieser Zeit. Die als „Löwenmensch" bekannt gewordene, knapp 30 Zentimeter große Statuette aus Mammutelfenbein kann auf etwa 32.000 Jahre vor heute (Aurignacien) datiert werden. Sie wurde erst 1970, also Jahrzehnte nach den Ausgrabungen, aus kleinen Einzelteilen zusammengesetzt. Ihre Deutung ist freilich nicht einfach. Wahrscheinlich zeigt sie ein Mensch-Tier-Mischwesen, und ist in einen schamanistischen Zusammenhang zu stellen.

Der Stadel hat noch andere erstaunliche Befunde geliefert. So fand sich unter dem Fundament der Mauer eine mit Rötel ausgestreute Grube, in der in der späten Mittelsteinzeit (7. Jahrtausend v. Chr.) die Köpfe eines Mannes, einer Frau und eines Kleinkindes beigesetzt worden waren. Schlagspuren deuten für diese wohl zu einer Familie gehörenden Individuen einen gewaltsamen Tod an. Bereits in die Jungsteinzeit, in das späte fünfte vorchristliche Jahrtausend, datieren dagegen zwei mit Steinen eingefasste Mulden, in der über 1200 Skelettreste von mindestens 54 Menschen, Frauen wie Männern gefunden wurden. Über die Hälfte waren Kinder und Jugendliche. Die Zusammensetzung der Knochen zeigt, dass die Toten an anderer Stelle auf natürliche Weise skelettiert sind. Ausgewählte Skelettteile waren später am Höhleneingang wieder bestattet worden.

Über den schmalen Pfad kehren wir zurück auf den geschotterten Weg und gehen diesen nach rechts weiter über eine Brücke zur anderen Lonetalseite. Wir folgen dem nach links ziehenden Weg am Waldrand entlang durch das ganze Tal (1,5 Kilometer), bis wir vor der querenden K 3022 an einen Parkplatz kommen. Direkt vor dem Parkplatz nehmen wir den Feldweg nach links, der über eine Wiese auf eine kleine Furt zuführt, über die wir die Lone – falls Wasser führend – überqueren. Auf der anderen Seite wenden wir uns nach rechts und umrunden den Hügel auf einem undeutlichen, grasbewachsenen Feldweg. Schließlich können wir an der Stelle, an der von rechts ein Feldweg von der Straße zum Wald führt, nach links über einen schmalen Pfad den Hügel hinaufgehen und gelangen so zur Bocksteinschmiede und Bocksteinhöhle. Die letzten Meter geht es steil bergauf. Vom Parkplatz aus dauert der Abstecher etwa zehn Minuten.

Neandertaler und moderner Mensch – Zwischen Gegeneinander und Miteinander

14.2

Wissenswert

Schon seit Beginn der altsteinzeitlichen Forschung im 19. Jahrhundert faszinierte die Frage, ob sich Gruppen von Neandertalern und anatomisch modernen Menschen getroffen haben, und wie dieses Zusammentreffen gegebenenfalls abgelaufen sei. Vor allem in der populärwissenschaftlichen Literatur sind in jüngster Zeit zahlreiche Szenarien entworfen worden, die von einer Ausrottung des Neandertalers durch *homo sapiens sapiens* bis hin zu einer friedlichen Koexistenz samt gemeinsamer Nachkommen alle Möglichkeiten beinhalten.

Von wissenschaftlicher Seite aus betrachtet bleibt folgendes festzuhalten: Die Möglichkeit eines Zusammentreffens war in Mittel- und Westeuropa am ehesten gegeben, da hier nachweislich zwischen 40.000 und 30.000 Jahren vor heute Neandertaler und moderner Mensch gleichzeitig lebten. Die Unterschiede zwischen den Menschenarten waren nicht stark ausgeprägt. Gerade in den Jahren seit 45.000 vor heute gab es in der Kultur des Neandertalers sehr innovative Entwicklungen und es ist durchaus möglich, dass aus geschlechtlichen Beziehungen der Menschenarten Nachkommen hätten entstehen können, die wiederum fruchtbar gewesen wären.
Unter den mittlerweile in Mitteleuropa recht zahlreichen Funden menschlicher Knochen gibt es aber fast keine „Mischlingsformen". Außerdem ist an den von beiden Menschenarten aufgesuchten Plätzen immer ein eindeutiges Nacheinander der beiden Kulturen zu erkennen. Hinweise auf Kämpfe gibt es nicht.

Beim gegenwärtigen Forschungsstand ist es also am meisten wahrscheinlich, dass sich die Neandertaler nach der Einwanderung der modernen Menschen immer weiter zurückzogen, so dass sie um 30.000 vor heute nur noch in den europäischen Randgebieten existierten. Hier, wo ein Zurückweichen kaum noch möglich war, ist eine Mischung der Menschenarten nicht ausgeschlossen. Zumindest liegt aus Portugal ein auf 24.500 Jahre vor heute datiertes Kinderskelett vor, das tatsächlich Merkmale beider Menscharten vereint. Auf der Schwäbischen Alb sind sich Neandertaler und anatomisch moderner Mensch aber vermutlich nicht begegnet.

❸ Die Fundstellen Boksteinhöhle und Bocksteinschmiede

Auf der rechten Seite des Felsmassivs gelangen wir zum so genannten Bocksteinloch, einer kleinen, lediglich acht Meter tiefen Höhle, die nur wenige Funde lieferte. Von großer Bedeutung ist dagegen der Höhlenvorplatz, der als Bocksteinschmiede bekannt wurde und hauptsächlich Fundschichten des Mittel- und Jungpaläolithikums aufwies, welche zwischen 1933 und 1935 von R. Wetzel ausgegraben wurden. Die dritte dort angetroffene Hauptfundschicht ist unter der Bezeichnung Bockstein III in die Fachliteratur als maßgeblicher Fundkomplex eingegangen. Er umfasste mehr als 3.000 Steinwerkzeuge, darunter zahlreiche faustkeilartige Formen, die auf die Tätigkeit der Neandertaler zurückgehen. Ihre tierische Nahrung stellten wiederum Wildpferd, Mammut und Wollnashorn dar, aber auch Rentier und der Riesenhirsch. Aus den jungpaläolithischen Schichten liegen insgesamt nur wenige Artefakte vor, so dass mit einer nur kurzen Anwesenheit der modernen Menschen gerechnet werden kann.

Die linke Seite des Felsens wird von der Bocksteinhöhle eingenommen. Bereits in den 1880er Jahren wurde die 9 Meter hohe und 15,7 Meter tiefe Höhle fast vollständig von L. Bürger und F. Losch ausgegraben. Wie bei der Bocksteinschmiede lassen sich auch hier Schichten des Mittel- und Jungpaläolithikum nachweisen, darüber hinaus liegen sporadische Funde bis ins Mittelalter vor. Bedingt durch die damalige Ausgrabungstechnik – unter anderem wurde der untere Teil des heutigen Höhleneingangs einfach freigesprengt – ließen sich vor allem die Funde der jüngeren Altsteinzeit nicht immer eindeutig zuordnen. Gesicherte Fundzusammenhänge erbrachten erst die Nachgrabungen am ursprünglichen, erst 1953 entdeckten Höhleneingang von R. Wetzel und M. L. Taute-Wirsing.

Auf derselben Wegstrecke kehren wir bis zum Parkplatz hinter der Furt zurück. Von hier aus nehmen wir den auf der gegenüberliegenden Seite schräg rechts den Hang hinauf führenden, etwas zugewachsenen Waldweg. Diesem folgen wir, bis wir auf einen querenden Fuhrweg stoßen, den wir scharf rechts weitergehen. Wir bleiben auf diesem Weg, bis wir nach etwa 1,3 Kilometer abermals einen querenden Schotterweg erreichen, dem wir nach rechts folgen. Nach einer Hütte auf der linken Seite biegen wir bei der nächsten Möglichkeit links ab. Wir kommen schließlich an eine Gabelung, an der wir uns rechts halten. Im Wald auf der linken Seite, im Zwickel der beiden Wege, befindet sich ein verschliffener Steinhügel.

④ Die Steinhügel am nördlichen Rand des Lonetals

Der flache und im Durchmesser nur wenige Meter große Hügel ist aus Kalksteinbrocken aufgehäuft. Er stellt in der näheren Umgebung keinen Einzelfall dar: Bereits nördlich des Wanderparkplatzes bei der Bocksteinhöhle, auf dem so genannten „Buschlenberg", liegen 14 Steinhügel, die als „Grabhügel" in jeder topografischen Karte vermerkt sind. Am momentanen Standort und weiter nordöstlich davon, in den Gewannen „Gemeindle" und „Stocker", wurden bereits am Ende des 19. Jahrhunderts weitere 76 Steinhügel lokalisiert.

Die Ansprache dieser Hügel ist schwierig und daher umstritten. Zum Zeitpunkt ihrer ersten Entdeckung ging man davon aus, zweifellos prähistorische Grabhügelfelder entdeckt zu haben, auch wenn eindeutiges und datierbares Material bis heute fehlt. Begehungen in der Mitte des 20. Jahrhunderts führten zu der Überzeugung, es handele sich bei den Hügeln und den vereinzelt auftretenden Steinwällen ausnahmslos um Relikte der Landwirtschaft, also um so genannte „Lesesteinhaufen". Sie entstehen, wenn die Landwirte immer wieder die ungeliebten Steine von ihren Feldern aufsammeln und an entlegener Stelle in Form von kleinen Haufen oder Wällen ablagern. Ausgrabungen des Landesamts für Denkmalpflege im Sommer 2006 in einem dieser Steinhügelfelder bei Westerstetten erbrachten eindeutige Belege, dass es sich um mittelalterliche Lesesteinhaufen handelt.

Wir bleiben auf dem eingeschlagenen Weg. An der nächsten Gabelung hält man sich links. ⓐ Wenn wir uns hier rechts halten, gelangen wir in etwa acht Minuten zum Parkplatz.

Nach Erreichen des Waldrandes zweigt der Weg rechts ab und geht alsbald in einen Asphaltweg über, den wir geradeaus weitergehen. Linker Hand sehen wir bereits das Neubaugebiet von Bissingen. Wir stoßen schließlich an die *L 1168*, überqueren diese und wenden uns zunächst nach rechts. Nach 125 Meter gelangen wir an die St. Leonhard-Kapelle.

⑤ Bissingen ob Lontal

Die Kapelle St. Leonhard wurde um 1700 an der Stelle einer seit dem 16. Jahrhundert belegten Vorgängerkirche erbaut. Sie besitzt eine barocke Ausstattung und als einzige Dachzierde einen Dachreiter mit Zwiebelhaube. Etwa 1790 wurde westlich ein Haus angebaut. Die Lage der Kirche außerhalb des eigentlichen Dorfes lässt sich vielleicht damit erklären, dass bereits der ältere Kirchenbau eine Eremitage gewesen war. Im 18. Jahrhundert nutzten die katholischen Bauherren Tänzel von Tratzberg, denen auch ein Teil der Ortsherrschaft gehörte, die Kapelle, um den evangelischen Teil der Ortsbevölkerung mithilfe von Missionspredigten zur Konversion zu bewegen. Sie hatten jedoch keinen Erfolg. Die Kirche sollte tagsüber zur Besichtigung geöffnet sein und bietet bei schlechtem Wetter eine gute Schutzmöglichkeit.

Wir gehen die *Hauptstraße* zurück und gelangen so zum Ortskern von Bissingen. Hier säumt eine ganze Reihe von interessanten historischen Gebäuden unseren Weg.

Auf der rechten Seite liegt mit der Haus-Nr. 59 das ehemalige Schulgebäude des Ortes. Es handelt sich um einen Massivbau mit Satteldach, das 1836 errichtet worden ist. Besonders bemerkenswert ist die von außen kaum auffallende Zweiteilung in der Mitte des Hauses, die zu einem vom Keller bis zum Dach durchgehenden symmetrischen Doppelhaus-Grundriss führt. Der Grund hierfür liegt in der konfessionellen Zweiteilung des Ortes, die auch vor der Schulbildung nicht halt machte.

Vor der erhöht gelegenen Hauptkirche des Ortes biegen wir rechts in eine Gasse ab und gehen diese bis zum Ende weiter. Hier befindet sich das Pfarrhaus von Bissingen (Haus-Nr. 47). Das zweigeschossige und mit einem Walmdach versehene Gebäude wurde 1830 an dem Platz erbaut, an dem bereits zwei Vorgängerbauten gestanden hatten. Das massiv gebaute Haus besitzt noch einige originale Ausstattungsdetails wie beispielsweise Treppen und Stuckprofildecken. Zum insgesamt sehr eindrucksvollen Pfarrhausensemble gehört außerdem der auf der gegenüberliegenden Seite gelegene Pfarrstadel samt Stall- und Remisenanbau.

Auf dem Weg zurück zur *Hauptstraße* gelangt man über eine Treppe auf den erhöht liegenden Kirchhof mit der Pfarrkirche. Die ursprünglich den Heiligen Georg und Martin geweihte und leider nur unregelmäßig geöffnete Chorturmkirche hat zwar im 16. sowie im 18. und 19. Jahrhundert Veränderungen erfahren, im Kern ist aber der Bestand der Erbauungszeit zwischen 1200 und 1220 bewahrt geblieben. Bemerkenswert sind die romanischen Arkadenkapitelle am mächtigen Chorturm. Im Inneren beeindrucken vor allem die im Apsisbogen erhaltenen Reste spätromanischer Wandmalerei, die die namengebenden Heiligen zeigen. Weitere Wandmalereien aus der Zeit um 1400 konnten auf der Nord- und Südseite des flach gedeckten Kirchenschiffs in den 1960er Jahren freigelegt werden. Die aufgrund der konfessionellen Zweiteilung des Ortes zwischen 1568/69 und 1964 als Simultankirche genutzte Pfarrkirche gehört zu den wenigen Bauten im Landkreis Heidenheim, die noch romanische Bausubstanz aufweisen können (Tour 16, Galluskirche).

Vom Haupteingang der Kirche aus erreichen wir über eine Treppe wieder die *Hauptstraße*. Ein kleines Stück weiter steht auf der linken Straßenseite zwischen den Grundstücken Nr. 34 und 36 ein kleines massives **14.3** Ausgedinghaus mit Satteldach. Das auf einem Privatgrundstück stehende und daher unzugängliche Gebäude ist um 1850 über einem Tonnengewölbekeller errichtet worden und zeigt eine stringente Einteilung: Das Erdgeschoss enthält Stall-, Wirtschafts- und Remisenräume, die Wohnräume befinden sich im Obergeschoss. Dort ist die Ausstattung der Erbauungszeit mit Dielung, Türen und Kachelofen nahezu komplett erhalten. Aber auch die Außenfassade mit Sockelputz und Fensterläden mit „diamantierten" Füllungen verdeutlicht die insgesamt sehr aufwändige Gestaltung des Gebäudes.

Von der *Hauptstraße* zweigt rechter Hand die *Ehmannstraße* ab. Unter der Haus-Nr. 5 finden wir ein weiteres, baulich jedoch abweichendes Ausgedinghaus. Es wurde laut Bauinschrift im Türsturz 1867 errichtet und besitzt nur ein Geschoss, in dem sich haupsächlich Wohnräume befinden. Wie das Ausgedinghaus ist auch das unweit gelegene Bauernhaus (Haus-Nr. 7) mit seiner innen wie außen nahezu original überlieferten Ausstattung der Erbauungszeit von 1885 ein völlig intaktes Beispiel des ländlichen und regionalspezifischen Hausbaus im 19. Jahrhundert.

Das Ausgeding

14.3

Ausgedinghäuser sind ein typischer Bestandteil von Bauerngehöften. Der Begriff „Ausgeding" bezieht sich dabei auf einen Vorgang, bei dem festgehalten wurde, was die ältere Generation sich als Altersvorsorge „ausbedingt". Ausgedinghäuser dienten folglich zur Unterbringung der älteren Generation eines Bauernhofes, die das Haupthaus samt Wohnteil an den Erben des Hofes und seine Familie abgegeben hatte. Im Ausgeding verlebte sie nun ihr Altenteil. Die meistens schriftlich festgehaltenen Regelungen über die Altersvorsorge beinhalteten außerdem, was die Altenteiler abgesehen vom Häuschen noch erhalten sollten, etwa Nahrungsmittel oder Brennholz.

Die Gebäude können je nach Lage und Wohlstand der Bauernfamilie recht unterschiedlich ausfallen. Es sind Ausgedinge bekannt, die lediglich eine Wohnfläche von 16 Quadratmeter umfassen. Andere Häuser sind sogar zweistöckig und besitzen einen separaten Stall- bzw. Wirtschaftsteil für den eigenen Haushalt der „Altenteiler".

Die Sitte des Auszugs der alten Bauernleute aus dem Haupthaus in das Ausgeding erlosch weitgehend in der Mitte des 20. Jahrhunderts. Die Häuser wurden danach umgenutzt oder abgerissen. Nur wenige sind heute noch intakt und können noch einen Eindruck über das Leben in einem Dorf vor 100 Jahren vermitteln.

Wissenswert

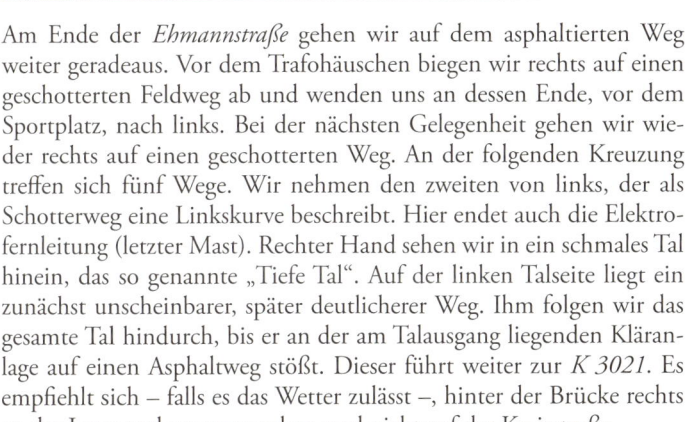

Am Ende der *Ehmannstraße* gehen wir auf dem asphaltierten Weg weiter geradeaus. Vor dem Trafohäuschen biegen wir rechts auf einen geschotterten Feldweg ab und wenden uns an dessen Ende, vor dem Sportplatz, nach links. Bei der nächsten Gelegenheit gehen wir wieder rechts auf einen geschotterten Weg. An der folgenden Kreuzung treffen sich fünf Wege. Wir nehmen den zweiten von links, der als Schotterweg eine Linkskurve beschreibt. Hier endet auch die Elektrofernleitung (letzter Mast). Rechter Hand sehen wir in ein schmales Tal hinein, das so genannte „Tiefe Tal". Auf der linken Talseite liegt ein zunächst unscheinbarer, später deutlicherer Weg. Ihm folgen wir das gesamte Tal hindurch, bis er an der am Talausgang liegenden Kläranlage auf einen Asphaltweg stößt. Dieser führt weiter zur *K 3021*. Es empfiehlt sich – falls es das Wetter zulässt –, hinter der Brücke rechts an der Lone entlang zu wandern und nicht auf der Kreisstraße.

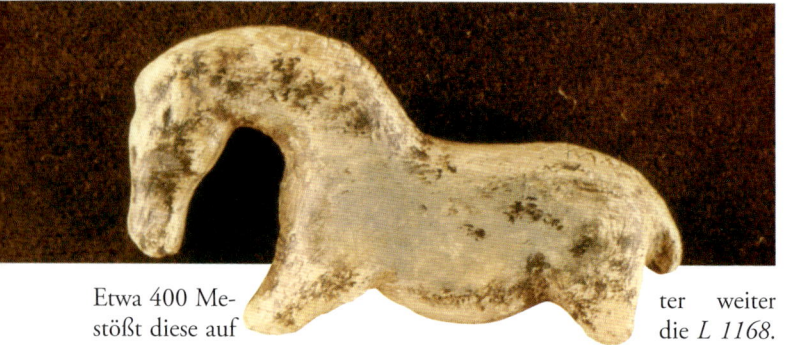

Etwa 400 Me-ter weiter stößt diese auf die *L 1168*. Auf der linken Seite befindet sich ein Parkplatz mit einem Info-Schild zum Donauradweg und ein Aufgang zur Vogelherd-Höhle, auf dem wir zu den verschiedenen Höhleneingängen gelangen.

Unser Ausgangspunkt liegt schräg gegenüber auf der anderen Seite der Landesstraße. Auf einem asphaltierten Rad- und Fußweg auf der rechten Seite der Straße, Richtung Bissingen, gelangen wir bequem zum Ausgangsparkplatz zurück.

❻ Die Vogelherd-Höhle

Unterhalb der Kuppe des Bergsporns öffnen sich die drei Eingänge der Vogelherd-Höhle, an denen man etwa 18 Meter über dem Talboden auf dem beschriebenen Pfad vorbeigeführt wird. Auf die Spur der völlig verschütteten Höhle führten im Mai 1931 Feuersteinsplitter im Auswurf eines Dachsbaus. Noch im selben Jahr wurde die Höhle in nur knapp drei Monaten unter Leitung des Tübinger Urgeschichtsforschers Gustav Riek vollständig ausgegraben. Die ermittelte Schichtenabfolge lieferte zuunterst Funde der mittleren Altsteinzeit. Eine längerfristige Nutzung des Höhlensystems lässt sich dann für den ältesten Abschnitt der jüngeren Altsteinzeit, dem Aurignacien, nachweisen. Davon zeugen nicht nur zahlreiche Feuerstellen, sondern besonders auch das reichhaltige Fundmaterial. Vor dem Südwesteingang und in der dahinter liegenden Halle wurden Geräte aus Hornsteinknollen hergestellt.

Es handelt sich vor allem um Kratzer, Stichel und Spitzen. Zum Geräteinventar gehörten aber auch Artefakte aus Knochen, Geweih und Elfenbein wie Geschossspitzen, Glätter, Pfrieme und Lochstäbe. Die aufgefundenen Tierknochen geben Auskunft über den mithilfe der Jagd abgedeckten Speisezettel der Menschen: Am häufigsten sind Mammut, Wollnashorn, Wildpferd, Rentier und Wolf nachgewiesen.

Was die Vogelherd-Höhle jedoch von den übrigen Höhlenfundplätzen unterscheidet und sie zu einer der bedeutendsten Fundstellen des Jungpaläolithikums erhebt, sind mehrere kunstvoll geschnitzte Elfenbeinfiguren, die im Inneren der Höhle gefunden worden sind. Es handelt sich um plastische Darstellungen von Mammut, Wildpferd, Rentier, Panther, Bär, Wildrind und Höhlenlöwe. Ausgrabungen der Universität Tübingen brachten 2006 eine vollständig erhaltene Mammutfigur und weitere Artefakte ans Licht. Diese zwischen 35.000 und 30.000 Jahren vor heute hergestellten Plastiken gehören zu den ältesten von Menschen gestalteten Kunstwerken und zeigen überdeutlich die bereits zu dieser Zeit hochentwickelten Fertigkeiten unserer **14.4** Vorfahren.

Überreste des frühen modernen Menschen schienen sich im Vogelherd auch erhalten zu haben – so dachte man zumindest bis vor wenigen Jahren. Fragmentierte Reste eines Schädels mit Unterkiefer sowie von Oberarm- und Mittelhandknochen und von zwei Lendenwirbeln wurden einer in späterer Zeit gestörten Bestattung aus dem Aurignacien zugeschrieben. Eine neue Radiokarbon-Datierung erbrachte jedoch ein spätneolithisches Alter der Knochen. Somit sind aus Süddeutschland momentan keine frühen modernen Menschen über Knochenfunde nachweisbar.

Aus dem in den übrigen Höhlen besser vertretenen Magdalénien sind im Vogelherd nur wenige Funde bekannt. Umso interessanter ist die Nutzung der Höhle im Altneolithikum während der bandkeramischen Kultur. Neben Funden von Keramik und Steingeräten konnten im Eingangsbereich der großen Höhle Reste von sechs Hockerbestattungen dieser Zeitepoche ausgegraben werden.

Eiszeitkunst aus dem Lonetal

14.4

Wissenswert

Die Artefakte der Altsteinzeit, die man heute als Schmuckstücke oder kunsthandwerkliche Produkte einstuft, treten erst ab dem Jungpaläolithikum auf. Diese Zeitepoche ist vor allem durch das erste Auftreten des anatomisch modernen Menschen (*homo sapiens sapiens*) in unseren Breiten charakterisiert und beginnt nach aktuellen Datierungsansätzen frühestens 40.000 Jahre vor heute.

Schmuck ist bis auf wenige umstrittene Ausnahmen aus der davor liegenden Zeit des Mittelpaläolithikums, also der Zeit des Neandertalers, so gut wie unbekannt. Lediglich wenige und sehr späte Artefakte liegen von Fundstellen in Burgund vor. Alles in allem kann man also davon ausgehen, dass die „Erfindung" von Schmuck erst auf den modernen Menschen zurückgeht.

Die Schmuck- und Kunstindustrie der jüngeren Altsteinzeit ist vielfältig und besonders ausgeprägt in den Höhlen der Schwäbischen Alb. Zu den ältesten Formen gehören feine, doppelt durchlochte Elfenbeinanhänger und Scheibenperlen aus dem gleichen Material. Beliebt waren durchbohrte Eckzähne von Füchsen. Als Anhänger wurden auch Zähne von Steinbock und Höhlenbär oder Hirschgrandeln getragen.

Als wahre „Kunstwerke" muss man die zahlreichen Elfenbeinfiguren bezeichnen, die bereits im Text beschrieben wurden. Sie ermöglichen auf eindrucksvolle Weise Einblicke in die Gedanken- und Vorstellungswelt der damaligen Menschen, wie man es sonst nur von den französischen und spanischen Fundplätzen mit Höhlenmalereien kennt.

Weitere Ausstellungen und Informationen zum Lonetal und den Zeitepochen findet man im Ulmer Museum, im Urgeschichtlichen Museum Blaubeuren und unter www.lonetal.net. Infos im Flyer und S. 294.

Tour 15
Hürben – Burgberg – Lontal

15

Spuren des Mittelalters
und Höhlenbären

15 Hürben – Burgberg – Lontal

Spuren des Mittelalters und Höhlenbären

Kurzinfo ⓘ

Start:	Parkplatz bei der Charlottenhöhle/HöhlenErlebnisWelt in Giengen-Hürben
Anfahrt:	Von der *A 7* kommend die Ausfahrt 117 Giengen/Herbrechtingen nehmen und für etwa 1,7 km der Ausschilderung Richtung Charlottenhöhle folgen. Der Parkplatz liegt unterhalb der Charlottenhöhle direkt an der *K 3020*.
ÖPNV:	Busverbindungen aus Giengen oder Heidenheim
Strecke:	ca. 8,5 km
Dauer:	reine Gehzeit ca. 3 Stunden
Charakter:	Rundwanderung mit zwei kurzen steileren Anstiegen

Den Parkplatz verlassen wir im hinteren Bereich über eine kleine Brücke, überqueren auf einem Grasweg eine Wiesenfläche und gehen am nächsten Querweg nach rechts auf einem Schotterweg in Richtung des Ortes Burgberg. Wir bleiben auf unserem Weg, indem wir zunächst geradeaus weitergehen, um dann das Naturdenkmal Kagstein zu umrunden. Es handelt sich dabei um einen markanten Fels aus Massenkalk des Weißen Jura, der als südlichster Teil des Kagberges steil ins Hürbetal abfällt. Bis ins Mittel- und Jungpleistozäns wurde er noch von der Urbrenz Wissenswert! umflossen, nun ragt er in der Landschaft empor.

13.1

Wir folgen dem am Waldrand entlang führenden Weg weiter bis er schließlich unterhalb des vor uns liegenden Stettberges auf einen Asphaltweg trifft. An dieser Stelle befindet sich auf der linken Seite ein Bildstock mit Madonnendarstellung. Wir gehen den Weg nach rechts weiter. Wenn wir einen Blick über das Hürbetal hinweg auf die Kaltenburg zurückwerfen, sehen wir deren Turmspitzen.
Wir besuchen sie am Ende unserer Wanderung. Auf der linken Seite passieren wir schließlich ein Feldkreuz, auf der rechten Seite das „Steinerne Brückle".

1 Das „Steinerne Brückle"

Das „Steinerne Brückle" liegt in einer Biegung der Hürbe. Es handelt sich dabei um eine Bogenbrücke des 18. oder frühen 19. Jahrhunderts. Sie wurde aus großen Steinblöcken ohne Brüstung errichtet. Diese Brücke stellte die Verbindung zu dem südwestlich des weit ausgreifenden Hürbebogens gelegenen Acker- und Wiesenland dar. Die Brücke gehört zu einer nicht mehr allzu häufig anzutreffenden Gruppe kleiner, steinerner Bogenbrücken, wie sie in Verlängerung von Feldwegen für die Bedürfnisse des landwirtschaftlichen Wagenverkehrs häufig angelegt wurden.

Rechts ist im Gelände der ehemalige Damm des „Hinteren Sees" zu sehen, einem Stausee, der im Verlauf der ehemaligen Brenzschlinge dort angelegt war. Er führt bis zum Fuße der Kaltenburg. Kurz vor dem Ortseingang treffen wir auf die linker Hand gelegene „Fatima Grotte", die im Jahr 1982 als katholische Gebetsstätte eingerichtet wurde. Auf der gegenüberliegenden Seite des Hürbetales ist das Pumpwerk der Landeswasserversorgung zu sehen, das Trinkwasser bis nach Stuttgart liefert. Wir folgen unserem bisherigen Weg weiter und gelangen auf der *Wasserstraße* in den Ort Burgberg und folgen der im Bogen geführten Straße bis wir in das auf der rechten Seite abzweigende *Gäßle* abbiegen. Von hier aus haben wir eine schöne Sicht auf das Schloss Burgberg. Auf der *Weilerstraße* angekommen überqueren wir diese und folgen dem Wegweiser zur Mühle. Über die Brücke gelangen wir auf die andere Seite der Hürbe und sehen rechts schon die Gebäude der Mahlmühle.

2 Alte Mühle Burgberg

Es handelt sich um eine am Fuße des Schlossberges in einer Biegung der Hürbe gelegene Grob- und Mahlmühle aus dem Jahr 1344. Bis 1937 war sie mit vier Mahlgängen in Betrieb. Schloss und Mühle waren bis 1936 in Privatbesitz, heute ist die Stadt Giengen Eigentümerin der Mühle. In Zusammenarbeit mit der 2002 gegründeten Interessengemeinschaft Historisches Burgberg e. V. wird die Mühle seit 2002 restauriert. Ziel ist ihr Ausbau als Museums- und Schaumühle bei gleichzeitiger Nutzung als Kulturzentrum. Seit September 2006 ist im Mühlengebäude eine liebevolle Ausstellung untergebracht, in der man so einige Besonderheiten über 15.1 Burgberg erfährt.
Weitere Infos im Flyer und S. 294.

15 Hürben – Burgberg – Lontal

Von den erstmals im Jahr 1344 schriftlich erwähnten, vermutlich aber älteren Mühlengebäuden sind keine mehr sichtbar. Das heutige Erscheinungsbild wird von einem zweigeschossigen, lang gestreckten Putzbau des teils massiv, teils in Fachwerk ausgeführten Mühlengebäudes mit Satteldach geprägt, das in der zweiten Hälfte des 18. Jahrhunderts errichtet wurde. Ein rundbogiges Türgewände an der östlichen Giebelseite bezeugt aber die Übernahme älterer Bauteile. Es stammt noch aus dem 16. Jahrhundert.

Funktional war die Mühle in zwei Bereiche getrennt. Im westlichen Teil befand sich der Wohnteil, das man am Brettdockengeländer mit geschnitztem Anfangspfosten und der Jahreszahl 1772 erkennen kann. Der übrige Bau diente überwiegend technisch-gewerblichen Funktionen der Mühle.

Mit einer im Norden angebauten Radstube und dem Ablauf-Abschnitt des Mühlkanals ist die traditionsreiche Mühle in ihrem historischen Baubestand recht vollständig überliefert. Darüber hinaus steht westlich der Mühle unmittelbar an der Hürbe ein ebenfalls zugehöriger Scheunenbau aus dem 18./19. Jahrhundert. Er besitzt ein Satteldach und ruht in Richtung Fluss auf einem hohen Quadersockel. Abgesehen von einem modernen Einfahrtstor ist auch hier die Originalsubstanz erhalten. Insgesamt stellt die Alte Mühle in Burgberg aufgrund des umfangreich überlieferten Gebäudespektrums unter den wenigen alten Mühlen ein anschauliches Beispiel dar.

Jenisch und Endsogga

Schon im 14. Jahrhundert kommt das Rittergut Burgberg an die Grafen von Öttingen, die es aber als Lehen weitergeben. Um die Mitte des 15. Jahrhunderts erwerben die Herren von Grafeneck das Herrschaftsgebiet und bleiben nahezu drei Jahrhunderte im Besitz. Nachdem Burgberg zwischenzeitlich wieder an das Haus Öttinger-Wallerstein gefallen war, wurde es 1810 dem Land Württemberg und dem Oberamt Heidenheim zugeteilt. Aus einstigen Feudalherren wurden Gutsbesitzer mit nur noch geringfügigen Vorrechten.

Während der erneuten Herrschaft des Hauses Öttingen-Wallerstein wurde der kleine Weiler durch die Ansiedlung von Kolonisten erweitert. Sie durften sich am Südhang des Stettbergs auf ein paar Quadratmetern ein kleines Wohnhäuschen bauen. Damit waren neue Abgabenzahler vorhanden, wobei auch menschenfreundliche Regungen für die Ansiedlung eine Rolle gespielt haben dürften. Doch für die angestiegene Bevölkerungszahl stand nicht ausreichend landwirtschaftliche Fläche zur Verfügung, so dass die Kolonisten meist durch Freikünste ihren Lebensunterhalt verdienen mussten.

So wurden Körbe, Bürsten, Rechen usw. angefertigt und im Hausierhandel verkauft. Bei dieser Personengruppe war nun das Jenische angesiedelt. Das Jenische, auch Krämersprache genannt, ist eine im deutschsprachigen Raum und in Frankreich entstandene Geheim- oder Sondersprache der Menschen, die auf den Landstraßen umherzogen. Es enthält Elemente des Deutschen, Jiddischen, Romani und Rotwelsch. Die Jenischen sind jedoch, anders als oft vermutet, keine Sinti und Roma.
Einige wenige Burgberger sprechen diese Sprache noch.

Bei den Hausierern konnte man auch die „Burgberger Endsogga" erwerben. Die aus dem Schwarzwald stammende Sophie Heidler war mit Flechtarbeiten vertraut und entwickelte eine Technik, um aus Filzresten der Filzfabrik Giengen und Schafswolle warme Hausschuhe für die kalten Tage auf der Ostalb herzustellen. So war für die sowieso auf die Freikünste angewiesenen Burgberger ein neues Produkt entstanden. Sophie Heidler vergab die Herstellung der „Endsogga" an viele ihrer Nachbarn und entwickelte eine Vertriebsschiene. Heute sind es nur noch wenige Frauen, die die Kunst des Endschuhmachens verstehen.

Nach diesem Abstecher kehren wir zur Brücke zurück und gehen parallel zum Fluss die *Bachstraße* entlang. An der Stelle, wo die *Schloß-steige* abzweigt, folgen wir auf der rechten Seite einem kleinen Pfad mit Wegweisern des Schwäbischen Albvereins nach Stetten und Sontheim. Wir folgen diesem Zeichen, ungeachtet der kleineren Wege, die von unserem Hauptweg abgehen. Schließlich erreichen wir die

Bergkuppe und treffen somit auf eine quer verlaufende Asphaltstraße. Diese gehen wir nach rechts und gelangen so zum Schloss und seinen Nebengebäuden. Hier handelt es sich um Privatgelände.

❸ Schloss Burgberg

Das Schloss Burgberg liegt südlich der heutigen Ortschaft Burgberg auf einer steil ansteigenden Erhebung oberhalb des Hürbetals. Der erste indirekte urkundliche Beleg Burgbergs liegt durch die Nennung Konrads von Berg (Conradus de Berge) für das Jahr 1209 vor. 1425 ist erstmals die Namensform „Burgbergle" überliefert. Die mittelalterliche Burg war gegen die Hochfläche durch zwei im Bogen angelegte Gräben abgesichert. Trotz erhaltener Bauteile der 1209 erstmals erwähnten Burg wurde das Schloss seit seinem Umbau in den 1450er Jahren vielfach verändert. Sein heutiges Erscheinungsbild geht auf eine Neugestaltung im 19. Jahrhundert zurück.

Das Bauwerk zeigt äußerlich ein geschlossenes Erscheinungsbild. Im Wesentlichen ist es durch zwei annähernd parallel ausgerichtete viergeschossige Steinhäuser und Verbindungsbauten als Vierflügelanlage mit kleinem Innenhof und prunkvollem Portal gestaltet. In nördlicher Richtung, Hang abwärts, konnten Spuren eines Zwingers mit Rondell nachgewiesen werden.

Vom Schloss aus wird heute ein Reiterhof betrieben, der sich im Süden der Anlage erstreckt. Die Pferdekoppeln befinden sich auf der sich daran anschließenden Hochfläche.

Nachdem Burgberg und die Herrschaft 1810 dem Land Württemberg zugeteilt worden war, Wissenswert! erwarb Edmund Heinrich Freiherr von Linden 1838 das Schlossgut. 1869 wurde dort seine Enkelin 15.2 Maria Gräfin von Linden geboren.

Maria Gräfin von Linden – eine außergewöhnliche Frau

15.2

Schon sehr früh hatte sie erkannt, dass ihre Interessen andere waren, als von ihr standesgemäß erwartet wurde. Immer lernbegierig gelang es ihr durch die Einflussnahme ihres Großonkels 1891 am Stuttgarter Realgymnasium als erste Württembergerin die Reifeprüfung abzulegen und 1892 als erste Frau die Zulassung für ein Studium der Mathematik und Naturwissenschaften an der Universität Tübingen zu erlangen. 1899 erhielt sie an der Universität Bonn eine Assistentenstelle und wurde dort 1910 vom preußischen Kultusminister zur Titular-Professorin ernannt. Diesen Titel hatte sie als erste Frau inne. Sie durfte jedoch nur forschen und nicht lehren. Ihre Abhandlungen erschienen in zahlreichen wissenschaftlichen Zeitschriften. Sie befasste sich unter anderem mit der Bekämpfung verschiedener Krankheiten bei Mensch und Tier. Während des Nationalsozialismus wurde ihr wegen ihrer kritischen Einstellung die Professur entzogen und sie zog sich in ihre neue Wahlheimat Schaan bei Vaduz im selbständigen Fürstentum Liechtenstein zurück, wo sie im Alter von 67 Jahren an einer Lungenentzündung starb.

Wissenswert

Wir folgen dem Verlauf der Straße, die in einen Schotterweg übergeht und gehen an der nächsten Kreuzung rechts ab Richtung Wald. Den Steinbruch der Firma Omya lassen wir rechts liegen und wenden uns, am Waldrand angekommen, nach links.

Wir gehen am Waldrand entlang. Am Ende der Freifläche angelangt, biegen wir nach rechts in den Wald hinein ab. Der Weg ist gekennzeichnet mit einem Wegweiser Richtung Stetten. Wenn wir nach wenigen Metern einen breiten Schotterweg erreicht haben, gehen wir diesen nach rechts weiter.

Der geschotterte Weg führt ins Lonetal. Dort angelangt wenden wir uns rechts und gehen nach wenigen Metern, an einem Feldkreuz, links auf dem geschotterten Weg durch die Weiden im Tal hindurch auf Lontal zu. Namengebend für das kleine Reihenseldnerdorf ist die am westlichen Talrand stehende spätgotische Kirche, die direkt vor uns auftaucht, leider aber nur sonntags geöffnet ist.

4 St. Ulrich im Lontal

Das Renaissancekirchlein wurde unter Johann Friedrich von Riedheim zu Kaltenburg durch den Graubündener Meister Benedikt 1603-05 gebaut. In der flachgedeckte Saalkirche mit eingezogenem, gewölbtem Chor und Sakristeianbau finden wir eine historisch gewachsene Ausstattung aus der Zeit zwischen 1605 und dem ausgehenden 19. Jahrhundert. Ein Vorgängerbau, die Kirche „St. Ulrich ze Launtal" wird erstmals 1357 erwähnt. Denkbar ist jedoch schon eine Entstehung im Zusammenhang mit der Anlage der Kaltenburg im 12./13. Jahrhundert. Neben der Kirche liegt das zweigeschossige

Pfarrhaus von 1680. Sein heutiges Erscheinungsbild geht auf eine 1843 durchgeführte umfassende Renovierung zurück. Mit den alten Türen, der Treppenanlage und einer Stuckprofildecke besitzt der Bau noch die wichtigsten Teile der originalen Ausstattung.

Wir gehen zurück zur Durchgangsstraße, folgen dort zunächst dem Gehweg auf der linken Straßenseite, wechseln am Ortsausgang auf die rechte und später, nach einem Parkplatz, wieder auf die linke Straßenseite. Fast an der Kreisstraße angekommen, zweigt auf der linken Seite ein Pfad ab, der in Serpentinen zur Ruine Kaltenburg führt.

❺ Ruine Kaltenburg

Die Kaltenburg erhebt sich in Spornlage über dem Tal, in dem sich Hürbe und Lone treffen. Erstmals explizit urkundlich erwähnt wurde die Burganlage 1356. An der mächtigen nordwestlichen Schildmauer sind im unteren Teil einige Lagen von Buckelquadermauerwerk erhalten geblieben. Daran ist erkennbar, dass der älteste Teil bereits in Staufischer Zeit, wahrscheinlich im späten 12. oder frühen 13. Jahrhundert, errichtet wurde. Die mittelalterliche Burg bestand zunächst nur aus einem Turmhaus mit Anbau, Palas und ummauertem Hof mit drei heute noch sichtbaren Rundtürmen. In den nachfolgenden Jahrhunderten kam es zu mehrmaligen Zerstörungen und entsprechend häufigem Wiederauf- und Ausbau, beispielsweise auch mit zwei talseitig angelegten Ecktürmen.

Ihr Verfall begann mit dem Einsturz des Hauptgebäudes 1764. Dennoch wurden die intakten Gebäudeteile bis in die Zeit um 1900 bewohnt. Zu diesem Zeitpunkt war die Burganlage endgültig baufällig geworden. Neben verschiedentlich vorgenommenen Ausbesserungsarbeiten gibt es seit den 1970er Jahren zunehmend Bestrebungen, das Bauwerk gezielt zu erhalten. Der heutige Zustand ist vor allem den Bemühungen der Hürbener Ortsgruppe des Schwäbischen Albvereins zu verdanken.

Am anderen Ende der Burg nehmen wir den dortigen Pfad und halten uns möglichst nah am Abhang zum Hürbetal, schließlich folgen wir den Wegweisern zur Charlottenhöhle.

6 Charlottenhöhle

Die Charlottenhöhle ist eine als  **15.3** Geotop geschützte Tropfsteinhöhle. Mit einer Länge von 587 Meter ist sie die längste, begehbare **15.4** Schauhöhle der Schwäbischen Alb. Benannt wurde sie nach ihrer vornehmsten Besucherin, der Gemahlin des letzten württembergischen Königs Wilhelm II., Königin Charlotte von Württemberg.

Geotope und GeoPark Schwäbische Alb

15.3

Geotope werden auch als „Schaufenster der Erdgeschichte" bezeichnet. Im Gegensatz zu Biotopen, die organische Lebensräume der belebten Natur darstellen, sind Geotope geologische bzw. erdgeschichtliche Erscheinungen der unbelebten Natur. Während erstgenannte weitaus bekannter sind, wurden letztgenannte erst in den letzten Jahren verstärkt in das Licht des öffentlichen Interesses gerückt, unter anderem durch den jährlich begangenen „Tag des Geotops".

Als Geotope werden Steinbrüche bezeichnet, Fundorte von Fossilien und Mineralien sowie Höhlen, aber auch seltene Böden beziehungsweise Karst- und Verwitterungsformen. Im weitesten Sinne kommen geohistorische Objekte, wie beispielsweise alte Bergwerke hinzu. Geotope sind also all jene Zeugnisse, die uns Erkenntnisse über Entstehung und Aufbau unseres Planeten liefern, die Entwicklung des Lebens auf der Erde sowie die Geschichte der Gewinnung und Verwendung von Bodenschätzen durch den Menschen. Geotope sind besonders auch durch Baumaßnahmen und Verwitterung gefährdet und nicht nur der Beeinträchtigung, sondern sogar der Zerstörung ausgesetzt. Dieser Entwicklung entgegenzuwirken und die kostbaren Zeugnisse zur Erforschung auch für zukünftige Generationen zu erhalten, ist Aufgabe des Geotopschutzes, in Baden-Württemberg wahrgenommen durch das Landesamt für Geologie, Rohstoffe und Bergbau.

Im Kreis Heidenheim stehen gegenwärtig 76 Geotope unter Schutz, weitere 24 sind als schutzwürdig vorgeschlagen. Von den 76 Geotopen sind 59 stratigraphisch dem Weißen Jura zuzuweisen.

Die Schwäbische Alb wurde im Jahr 2002 mit dem Label Nationaler GeoPark und 2004 als Europäischer und UNESCO-GeoPark ausgezeichnet. Diese Prädikate werden großräumigen Landschaften verliehen, die besondere naturräumliche und geologische Verhältnisse aufweisen und die sich für eine nachhaltige Entwicklung ihrer Region einsetzen.
Die Landschaft der Schwäbischen Alb bietet unverwechselbar spannende, natürliche Einblicke in 200 Millionen Jahre Erdgeschichte. Die eingerichteten GeoPark-Infostellen sollen jeweils eine bestimmte Periode der Entstehung der Schwäbischen Alb darstellen. Weitere Infos im Flyer und Seite 294.

Wissenswert

Im Jahre 1893 wurde die Höhle von einem tiefen Felsspalt namens Hundsloch aus entdeckt. Der Name leitet sich von der Tatsache ab, dass die Kadaver verendeter Tiere darin entsorgt wurden. Daher dauerte es auch bis zum Jahr 1893 bis man überhaupt auf die Idee kam, das Loch zu ergründen. Nach ihrer Entdeckung wurde die Höhle durch Prof. Dr. Eduard Fraas wissenschaftlich untersucht. Um sie Besuchern zugänglich zu machen, wurde von innen nach außen ein Stollen gegraben. Der verhältnismäßig enge Höhlengang weitet sich an insgesamt zehn Stellen zu geräumigen, zum Teil recht hohen Hallen. An Funden sind neben vielen Haus- und Raubtierknochen Höhlenbärenschädel zu nennen. Noch im Entdeckungsjahr wurde sie mit elektrischer Beleuchtung ausgestattet, die erst 1957/58 erneuert und ausgebaut wurde. Bereits am 17. September 1893 wurde die Höhle eröffnet und kurz darauf, am 23. September, von Königin Charlotte besucht. Bereits in diesem ersten Jahr wurden 15.000 Besucher gezählt.

Von der Charlottenhöhle aus steigen wir den Weg weiter ins Tal hinab, bis wir zu unserem Ausgangspunkt zurückgelangen.

HöhlenHaus und Charlottenhöhle
– neue HöhlenErlebnisWelt

Wissenswert

15.4 Das Info- und Servicezentrum HöhlenHaus liegt unterhalb der Charlottenhöhle. Vom HöhlenHaus aus führt ein Zeitreisepfad entlang des Weges zur Charlottenhöhle, von der heutigen Zeit in die Zeit des Höhlenbären.
Im Außenbereich wurde ein ErlebnisPlatz angelegt, auf dem besonders die Kleinen ihren Spaß haben. Ab Sommer 2008 wartet die Erlebnisausstellung „Faszination Höhle – Mensch – Natur" auf neugierige Besucher.

Das HöhlenHaus ist gleichzeitig **15.3** GeoPark-Infostelle und informiert einerseits über das Wesen und die Entstehung von Karstlandschaften, andererseits über die frühe Menschheit und ihre Kunst. Zudem wird auf den Besuch der Charlottenhöhle eingestimmt und der Höhlenverein bietet in den weiteren Räumlichkeiten die Möglichkeit zur Einkehr und Rast. Weitere Infos im Flyer und S. 294.

Zu den Römern
am Rande des Donaurieds

Zu den Römern am Rande des Donaurieds

Kurzinfo

Start:	Parkplatz hinter dem Rathaus in Sontheim
Anfahrt:	Über die *A 7* kommend die Ausfahrt Niederstotzingen nehmen und auf der *L 1168* über Bissingen, und Stetten nach Niederstotzingen fahren und nach links auf die *L 1170* nach Sontheim a. d. Brenz abbiegen. Auf der Durchgangsstraße in Richtung Heidenheim und Ortsteil Brenz weiterfahrend liegt linker Hand gegenüber der katholischen Kirche das Sontheimer Rathaus. Dahinter befindet sich ein öffentlicher Parkplatz.
ÖPNV:	Bahnverbindungen aus Ulm oder Aalen
Strecke:	ca. 9 km
Dauer:	reine Gehzeit ca. 3 Stunden
Charakter:	Rundwanderung weitgehend in der Ebene

Vom Parkplatz aus gehen wir zurück zur *Brenzer Straße* und wenden uns nach rechts. Wo die Straße im rechten Winkel nach links abknickt und in die *Hauptstraße* übergeht, liegt geradeaus schon das erste nennenswerte Bauwerk von Sontheim.

❶ Sontheim an der Brenz – wo die Römer siedelten

Gasthaus „Zur Linde"

Am Rand des alten Sontheimer Ortskerns liegt mit der Haus-Nr. 2 der einstige Gasthof, der heute die „Bierbar Linde" beherbergt. Es handelt sich um einen zweigeschossigen, verputzten Bau mit Satteldach, der um oder etwa nach der Mitte des 19. Jahrhunderts als Hauptgebäude des bereits 1839 gegründeten Gasthofes „Zur Linde" errichtet worden ist. Das imposante, mit dem Giebel zur Straße hin ausgerichtete Haus besitzt einen traufseitigen Eingang und eine regelmäßige Durchfensterung, die die nüchterne architektonische Ausführung des Gebäudes betont. Trotz einer erst kürzlich durchgeführten Renovierung ist das ursprüngliche Erscheinungsbild des alten Gasthauses bewahrt geblieben, so dass es weiterhin als typischer Vertreter des ländlichen Wirtshaustypus aus der Mitte des 19. Jahrhunderts gelten kann.

Wir gehen die *Hauptstraße* geradeaus weiter und kommen bald an dem eher unscheinbaren Wohnhaus mit der Nr. 36 vorbei, das auf der rechten Straßenseite liegt.

Altes Vogthaus

Hinter den verputzten Außenwänden des Wohnhauses verbirgt sich ein zweigeschossiger Fachwerkbau mit teilweise massivem Erdgeschoss, der im Kern wohl noch dem frühen 16. Jahrhundert angehört. Ein derart hohes Alter ergibt sich unter anderem aus der Dachstuhlkonstruktion, die von außen freilich nicht sichtbar ist. Von einer gehobenen Stellung der mittelalterlichen Hausbesitzer zeugen die hohen Raumhöhen. So ist es nicht verwunderlich, dass es sich bei dem Gebäude nach der schriftlichen Überlieferung um das „Vogthaus" des Giengener Spitals handeln soll, das seit dem Spätmittelalter einen beträchtlichen Anteil an der Grundherrschaft in Sontheim besaß. Im Hof ist auch noch die alte Zehntscheune erhalten. Wissenswert!

Weiter die *Hauptstraße* entlang wandernd erreichen wir den auf der linken Seite liegenden Brauereigasthof „Zum Roten Ochsen" mit der Haus-Nr. 49/51.

„Zum Roten Ochsen" – einst Taverne und Monopolbrauerei

Schon für das Jahr 1463 ist eine Taverne an diesem Platz überliefert. Bis zum Dreißigjährigen Krieg hatte der „Rote Ochse" die mittelalterliche Monopolstellung des einzigen Dorfgasthofes inne. Nach dem Dreißigjährigen Krieg trat das nur wenige Meter entfernte „Lammbräu" hinzu.

Der heutige Baukörper des „Roten Ochsen" stammt aus den Jahren 1848/49 und besteht aus zwei parallel angelegten, stattlichen und mit den Giebeln zur Straße hin orientierten Gebäudeteilen und einem dazwischen liegenden Durchfahrtstrakt. Bemerkenswert ist das aufwändige und aus der Erbauungszeit stammende Wirtshausschild aus Guss- bzw. Schmiedeeisen.

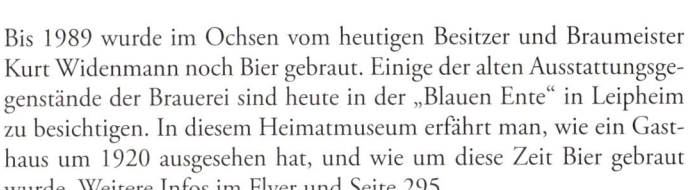

Bis 1989 wurde im Ochsen vom heutigen Besitzer und Braumeister Kurt Widenmann noch Bier gebraut. Einige der alten Ausstattungsgegenstände der Brauerei sind heute in der „Blauen Ente" in Leipheim zu besichtigen. In diesem Heimatmuseum erfährt man, wie ein Gasthaus um 1920 ausgesehen hat, und wie um diese Zeit Bier gebraut wurde. Weitere Infos im Flyer und Seite 295.

Insgesamt hat man mit dem „Ochsen" das imposante Beispiel eines dörflichen 16.1 Brauereigasthauses aus der Mitte des 19. Jahrhunderts vor sich, wie es sonst selten in solcher Geschlossenheit zu finden ist. Dazu zählt auch der in der Nähe der Landesstraße nach Niederstotzingen in den 1830er Jahren entstandene Sommerbierkeller des „Ochsen", in dem auch Ausschank betrieben wurde. Ganz bewusst legte man um den Keller herum eine Kastaniengruppe an, die im Sommer Schatten spenden sollte.

Nur wenige Meter weiter liegt ebenfalls auf der linken Straßenseite mit der Haus-Nr. 57 das ehemalige Amtshaus.

Märkte und alte Gasthaustradition

16.1 Zu den ältesten Dorfwirtschaften Sontheims zählt der „Rote Ochsen" und das „Lamm". Auch auf dem noch heute betriebenen „Schwarzenwanger Hof", außerhalb des Ortes am Übergang zum Donaumoos, liegt ein altes Tavernenrecht aus dem Jahr 1792. Erst im 19. Jahrhundert entstanden durch die Aufhebung des Zunftzwanges neue Schildwirtschaften. 1830 der „Hirsch", 1839 die „Linde", 1855 der „Schützen", 1870 der „Löwen", 1873 die „Sonne". Um die gleiche Zeit entstand die „Restauration". Dazu kommen „Rössle" und „Stern", schließlich 1914 der „Heuhof", der 1972 abgebrochen wurde.

Zweimal im Jahr, am 19. März (Josef) und 21. September (Matthäus) finden in Sontheim Krämermärkte statt. Die Marktrechte stammen aus dem Jahr 1833. Als besondere Tradition kann man in einigen der oben genannten Gasthäuser gerade zu diesen Anlässen und natürlich auch zur Kirchweih deftige heimische Gerichte genießen. Dazu zählt der nicht überall auf den Speisekarten zu findende Hammelbraten.

Wissenswert

Ehemaliges Amtshaus

Das zweigeschossige Gebäude wurde 1782/83 in der ursprünglichen Ortsmitte Sontheims errichtet. Das mit einem Walmdach versehene barocke Haus entstand am Platz eines kleineren Vorgängerbaues. Es diente zunächst als Sitz des **16.2** herrschaftlichen Amtmannes und seit 1817 bis 1983 als Rathaus. Das insgesamt schlicht gehaltene Gebäude hat sein historisches Erscheinungsbild im Wesentlichen bis heute bewahrt, einschließlich des alten Dachwerkes.

Wiederum nur ein kurzes Stück weiter kommen wir zu der auf der rechten Seite, leicht von der Straße zurückversetzten evangelischen Pfarrkirche.

Davor liegt der Gasthof „Lamm", der auch einen Sommerkeller besaß. Hier wurde die Brauerei jedoch schon kurz nach dem 1. Weltkrieg aufgegeben.

Vogt und Amtmann

16.2

Der Vogt war ein herrschaftlicher, meist adliger Beamter des Mittelalters und der frühen Neuzeit. Er fungierte als Stellvertreter der kirchlichen Einrichtungen und vertrat diese bei weltlichen Angelegenheiten.

Um ihre Herzogtümer zu verwalten, wurden in den Ortschaften Amtmänner, die Vorgänger der heutigen Bürgermeister eingesetzt. Sie standen der Gemeinde vor und bildeten mit den Richtern (meist Bauern) das Dorfgericht (Gemeinderat). Beschlüsse wurden gefasst, die Jahresrechnung der Gemeinde musste ordentlich geführt werden, und im dörflichen Ruggericht wurden kleinere Fälle abgestraft.

Evangelische Pfarrkirche

Der barocke Saalbau wurde bereits 1717-19 errichtet unter Einbeziehung des östlich anschließenden, mittelalterlichen Glockenturms, bei dem es sich um den Rest einer früheren, bis zur Reformation als Filiale zu Brenz gehörigen Chorturmkirche handelt.

Der Kirchenraum selbst ist mit einer flachen Gipstonne überwölbt, besitzt eine Ost- und eine Westempore und weist noch wesentliche Teile der barocken Ausstattung auf, zum Beispiel hochwertige, in die Bauzeit zu datierende Stukkaturen an Decke und Emporenstirnen sowie al-frescogemalte Wand- und Deckenbilder von Gottfried Enßlin aus Heidenheim.

Nach dem Besuch der Kirche gehen wir zurück zur *Hauptstraße* und nehmen unsere alte Richtung nach rechts wieder auf. Wir folgen schließlich der zweiten, nach links abzweigenden Straße – der *Heinrich-Röhm-Straße* – und kommen auf dieser zur nach links abbiegenden Wassergasse. Schon am Ende der *Wassergasse* erkennt man vor sich einen flachen, aber deutlich ansteigenden Hügel, auf den man über einen Grasweg in Verlängerung der *Wassergasse* gelangt.

2 Grabhügel „Vorderer Burstel"

Die Ausmaße der heute von kleinen Gartengrundstücken eingenommenen Erhebung kann man erst erfassen, wenn man sich oben auf dem Zentrum befindet.

Der Hügel hat heute immer noch einen stattlichen Durchmesser von etwa 65 Meter bei einer Höhe von immerhin 1,2 Meter. Hügelgräber dieser Größe errichtete man eigentlich nur während der Hallstattzeit, besonders in deren jüngerem Abschnitt, weswegen der bislang archäologisch nicht untersuchte Grabhügel mit dem Namen „Vorderer Burstel" wahrscheinlich in diese Epoche zu datieren ist.

Seine heute eher flache Ausprägung rührt aber nicht von modernen Eingriffen her, sondern geht wohl bereits auf das Mittelalter zurück. In einer Quelle des späten Mittelalters, im so genannten „Bayerischen Lagerbuch", einem Register über Grundbesitz, Abgaben und Belastungen, wird das Gelände um den Vorderen Burstel zum Jahr 1462

als „Burgstall" bezeichnet, der „nicht eingefangen" sei. Offensichtlich wurde der Großgrabhügel genutzt, um darauf eine Turmhügelburg zu errichten. Die Besitzer der Burganlage könnten die Herren von Sontheim gewesen sein, die man von der Mitte des 14. bis zur Mitte des 15. Jahrhunderts in den Schriftquellen nachweisen kann und deren Sitz zuletzt in Brenz lag.

Wir gehen nun denselben Weg wieder zurück zur *Heinrich-Röhm-Straße*. Leicht schräg links gegenüber führen uns Treppen hoch zur *Mühlstraße*, der wir nach rechts folgen bis sie kurz darauf auf die *Lange Straße* trifft. Der folgen wir nach links und an der nächsten Kreuzung nach rechts. An dieser Kreuzung befinden wir uns in der Nähe des Fundortes des **16.3** „Römischen Meilensteins V" aus dem Jahr 212 n. Chr., der am 30. Oktober 2002 beim Bau der östlich liegenden *Meilensteinstraße* entdeckt wurde.

Die Straße der Römer von Faimingen nach Bad Cannstatt

Wissenswert

16.3 Die Inschrift des gefundenen Meilensteins ist in einem solch guten Zustand erhalten geblieben, dass es ein Leichtes war, die lateinische Schrift zu entziffern und eine genaue Datierung für das Jahr 212 n. Chr. vorzunehmen. Solche Meilensteine standen nur an wichtigen Staatsstraßen des römischen Imperiums. Der Sontheimer Stein konnte nun helfen, den genauen Verlauf festzulegen. In der Gundelfinger Martinskirche sind die Meilensteine drei und vier eingearbeitet (römische Meile=1,479 Kilometer), die alle die Entfernung von *Phoebianae*, dem heutgen Faimingen angeben. Der in Sontheim gefundene Meilenstein ist die Nummer fünf und der erste, der auf württembergischem Gebiet gefunden wurde. Für die Archäologen scheint die Straßenführung nun klar. Von Faimingen führt sie über Sontheim und Ursprung nach Cannstatt. Die Inschrift bezieht sich auf den römischen Kaiser Antonius (211-217 n. Chr.), besser bekannt als Caracalla, der 212 n. Chr. den Befehl zur Anlage der Straße gab, die er laut Inschrift auch bezahlt und gestiftet hatte. Das Original des Meilensteins steht im Limesmuseums in Aalen. Eine Nachbildung kann im Sontheimer Rathaus oder im Römerbad in Heidenheim besichtigt werden. Weitere Infos im Flyer und S. 295.

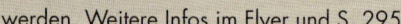

So gelangen wir wieder zur *Hauptstraße*, die wir überqueren, um auf der gegenüberliegenden Seite die *Leonhardstraße* entlang zu gehen. Die dritte auf der linken Seite abzweigende Straße, die *Römerstraße*, führt uns nach einem kurzen Stück zu einem rechter Hand liegenden Kinderspielplatz. Hier informieren eine Hinweistafel und ein auf dem Gelände nachempfundener Gebäudegrundriss eines römischen Umgangstempels über die einstmals an diesem Platz erbaute römische Straßenstation.

❸ Römische Straßenstation im Gewann „Braike"

Das in der örtlichen Überlieferung als Standort eines alten Schlosses überlieferte Gelände am heutigen westlichen Rand des Sontheimer Neubaugebietes wurde erst 1932 als römische Ruinenstätte erkannt. 1978 erbrachten Luftaufnahmen erste Erkenntnisse über die Ausdehnung und die Struktur des Siedlungsplatzes, der zwischen 1982/83 und 1994 vollständig von der Abteilung für Provinzialrömische Archäologie der Universität Freiburg untersucht werden konnte. Das dabei aufgedeckte Ensemble römischer Gebäude stellt einen vorher in Baden-Württemberg unbekannten Siedlungstyp dar, der heute als Straßenstation mit Kultbezirk interpretiert wird.

Insgesamt lassen sich drei Bauphasen der Station unterscheiden. Die erste Ansiedlung begann am Ende des 1. Jahrhunderts n. Chr. und stellt sich als durch Gräbchen abgetrenntes und mit Holzgebäuden bebautes Areal dar, das in der ersten Hälfte des 2. Jahrhunderts von einem durch einen Bohlenzaun geschützten Hofareal ersetzt wird, welches ebenfalls von mehreren aus Holz errichteten Häusern bestanden war. Diese sind bereits direkte Vorläufer der um die Mitte des 2. Jahrhunderts n. Chr. einsetzenden dritten Bauphase, die vollständig in Stein erfolgte.

In dieser Blütezeit der Anlage umfasste das mit einer Mauer umgebene, leicht trapezförmige Areal eine Grundfläche von etwa 220 x 180 Meter. Ein Tor befand sich an der NW-SO verlaufenden Mauer, unweit des erhaltenen Gebäudegrundrisses. Das stattliche Haupthaus lag westlich davon und südwestlich daneben ein zumindest zeitweilig als Bad genutztes Gebäude. Weitere Speicherbauten und Ökonomiegebäude schließen sich an den südlichen Teilen der Umfassungsmauer an. Große Hallen, eventuell Speicherhallen, sind an der SW-NO verlaufenden Mauer zu finden. Die Mitte und das östlich gelegene Hofareal werden von Tempeln und Sanktuarien eingenommen. Im heutigen Boden hat man den Grundriss eines Umgangstempels kenntlich gemacht. Der einst ziegelgedeckte, offene Umgang umschloss einen zentralen Kultraum. Neben einem weiteren derartigen Tempel sind auch Kultbauten anderer Formen vorhanden, so ein Tempel mit offenem Vordach und eine Halle mit einer Grube, eventuell Opfergrube, sowie eine in den Umgang des Tempels nachträglich eingebaute Kapelle. Kleine Mauergevierte repräsentieren die ehemaligen Standorte von kapellenartigen Sanktuarien.

Hinweise darauf, welche Götter hier verehrt worden sind, fanden sich bislang nicht. An der nördlichen Ecke des Komplexes zog die wichtige römische *Rhein-Donau-Fernstraße* Wissenswert! vorbei, die sich im Vorfeld des Tores platzartig erweiterte. Zu beiden Seiten dieser Straße erstreckten sich die zur Station gehörigen Friedhöfe. Anlässlich ihrer Ausgrabung konnten zum Teil große Grabmonumente freigelegt werden. Das Ende der Straßenstation erfolgte wohl gleichzeitig mit der Aufgabe des Vorderen Limes nach der Mitte des 3. Jahrhunderts n. Chr. Sie übernahm sicherlich für die umliegenden römischen 16.4 Gutshöfe nicht nur eine Mittelpunktsfunktion im kultischen, sondern auch im sozialen und wirtschaftlichen Bereich.

Die *Römerstraße* trifft auf eine T-Kreuzung, an der wir uns nach rechts wenden. Am Ende der Bebauung geht die asphaltierte Straße in einen Schotterweg über. Die folgende Kreuzung überqueren wir geradeaus und gehen auf einem Schotter/Grasweg weiter bis zum Asphaltsträßchen. Dort erwartet uns ein Ruhebänkchen unter einem alten Birnbaum, auf dem man den Blick ins Donaumoos schweifen lassen kann. Wenige hundert Meter in dieser Richtung verlief die römische Fernstraße. Alle 400 bis 500 Meter entlang dieser Route zwischen Sontheim und Niederstotzingen waren römische Gutshöfe angelegt.

4 Römische Gutshöfe zwischen Sontheim und Niederstotzingen

Für die Anlage von römischen Gutshöfen war sicherlich die Lage entscheidend. Befindet man sich hier doch am Übergang der südlichen Ausläufer der Schwäbischen Alb zur Donauniederung, wo sich ein Lössrücken mit fruchtbaren Ackerböden ausbreitet. Die Region diente als Kornkammer für die römischen Legionäre am Limes. Die große Beliebtheit dieser Region in römischer Zeit, die sicherlich auch zu einer relativ hohen Besiedlungsdichte führte, zeigen die bekannten Plätze weiterer, jeweils östlich von Niederstotzingen und Brenz gelegenen Villen, die sich nördlich der römischen Straßen befanden. Man kann sich gut vorstellen, dass die Einflussnahme der römischen Besiedlung auf die Umwelt gerade in solchen Ballungsräumen besonders stark ausgefallen ist und die Kulturlandschaft entscheidend geprägt wurde. Auch die Gutshöfe wurden wie die Straßenstation in der Braike im Zuge des Limesfalls aufgegeben.

Villae rusticae – Rückgrat der römischen Wirtschaft

16.4

Das Imperium Romanum war gekennzeichnet durch eine strenge Siedlungshierarchie, an deren Ende ländliche Einzelsiedlungen standen, die man als Gutshöfe (lat. *villae rusticae*) bezeichnet und die am ehesten mit unseren heutigen Aussiedlerhöfen zu vergleichen sind. Auch wenn das Römische Reich aus heutiger Sicht besonders durch seine urbanen, fast modernen Strukturen beeindruckt, war es doch die auf den Gutshöfen betriebene Landwirtschaft, die entscheidend zum Sozialprodukt beitrug und aus deren Überschussproduktion die städtischen Siedlungen und das Militär versorgt wurden.

Von diesen römischen Bauerngehöften sind allein in Baden-Württemberg mittlerweile über 1.200 bekannt, die wenigsten davon sind allerdings archäologisch erforscht. Die meisten folgen einem recht einheitlichen Schema: der 1 bis 5 Hektar große und von einer Mauer umgebene Hof bestand aus einem zentral gelegenen Herrenhaus, das von Wirtschaftsgebäuden – Ställen, Scheunen und Werkstätten – umgeben war. Nicht selten kamen ein Badegebäude oder ein kleiner Tempel hinzu. Je nach Wohlstand der Besitzer konnten die Gebäude – allen voran das Haupthaus – sogar einen recht luxuriösen Charakter annehmen. Auf dem Hof lebte die Familie des Besitzers zusammen mit dem landwirtschaftlichen Hilfspersonal, das für die Bestellung des durchschnittlich 50 bis 100 Hektar großen Wirtschaftslandes nötig war.

Villae rusticae dieser Form waren besonders für die nordwesteuropäischen Provinzen des Reiches typisch. In anderen Reichsteilen beherrschten dagegen größere Landsitze das Bild, deren räumliche Struktur achsensymmetrisch aufgebaut war und die daher als „Achsenhof-Villen" bezeichnet werden.

Wissenswert

Nach der Ruhepause auf dem Bänkchen setzen wir unsere Wanderung fort. Wir wenden unseren Blick vom Donaumoos weg Richtung Norden hoch zum Wald. Bei guter Witterung wählen wir den Feldweg links vom Birnbaum, vorbei am Schild der Landeswasserversorgung Baden-Württemberg. Auf den umliegenden Wiesenflächen befinden sich einige der Brunnen der **16.5** Landeswasserversorgung Baden-Württemberg.

Bei schlechter Witterung können wir auch der kleinen Straße rechts am Birnbaum vorbei, Richtung Dorf, folgen. Beide Wege treffen auf eine Straße, auf der wir nach links weiter gehen und vorbei an schönen Streuobstgärten nach kurzer Wegstrecke die Bahnstrecke Ulm-Aalen überqueren.

Am Ende der Straße überqueren wir die *L 1170* zwischen Sontheim und Niederstotzingen und gehen auf dem gegenüberliegenden Schotterweg geradeaus weiter. Links vor uns liegen nun die Sommerkeller von „Rot-Ochsen-" und „Lamm-Brauerei", an denen sich früher an heißen Sommertagen Alt und Jung unter den großen Kastanienbäumen niederließen.

Auf dem Schotterweg gelangen wir, entlang des Gerstelgrabens, der vermutlich die römischen Siedlungen mit Wasser versorgte, zu einer Weggabelung am Waldrand. Wir nehmen den rechten Schotterweg. Zwischen den Wegen liegt eine Wacholderheide Wissenswert!, der **2.1** sogenannte „Dexelberg". Der Naturschutzgruppe des Schwäbischen Albvereins Ortsgruppe Sontheim/Brenz ist es in mühevoller und langjähriger Arbeit gelungen diese besondere Landschaft zu erhalten. Sie steht unter Naturschutz. Die Mulden auf der Heide sind durch den Abbau von Steinen entstanden.

Am Ende der Heide, nach einer am oberen Rand der Heide liegenden Ruhebank, zweigt rechts ein Waldweg ab, den wir weitergehen. Bevor er auf ein Schottersträßchen trifft, biegen wir rechts in den Wald hinein ab. Die Route wird auch als Laufpfad genutzt. Die Markierung ist jedoch nur noch schlecht erkennbar.

Noch nicht mal 100 Meter weiter führt der Pfad links weg und trifft auf das vorher erkennbare Schottersträßchen. Hier wenden wir uns nach rechts und gehen zum Waldrand, an dem wir links abbiegen und nach kurzer Wegstrecke an der Straße auf ein Bänkchen unter einer alten Eiche treffen. Gegenüber ist auf einem Steinsockel eine Panoramakarte angebracht. Der Grund: Von hier aus kann man bei entsprechender Wetterlage die Alpen sehen. Es bietet sich aber auf jeden Fall ein wunderschöner Blick über das **16.5** Donaumoos bis zur Reisensburg und nach Günzburg.

Wassereinzugsgebiet Donauried

16.5

Vor uns liegt nun das württembergische und bayerische Donauried, das zwischen Ulm und Donauwörth eines der wichtigsten Wassereinzugsgebiete Baden-Württembergs darstellt.

Der auf der Schwäbischen Alb versickernde Niederschlag strömt in die weitverzweigten unterirdischen Klüfte und Spalten der 150 Millionen Jahre alten Weißjura-Formationen unter anderem dem Donauried zu. Mit 217 Vertikalfilterbrunnen in sechs Fassungsanlagen und einer Spitzenentnahme von 2.500 Litern pro Sekunde wird die Bevölkerung auf der trockenen Schwäbischen Alb, insbesondere rund um Stuttgart von der Landeswasserversorgung Baden-Württemberg mit Trinkwasser versorgt. Die zentrale Verteilung und Aufbereitung erfolgt im Wasserwerk Langenau.

In den ersten zehn Nachkriegsjahren wurde im vor uns liegenden „Moos", wie es umgangssprachlich im Bereich Sontheim genannt wird, noch reichlich Torf gestochen und als wertvolles Brennmaterial hoch geschätzt. Nach der zunehmend möglichen Nutzung von Strom und Öl wurde es aufgegeben und wäre heute aus Naturschutzgründen verboten.

Informationen zum Schwäbischen Donaumoos und seinen Funktionen als Moorlandschaft findet man im „mooseum – Forum Schwäbisches Donautal" im bayerischen Nachbarort Bächingen. Auch im Wasserwerk Langenau können regelmäßig Ausstellungen zum Thema Wasser besichtigt werden. Weitere Infos im Flyer und S. 295.

Wissenswert

Nach der Ruhepause führt unser Weg auf der Teerstraße nach links, vorbei an den Sport- und Tennisplätzen, den Reitanlagen bis zum Waldspielplatz. Dort geht der Weg in die *Bergstraße* über, der wir rechts und später links den Berg hinunter bis zum Bahnübergang folgen. Auf der anderen Seite des Bahnübergangs liegt rechts der Straße das Sontheimer Stellwerk.

Noch oben am Berg auf Höhe der Abzweigung des *Kiefernweges* auf der linken Seite wurde in den Jahren 1958 und 1961 das **16.6** merowingerzeitliche Gräberfeld von Sontheim ausgegraben.

Das merowingerzeitliche Gräberfeld von Sontheim

16.6

Wissenswert

Im Gegensatz zur „Adelsnekropole" von Niederstotzingen Wissenswert! handelt es sich bei dem Friedhof von Sontheim um das normale „Ortsgräberfeld" einer frühmittelalterlichen Siedlung, das heißt um den Bestattungsplatz, der von allen Bewohnern eines Ortes genutzt worden ist.

Durch die Ausgrabung in den Jahren 1958-61 konnten etwa 200 Gräber untersucht werden. Der Friedhof wurde sicherlich nicht vollständig erfasst, repräsentiert aber den normalen Querschnitt einer merowingerzeitlichen Gesellschaft. Die Toten wurden in ihrer Kleidung bestattet, von der die Archäologen in der Regel nur die Bestandteile finden, die sich im Boden erhalten haben, also hauptsächlich Metalle. Zur Frauenkleidung gehörten in erster Linie Halsketten aus Glas- oder Edelsteinperlen, Ohrringe, Haarnadeln, so genannte Fibeln – Broschen, mit deren Hilfe die Kleidungsstücke zusammengeheftet wurden – Gürtelbestandteile, Taschen, vom Gürtel herabhängende Amulettgehänge sowie Beschläge von Schuhriemen und Wadenbindengarnituren.

In den Männergräbern fehlt jeglicher Schmuck, dagegen dokumentiert eine ganze Reihe von Waffen – Schwerter, Lanzen, Äxte, Schilde, Pfeil und Bogen – deren Rolle als Krieger.

Den Gräbern beiderlei Geschlechts wurden darüber hinaus Beigaben zugedacht, die nicht zur eigentlichen Kleidung gehörten, zumeist Gefäße aus Keramik, Glas oder Metall sowie Nahrungsmittel.

Wo sich in der Gemarkung Sontheim die Ansiedlung befand, deren Bewohner auf dem Gräberfeld bestattet wurden, ist mangels archäologischer Funde nicht bekannt. Doch dürften die Höfe nicht weit vom Friedhof entfernt gelegen haben.

Nachbildungen der Funde kann man im Rathaus besichtigen. Bedeutenster Fund war ein Goldblatt-Kreuz mit der ersten Christus-Darstellung im süddeutschen Raum.

17.5

❺ Das Stellwerk von Sontheim an der Brenz

Das südlich des Sontheimer Bahnhofes liegende Stellwerkgebäude wurde in den Jahren 1910/11 im Zusammenhang mit dem Bau der Verbindungsbahnlinie Sontheim-Gundelfingen errichtet. Das auf einem rechteckigen Grundriss aufgeführte Gebäude besitzt ein in Backstein gehaltenes Erdgeschoss mit Fenstergewänden aus Kunststein, deren Formgebung noch vom Jugendstil beeinflusst ist. Das Obergeschoss ist in Fachwerk mit Ziegelausmauerung errichtet und teilweise mit Brettern verkleidet. Die großen, zur Strecke ausgerichteten Fenster verleihen dem durch ein Walmdach abgeschlossenen Oberteil einen loggienartigen Charakter.

Hinsichtlich der technischen Ausstattung handelt es sich um ein Stellwerk der Reichsbahn aus der Zeit um 1930. Das Gebäude verlor erst 2006 mit der Modernisierung der Bahnstrecke seine Funktion.

Wir überqueren den Bahnübergang und gehen weiter nach links in die *Bahnhofstraße*. Vor dem Bahnhof gehen wir rechts hinunter und treffen auf den *Alleenweg*, dem wir nach links folgen, um dann gleich rechts in den *Schießmauerweg* abzubiegen. Die Straße geht in einen geschotterten Weg über, der auf einen asphaltierten Weg trifft, den wir nach rechts weitergehen. Von hier aus sehen wir schon das Schloss Brenz. Auf dem Weg nehmen wir die nächste Möglichkeit links und überqueren die Brenz auf einer Holzbrücke. Auf der anderen Flussseite kommen wir nach einer Wendung nach links und dann nach rechts in die *Schlossstraße*, die wir hinaufgehen, um nach wenigen Metern nach rechts abzubiegen und durch das Torhaus zum Schloss Brenz zu gelangen.

⑥ Brenz an der Brenz – einstiger Sitz der Güssen

Schloss Brenz

Der dem Schloss östlich vorgelagerte Torbau ist ein zweigeschossiges, verputztes Gebäude mit Durchfahrt und Satteldach, welches inschriftlich auf 1696 datiert ist.

Auf dem Schlossberg von Brenz wird bereits für die Merowingerzeit ein fränkischer Herrensitz, möglicherweise sogar ein Königshof vermutet. Später dürfte hier der Sitz der Herren von Brenz bestanden haben. Urkundlich fassbar ist dieser Ortsadel im Ministerialdienst der Diepoldinger und später der Staufer seit dem 10./11. Jahrhundert. Ihm folgt ab 1235 das Geschlecht der Güssen. Deren Burg wird 1340 auf Befehl Ludwigs des Bayern zerstört, später jedoch wieder aufgebaut. Im späten Mittelalter wird die Burg bei Verkaufsverhandlungen noch mehrfach genannt. Im Schmalkaldischen Krieg diente sie zeitweilig als Kaiserresidenz. 1609 verkauft Hans Konrad Güss Brenz samt der Burg an Württemberg. Die Burg wird 1634 während des Dreißigjährigen Kriegs erneut zerstört.

Schließlich entstand im Jahr 1672 unter Herzog Friedrich Ferdinand von Württemberg-Weiltingen das heutige Schloss, das zum Teil noch auf den Fundamenten der ehemaligen Burg ruht. Es wurde im 19. Jahrhundert als Fruchtkasten genutzt und in der Zeit danach dem Verfall preisgegeben, bevor es ab 1848 schließlich als Schul- und Rathaus diente. Die exponiert über der Brenz gelegene, unregelmäßige

und massiv wirkende Dreiflügelanlage gruppiert sich um einen Innenhof, der nach Osten hin von einer hohen Mauer abgeschlossen wird, durch welche das Einfahrtstor führt. Diese Wand ist auf der Innenseite mit einer zweigeschossigen, geschnitzten Holzgalerie versehen.

Östlich davor, zum Kirchhof gewandt, ist ein Graben mit Wall und Eckbastionen vorgelagert. Der über die Treppentürme erschlossene Schlosskomplex zeichnet sich durch zahlreich erhaltene Details wie alte Türblätter, Beschläge, Bodenbeläge oder Schnitzereien und im Inneren durch die überlieferte originale Raumgestaltung aus.

Die Räumlichkeiten dienen heute kulturellen Zwecken. Seit 1906 ist das Brenzer Heimatmuseum hier untergebracht und es werden regelmäßig Konzerte veranstaltet. Weitere Infos im Flyer und S. 295.

Wir gehen durch das Torhaus zurück zur *Schlossstraße*, wenden uns aber gleich nach rechts und steigen zur evangelischen Galluskirche hinauf.

Galluskirche

Ihre heutige Gestalt geht in erster Linie auf das 12. und 13. Jahrhundert zurück. Damit haben wir hier eines der ganz wenigen Beispiele des Kreises Heidenheim vor uns, das die Kirchenarchitektur der Romanik noch weitgehend unverfälscht überliefert.

Es handelt sich um eine dreischiffige Säulenbasilika, die im Osten einen Chor mit halbrunder Apsis sowie jeweils eine Nebenapsis als Abschluss der Seitenschiffe besitzt. Vor dem Südportal befindet sich eine ehemals kreuzgratgewölbte Vorhalle. Der Eingang wird von drei Säulen auf jeder Seite flankiert, das gesamte Portal von einem Fries mit Blattornamentik eingerahmt. Im Tympanon sind der segnende Christus in Begleitung von Maria und Johannes dem Täufer dargestellt. Die meisten Veränderungen erfolgten am so genannten Westwerk, das erst zwischen 1631 und 1634 neu aufgeführt wurde und sich heute als mächtiger quadratischer Turm mit achteckigem Turmaufsatz sowie flankierenden Treppentürmen samt barocken Hauben zeigt. An Ausstattung sind unter anderem ein romanischer Taufstein sowie Grabmäler der Güssen-Familie (Ortsherren bis 1609) erhalten.

Der Kern des heutigen Baukörpers geht auf die 1180/90 errichtete und 1235 neu gestaltete Kirche zurück. Das damalige Westwerk wies vermutlich ein bis zwei Obergeschosse weniger auf. Besonders bemerkenswert ist die Bauplastik, die zu einem Gutteil aus dieser Zeit stammt. Neben dem Säulenportal sind hier vor allem die außen unter den Traufgesimsen angebrachten Rundbogenfriese zu nennen, deren Bildprogramm äußerst abwechslungsreich ist und die überwiegend im Original erhalten sind. Während in den darauf folgenden Jahrhunderten außer dem Neubau des Westwerks keine nennenswerten Umbauten erfolgten, unterzog man die Kirche in den Jahren 1893-96 einer Renovierung, die – dem Zeitgeist entsprechend – der Rückgewinnung des ursprünglichen romanischen Bauzustands dienen sollte. Neben den damals erfolgten wichtigen Instandsetzungsarbeiten wurden auch Maßnahmen ergriffen, bei welcher zum Beispiel Teile der reichen romanischen Bauplastik (Bogenfriese) durch historisierende Nachschöpfungen ersetzt wurden – ein Vorgehen, das heute sicherlich nicht mehr angewendet würde.

1893 erhielt auch das bis dahin als Friedhof dienende Kirchenareal seine heutige Gestalt in Form einer Mauer mit vier Zugängen. Herausragende Bedeutung erlangte die Kirche durch die anlässlich der Renovierung in den Jahren 1964-66 durchgeführten Ausgrabungen, die zu erstaunlichen Ergebnissen über die frühe **16.7** Geschichte der Kirche und des Ortes Brenz führte.

Die frühen Kirchen von Brenz – Ergebnisse archäologischer Ausgrabungen

16.7

Römische Mauerzüge und Keller belegen eine Besiedlung des Schlossberges in den Jahrhunderten nach Christi Geburt. Die Existenz eines Apollo-Grannus-Heiligtums vor Ort, das bisweilen aus einem im Mauerwerk der Kirche verbauten Weihestein geschlossen wurde, lässt sich nicht zweifelsfrei nachweisen. Sensationell waren die Befunde zum frühmittelalterlichen Kirchenbau. So konnte der Grundriss einer ersten, um 600 erbauten Holzkirche nachgewiesen werden. Mächtige Pfosten belegen fast lückenlos einen dreischiffigen Kirchengrundriss mit abgeteiltem Chor und westlicher Eingangshalle. Etwa 20 Gräber wurden in und um die Kirche angelegt, so auch die relativ zentral im Inneren aufgefundene und um 600 zu datierende Bestattung eines etwa 40jährigen Mannes, der als Kirchengründer angesprochen werden kann.
Etwas versetzt erfolgte etwa 100 Jahre später der Bau einer Steinkirche, die einem einfachen Rechtecksaal entsprach, in dem der Chor durch eine Zwischenmauer abgetrennt war. Im späten 8. Jahrhundert erfolgte der Anbau eines Rechteckchores im Osten. Mit dieser Kirche haben wir wohl die „capella ad Prenza" vor uns, die zum ersten Mal 875 in den Schriftquellen genannt wird und 895 an das Kloster St. Gallen kommt. Ihr wurde am Ende des 9. Jahrhunderts ein Westchor vorgebaut. Von etwa 1180 bis 1235 erfolgte schließlich der Neubau der romanischen Basilika.

Wissenswert

Wenn wir durch das Nordportal aus der Kirche heraustreten, sehen wir direkt vor uns den Pfarrhof (*Schlossstraße 2-4*).

Pfarrhof

Das zweigeschossige, verputzte Pfarrhaus mit Satteldach stammt aus dem 18. Jahrhundert. Im Inneren haben sich noch einige originale Bestandteile der Bauzeit erhalten, so zum Beispiel tonnengewölbte Keller, Stuckdecken bzw. Stuckleisten im Erdgeschoss sowie der Dachstuhl. Die benachbarte, teilweise verputzte Pfarrscheune mit Doppeltenne und Satteldach geht auf das 18./19. Jahrhundert zurück.

Die *Schlossstraße* nach rechts weitergehend kommen wir zum *Marktplatz*. Hier reihen sich einige interessante Baudenkmäler aneinander.

Schlösschen

Im Norden macht das so genannte „Schlösschen" (*Hermaringer Straße 1*) den Anfang. Es wurde vermutlich an der Stelle eines Vorgängerbaus um 1580 errichtet. 1617 kam das Gebäude an die Württemberg-Weiltinger, die hier 1622/23 eine Münzprägestätte einrichteten und den so genannten Hirschgulden prägten.

Nach einer Zerstörung erfolgte 1672 der Neuaufbau und die Einrichtung als herzogliche Wohnung. Bereits 1777 als „gar altes Gebäud" bezeichnet, kommt es 1823 in Privatbesitz und wird als Wirtschaft genutzt. Der stattliche, zweigeschossige Putzbau besitzt ein mächtiges Satteldach und architektonisch gerahmte Eingangs- und Kellerhalstüren. Von ehemals vier Ecktürmen sind die beiden östlichen, von Zeltdächern abgeschlossenen noch vorhanden.

Auf der Ostseite des *Marktplatzes* liegt das ehemalige Amtshaus (Haus-Nr. 8). Das dreigeschossige, verputzte Gebäude ist mit seinem Giebel zur Straße hin ausgerichtet und wurde am Ende des 17. Jahrhunderts anstelle eines Vorgängerbaus errichtet. Besonders auffällig ist die dem Erdgeschoss der Giebelseite vorgeblendete und in Stuck ausgeführte Gliederung aus Pilastern, also hervorspringenden Halbpfeilern mit Basis und Kapitell, Sprenggiebelmotiven und kleinen Obeliskaufsätzen. Das Gebäude diente zunächst als Wohnung des fürstlichen Beamten, später des Stabsamtmanns solange Brenz herzoglicher Kammerschreibereiort war.

Rechts benachbart (Haus-Nr. 6) befindet sich das Gasthaus „Zur Krone". Der zweigeschossige Massivbau mit mächtigem, im Westen abgewalmtem Satteldach und Aufzugsgaube nach Norden beherbergt die wohl schon vor dem Dreißigjährigen Krieg mit Tavernengerechtigkeit ausgestattete Wirtschaft „Zur Krone". Seine heutige Gestalt verdankt er einem Neubau nach einem Brand um 1735.

Die Schauseite zum Marktplatz hin ist durch Ecklisenen und einen Putzquader-Sockel gegliedert. Der schmiedeeiserne Ausleger mit plastisch gearbeitetem Blechschild „Zur Krone" stammt aus dem 19. Jahrhundert. Im Innern sind neben drei geräumigen Gewölbekellern vor allem die gewölbte Küche im Erdgeschoss mit intaktem, gemauertem und kachelverkleidetem Herd (Holzfeuerung) der Zeit um 1900 zu erwähnen sowie der im Obergeschoss gelegene Saal im Ausbauzustand um 1900. Insgesamt ist der im Hause noch vorhandene umfangreiche Bestand an Ausstattungsstücken und Gerät des 18./19. Jahrhunderts bemerkenswert.

Wir wenden uns nun nach rechts und gehen die *Sontheimer Straße* unterhalb der Galluskirche hinunter. Auf dieser Straße bleibend überqueren wir die Brenz und den Mühlenkanal. Die Brenz fließt dort durch das Gelände der heute noch in Betrieb befindlichen Fetzermühle.

Ein Stück weiter die Straße entlang sehen wir auf der linken Seite mit der Haus-Nr. 51 das ehemalige Molkereigebäude.

Molkereigebäude

Es wurde 1893 auf der Gemarkungsgrenze von Sontheim und Brenz als Backsteingebäude der gemeinsamen und im selben Jahr gegründeten Molkereigenossenschaft erbaut. Das Erdgeschoss enthielt Produktionsräume, eine Wohnung lag im Obergeschoss. Das traufständige Hauptgebäude ist ein lang gestreckter, eineinhalbgeschossiger Bau mit Satteldach und zweigeschossigem, mittig angeordnetem Zwerchbau von gleicher Firsthöhe, der auf Sockelniveau von Laderampen flankiert wird. Rückwärtig schließen sich ein Kesselhaus mit Kamin sowie weitere, teilweise später hinzugefügte Produktions- bzw. Remisen- und ehemalige Baderäume an.

Sontheim – Brenz

Das Gebäude weist durchweg stichbogige Öffnungen auf und besitzt eine reich gegliederte Fassade. Sie ist geprägt von verschiedenfarbigem Backsteinmaterial. Der Schmuck des Straßengiebels besteht aus reich verziertem Holzwerk mit Laubsägeornamentik. Insgesamt ist die „Molkereigenossenschaft Sontheim-Brenz" ein ausdrucksvolles Beispiel des ländlichen Genossenschaftsbaues vom Ende des vorigen Jahrhunderts. Die Molkerei wurde 1989 stillgelegt.

Wir gehen die *Sontheimer Straße* weiter, die hinter dem Sontheimer Ortseingang *Brenzer Straße* heißt, und gelangen schließlich wieder zu dem auf der rechten Seite gelegenen Sontheimer Rathaus, dem Ausgangspunkt unserer Wanderung.

„Adelsnekropole"
an der Römerstraße

„Adelsnekropole" an der Römerstraße

Kurzinfo

Start:	Marktplatz, *Im Städtle*, Niederstotzingen
Anfahrt:	Über die *A 7* kommend die Ausfahrt Niederstotzingen nehmen und auf der *L 1168* über Bissingen und Stetten nach Oberstotzingen und links auf der *L 1170* nach Niederstotzingen. Am *Marktplatz* beim Gasthaus Krone und dem Rathaus befinden sich mehrere öffentliche Parkplätze
ÖPNV:	Bahnverbindungen aus Ulm oder Aalen
Strecke:	ca. 9,5 km
Dauer:	Reine Gehzeit ca. 3,5 Stunden
Charakter:	Rundwanderung ohne nennenswerte Anstiege mit Ortsbesichtigungen

Wir begeben uns von unserem Parkplatz auf die Seite des Rathauses, von wo aus wir die Baudenkmäler, die sich rund um den Markplatz erhalten haben, am besten ersehen können. **17.1** Hier befinden wir uns auf der Straße *Im Städtle*.

Stadtrechte aus dem Jahr 1366

17.1

Wissenswert

Wilhelm von Riedheim erhielt 1366 das Recht, aus seinem Dorf eine Stadt zu machen und diese zu befestigen. Das Stadtrecht dürfte nur auf den Marktplatz und auf einen Umkreis von 200 Schritten, also das Areal des „Städtle" beschränkt gewesen sein. Deshalb mussten auch außerhalb der Stadt Bauernhöfe und Sölden an der *Großen und Kleinen Gasse* angelegt werden. So entstand zur Stadt eine Vorstadt. Mit dem Stadtrecht, das Niederstotzingen heute noch das Recht gibt, sich als Stadt zu bezeichnen, war unter anderem verbunden, über schädliche Leute richten zu dürfen, wie beispielsweise die Bürger zu Giengen. Eine Befestigung in Form einer Stadtmauer wurde wohl erst später angelegt. Belegt ist eine Mauer erst 1550. Kaiser Sigismund verlieh 1430 das Marktrecht.

Für die heutige Markung belegen archäologische Funde Siedlungstätigkeiten mindestens seit der mittleren Bronzezeit. Ausschlaggebend war hierfür wohl der fruchtbare Lössboden und das Vorhandensein von Quellen. Reste mehrerer römischer Gutshöfe Wissenswert! nördlich und südlich von Niederstotzingen unterstreichen auch die strategisch wichtige Lage an der Kreuzung der römischen Donautalstraße Wissenswert! mit der Verbindung vom Donauübergang bei Günzburg zum Kastell Heidenheim. Auch nach Abzug der Römer wurden die Römerstraßen weiter benutzt. Zu ihrem Schutz waren germanische Reiter stationiert, was der Fund alamannischer Reihengräber aus dem 7. Jahrhundert vermuten lässt. Wissenwert!

16.4

16.3

17.4

① Niederstotzingen

Direkt an der östlichen Seite des Markplatzes, verbunden mit dem Rathaus befindet sich das ehemalige evangelische Pfarrhaus (Haus-Nr. 30)

Pfarrhaus

Es handelt sich um einen zweigeschossigen Fachwerkbau mit massivem Erdgeschoss und Satteldach, der 1727 als evangelisches Pfarrhaus durch Zimmermeister Johann Georg Härtlen erbaut wurde. Der Vorgängerbau war dem Stadtbrand von 1725 zum Opfer gefallen. Die erneuerten Erdgeschossräume dienten ehemals wohl Ökonomiezwecken. Hervorzuheben ist, dass das historische Erscheinungsbild des qualitätvollen Fachwerkbaus bis heute bewahrt werden konnte.

Schräg gegenüber mit der Haus-Nr. 9 befindet sich das Gasthaus „Zur Krone".

Gasthaus „Zur Krone"

Das im Zentrum des „Städtle" gelegene und Ortsbild prägende Gebäude stellt sich als machtiger, mit dem Giebel zur Straße hin orientierter, zweigeschossiger Gasthausbau dar, der 1847 errichtet wurde. Über den beiden massiven Vollgeschossen, die durch ein profiliertes Gesims geschieden sind, erhebt sich ein in Fachwerk gehaltener Giebel. Im Obergeschoss sind an den Ecken Lisenen, also nur schwach hervortretende, der Wand vorgelagerte Pfeiler angeordnet. Das Profil der Traufgesimse ist an den Giebelseiten als Wiederkehr herumgeführt. In der Mitte der Straßenseite führt eine zweiläufige Außentreppe zum Eingang, über dem ein gusseisernes Wirtshausschild „Zur Krone" aus dem 19. Jahrhundert befestigt ist. Das Gasthaus hat sein ursprüngliches Erscheinungsbild ohne gravierende Veränderungen bewahrt und stellt ein eindrucksvolles Beispiel für den regionalen Gasthausbau um die Mitte des 19. Jahrhunderts dar.

Wir gehen nun nach links und stehen bereits nach etwa wenigen Metern vor den Überresten der mittelalterlichen ⑰ Stadtmauer, die nach links wegführt.

Direkt gegenüber können wir durch die Einfahrt zur *Schlosspassage* mit diversen Läden hindurchgehen. Von hier aus sehen wir auf das Schloss Niederstotzingen.

Schloss Niederstotzingen

Auch die Geschichte dieses Schlosses beginnt zunächst mit einer Burg des 1286 erwähnten Ortsadels. Sie stand vermutlich auf dieser kleinen Anhöhe. Trotz ihrer Zerstörung 1340 durch Augsburg und 1378 durch Ulm wurde sie stets wieder aufgebaut, bis Bernhard II. vom Stain (1527-36) sie schließlich durch ein östlich benachbartes Schloss, das so genannte „Steinschloss", ersetzen ließ. Nach einer Erbteilung von 1550 diente das „Steinschloss" als Sitz der katholisch gebliebenen „steinschlossischen" Linie der Herren vom Stain. Ab 1661 war in dem Gebäude die Klostervogtei des Klosters Kaisheim untergebracht. Nach der Säkularisation wurde es zum Abbruch freigegeben und ab 1811 systematisch beseitigt. Trotzdem wurden die Reste in der Oberamtsbeschreibung aus dem Jahre 1836 noch als „alte, sehr hohe und grosse Steinmasse" bezeichnet.

Nach besagter Erbteilung im Jahr 1550 erfolgte außerdem die Wiederherstellung der nun „Burgschloss" genannten alten Burganlage, die fortan zum Sitz der danach benannten Linie des Hauses vom Stain wurde. Sie ist der Kern der heute noch bestehenden, dreiflügeligen Schlossanlage, die durch Graf Carl Leopold vom Stain unter Verwendung von Fundamenten und Baumaterial der Vorgängerbauten 1777-83 errichtet worden ist.

Der Schlosskomplex grenzt mit seiner Hauptzufahrt an den Bereich des ehemaligen Marktplatzes. Der Bau folgt in seiner Anlage dem Typus des französischen Stadthotels. Das Corps de Logis besitzt einen dreiachsigen Mittelrisalit mit Dreiecksgiebeln an der zum Hof orientierten Eingangsfront und enthält unter anderem Einfahrtshalle, Treppenhäuser und einen großen Saal. Das durchweg gewölbte Sockelgeschoss zeigt außen eine Putzquaderung, die Obergeschosse sind durch eine große dorische Ordnung gekennzeichnet. Die Erstausstattung ist nur noch in Resten vorhanden, der wesentliche Bestand geht auf eine Erneuerung unter Carl Leopold Graf Maldeghem in den Jahren nach 1821 zurück. Eine den Hof abschließende Galerie zwischen den Enden der Seitenflügel ist mittlerweile abgegangen.
Unter der Maldeghemschen Herrschaft erfolgte die Vereinigung der lange Zeit getrennten Schlossareale von Burgschloss und Steinschloss

und die Neugestaltung des Zugangsbereichs, mit der auch die Erweiterung und Anlage des Parks auf die heutige Ausdehnung einherging. Die Gestaltung als Englischer Garten geht wohl auf Pläne des Architekten P. J. Werkmann aus Langenau zurück, der auch die Planung der Baumaßnahmen am Schloss und den Nebengebäuden in jener Zeit besorgte. Neben dem Wegenetz und dem alten Baumbestand hat sich auch eine Orangerie, die ursprünglich zur Überwinterung von Zitrusbäumchen diente, am nordwestlichen Rande des Parks erhalten. Die streckenweise erneuerten Umfassungsmauern des Schlossparks stammen wohl überwiegend aus dem 19. Jahrhundert und nehmen teilweise die Stelle eines im Jahr 1822 errichteten Holzzaunes ein.

Das Schloss befindet sich heute in Privatbesitz und kann leider nicht besichtigt werden.

Wir gehen zurück zur Straße, folgen dieser nach rechts und treffen unmittelbar im Anschluss an das Schlossareal auf die katholische Pfarrkirche St. Peter und Paul.

Pfarrkirche St. Peter und Paul

Die katholische Pfarrkirche wurde in den Jahren 1845-48 erbaut und erhielt anlässlich einer Renovierung in den Jahren 1967-69 ihren heutigen Kirchturm. Sehenswert sind die neun im Treppenhaus der Kirche angebrachten Epitaphien des 16. bis 19. Jahrhunderts. Sie stammen aus der 1837 abgebrochenen Gruftkapelle der Familie vom Stain und wurden nach dem Neubau der Kirche in die Langhauswände eingesetzt.

Die Straße *Im Städtle* geht hier nun über in die *Oberstotzinger Straße*. Auf dieser gehen wir geradeaus weiter über den *„Place de Bages"*, welcher anlässlich der Städtepartnerschaft Niederstotzingens mit dem in Südfrankreich liegenden Bages errichtet wurde, und erreichen den Ortsteil Oberstotzingen. Wir folgen der Straße bis zum Kreuzungsbereich. Auf der linken Seite steht hinter dem Gasthaus „Zum Hirsch" die Pfarrkirche St. Martin und direkt daneben mit der Haus-Nr. 4 das stattliche ehemalige Pfarrgebäude.

❷ Oberstotzingen

Pfarrhaus und Pfarrkirche St. Martin

Das zweigeschossige, verputzte Gebäude mit Walmdach umfasst im Inneren Wohn- und Ökonomiebereiche und hat noch Teile der qualitätvollen barocken Innenausstattung bewahrt. Wenn wir hinter dem Pfarrhaus nach rechts abbiegen, gelangen wir direkt zum Hauptportal der Pfarrkirche St. Martin. Wann der erste Kirchenbau in Oberstotzingen erbaut wurde, ist nicht bekannt. Aufgrund des Martinspatroziniums ist aber mindestens eine Entstehung im Hochmittelalter anzunehmen. Zum ersten Mal urkundlich erwähnt wird eine Kirche erst 1456.

Der heutige Bau ist eine 1767-70 durch Johann Martin Kramer errichtete barocke Kirche, die auf einem rechteckigen Grundriss ein flach gewölbtes Schiff mit kurzen Querarmen aufweist sowie einen ebenfalls gewölbten Langchor. Von der barocken, 1955-57 sowie 1988 renovierten Innenausstattung sind wesentliche Teile erhalten, so zum Beispiel die geschwungenen Emporen mit muschelförmigem Stuck. Die Darstellungen in den Bildfeldern werden dem Weißenhorner Maler Franz Martin Kuen zugeschrieben, ebenso die Aufsätze der vier Seitenaltäre und das Deckenbild im Chor, dem hinteren Kirchenabschluss. Aus der Entstehungszeit der Kirche stammen außerdem die Kanzel sowie das Gestühl. Der zwischen Schiff und Chor östlich anschließende Turm dürfte in seiner quadratischen Unterpartie noch mittelalterlich sein, während der dreigeschossige, achteckige Aufsatz mit Zeltdach bei einer Erneuerung 1682 hinzukam.

Wir gehen unseren Weg wieder zurück zur großen Kreuzung, überqueren diese und folgen der *Stettener Straße*, die einen leichten Hang hinunterführt. So kommen wir direkt auf die ehemalige Schlossschenke „Zur Traube" zu. Links liegt das Schloss Oberstotzingen.

Schloss Oberstotzingen mit ehemaliger Schlossschenke „Zur Traube"

Das Gasthaus wurde 1864 anstelle eines Vorgängerbaues errichtet und stellt sich als stattliches zweigeschossiges Gebäude mit Satteldach dar, das im Inneren einige Ausstattungsdetails aus der Bauzeit aufweist. Links vom Schlosshotel gelangen wir durch einen Torbogen zum Schloss von Oberstotzingen. Das in Privatbesitz befindliche und daher nicht öffentlich zugängliche Schlossareal wurde im 13. Jahrhundert bereits von einer Burganlage eingenommen, die möglicherweise im Besitz der Herren von Niederstotzingen war. Vom Ende des 14. bis in die Mitte des 15. Jahrhunderts war sie allerdings der Sitz der Schenken von Geyern. Die Burganlage wurde im 16. Jahrhundert mehrfach verändert und unter anderem der vorspringende Nordwesttrakt angebaut. Durch die Verlängerung des Südteils nach Südosten sowie durch den 1747/51 erfolgten Umbau des Mitteltraktes erhielt das Schloss seine heutige Gestalt.

Das Hauptgebäude ist ein barocker, zweieinhalbgeschossiger Bau mit von Mansarden gesäumten Dächern und Rundturm im Westen, der einige mittelalterliche und frühneuzeitliche Bestandteile enthält. Von der Landesstraße führt eine architektonisch gestaltete Zufahrt mit Brücke und Torhäuschen aus dem 18. Jahrhundert zu dem etwas erhöht gelegenen, über eine Rampe zu erreichenden Hauptbau. Südlich davon öffnet sich der im Westen, Süden und Osten von Ökonomiegebäuden des 16. bis 18. Jahrhunderts umschlossene Wirtschaftshof, dessen westlicher Flügel direkt an das Hauptgebäude angebaut ist. Dieser Kernbereich war von einer Mauer mit Graben umgeben, von welcher sich vor allem im Süden, Westen und Norden wesentliche Partien erhalten haben. Im Westen der Schlossbauten liegt ein von drei Seiten mit einer Mauer umgebener Schlosspark. Die Nordwestecke der Parkmauer wird von den Resten eines nach innen offenen Rundturmes gebildet.

Vor dem Eingang zum Schloss überqueren wir nun die *Stettener Straße* und gehen direkt gegenüber am Gebäude mit der Haus-Nr. 34 einen schmalen Fußweg hindurch zur Straße *Hinter den Gärten*. Diese verläuft am Ortsrand von Oberstotzingen. Wir gehen nach links und folgen der Straße vorbei an einer kleinen Kapelle einen kurzen steilen Berg hinauf. Oben angekommen biegen wir dem Straßenverlauf folgend links ab und gehen nun wieder Richtung Hauptverkehrsstraße bis zum Wasserturm Oberstotzingen.
Vor der Einmündung in die *L 1168* nach Stetten zweigt im spitzen Winkel nach rechts ein asphaltierter Ortsverbindungsweg ebenfalls nach Stetten ab. Diesem folgen wir am Wasserturm vorbei immer geradeaus. Wenn wir auf diesem Wegstück immer wieder mal zurück schauen, bietet sich uns gerade an schönen Tagen ein phantastischer Blick über Niederstotzingen hinweg bis ins Donaumoos, Wissenswert! von Gundelfingen bis nach Günzburg und Riedhausen. Dieser Blick lässt sich auch von der Ruhebank beim „Bildstöckle" aus genießen, welches nach etwa 700 Meter rechts an einem Abzweig am Rande einer Baumgruppe steht.

Wir folgen dem weiteren Verlauf des Weges für etwa 250 Meter und biegen dann an einer Feldwegkreuzung links in einen Feldweg ab, der in den Wald mündet. Auf diesem Weg bleibend durchqueren wir den Wald. Am westlichen Waldrand angekommen liegt auf der linken Seite der zur Schlossbrauerei gehörige ehemalige Eis- und Sommerkeller, der heute einen Bestandteil des Ritterguts der Württemberger Ritter bildet.

Württemberger Ritter e.V.

Die Anfänge liegen wohl schon etwa 35 Jahre zurück, als der heutige Lonetalschmied Albrecht Hummel sich ein Schwert schmiedete und den Fechtkampf studierte. Im September 1992 wurde im Rittersaal von Schloss Oberstotzingen der Verein der Württemberger Ritter gegründet. Die ersten Ritterspiele hatten auch auf dem Schlossareal stattgefunden. 1996 erwarb der Verein den Schlosskeller in Stetten, baute diesen zum Rittergut um und veranstaltet dort jährlich im Juni Ritterturniere.

Mittlerweile besteht der Verein aus etwa 180 Mitgliedern und ist auf der Suche nach einem größeren Areal, um ein „Ritterland" aufzubauen und die Zeit der Ritter erlebbar zu machen.

Dem aus dem Wald herauskommenden von Kastanienbäumen gesäumtem Weg folgen wir geradeaus weiter (nicht rechts!) und kommen über einen schmalen, steil bergab führenden Ortsweg, an dessen Ende wir uns nach rechts wenden, direkt in den Ortskern von Stetten. Wir stoßen dabei geradewegs auf das Gasthaus „Adler". Der Straße links weiterfolgend passieren wir zunächst die Kirche, dann das Schloss und schließlich die ehemalige Schloßbrauerei.

3 Stetten ob Lontal

Gasthaus „Zum Adler"

Das Gasthaus „Zum Adler" in der *Kirchstraße 15* ist in einem stattlichen zweigeschossigen Massivbau mit mächtigem Walmdach untergebracht. Er wurde um 1700 in unmittelbarer Nachbarschaft von Schloss und Kirche errichtet und bildet mit diesen Gebäuden ein die Ortsmitte bestimmendes Ensemble. Grundlegende Umgestaltungen wurden seitdem nicht vorgenommen.

Das Gebäude steht in der Tradition barocker Amtshäuser. Es wirkt in seiner Detailausbildung schlicht, durch seine breite Lagerung aber dennoch eindrucksvoll. Neben einer regelmäßigen Achsenteilung weist es ein profiliertes Traufgesims auf. Die Mitte des Obergeschosses ziert eine Holz gefasste Immaculatafigur (Mariendarstellung) in einer rundbogigen profilierten Nische, die nicht mehr dem Original aus der ersten Hälfte des 18. Jahrhunderts entspricht.

Pfarrkirche Mariä Himmelfahrt

Die ausnahmsweise nach Norden weisende barocke Kirche in der *Kirchstraße 13* wurde in den Jahren 1732/33 anstelle der zuvor abgebrochenen Schlosskapelle St. Martin errichtet. Seit 1812 besitzt sie Pfarrrechte. Es handelt sich um einen gewölbten Kreuzbau mit längsovalem Schiff und kurzen Kreuzarmen. In den niedrigen Bauten in den Kreuzzwickeln befinden sich Treppenaufgänge, im Norden die angebaute Kopie der alten Einsiedler Gnadenkapelle. Im Winkel zwischen Kapelle und nordöstlichem Zwickelbau steht der in den unteren Partien wohl noch vom Vorgängerbau übernommene Turm mit geschweifter Haube. Abgesehen von einigen Zutaten des späten 19. Jahrhundert ist die originale Ausstattung der Kirche zum größten Teil erhalten.

Schloss Stetten

Das Schloss befindet sich in der *Kirchstraße 11*. Es liegt erhöht über dem Ort auf einem Hügelausläufer am Platz einer alten Burgstelle. Es wurde im Jahr 1646 unter Einbeziehung der älteren Teile erbaut, wobei sich alte Substruktions- und Einfriedungsmauern vor allem nach Nordwesten – zum Teil als Außenrand der Schlossbrauerei-Gebäude –, Norden und Osten erhalten haben, entlang der Nordseite durch drei Türme bewehrt. Der östliche von ihnen ist allerdings nur noch als Stumpf vorhanden. In den Jahren 1712 und 1747/48 erfolgten Umbauten.

Es handelt sich um eine dreigeschossige Zweiflügelanlage mit rechteckigem Treppenturm im inneren Winkel. Am größeren östlichen Flügel und den Eckerkern im obersten Geschoss der Südpartie sowie an der Nordwestecke befinden sich geschweifte Giebel. Das Schloss beherbergt heute als Privatbesitz Restaurierungswerkstätten.

Brauerei

Die Brauerei befindet sich in der *Kirchstraße 5*. Nach Abbruch der Schlossökonomie (Meierei) wurde die Brauerei – vermutlich nach Plänen des Langenauer Baumeisters J. P. Werkmann – im Jahre 1831 südwestlich des Schlosses errichtet. Die Mälzerei-Erweiterung stammt aus der Zeit um 1900. Bis in die jüngere Vergangenheit hinein diente der Bau seiner ursprünglichen Bestimmung.

Den Kernbau bildet ein lang gestreckter zweigeschossiger Massivbau mit Satteldach und zur Straßenseite hin hoch aufragendem Giebel mit Ladeluken. Die mächtigen Kellerräume werden aus zwei parallelen Längstonnen mit Quertonnen an den Enden gebildet. Im Erdgeschoss befand sich ein zweischiffiges, gewölbtes Lokal mit auf einer Reihe dorischer Säulen ruhenden Kuppeln, darüber Frucht-, Malz- und Lagerböden. Das nördliche Gebäudedrittel mit ebenfalls gewölbtem Keller- und Erdgeschoss diente als Mälzerei.

Firstparallel schließt sich nach Norden ein massiver Bau mit abgewalmtem Satteldach an: die ehemalige Küferei. Möglicherweise handelt es sich hierbei um bauliche Reste der alten Schlossökonomie. Auch wenn es im Laufe der Zeit produktionsbedingte Veränderungen gegeben hat, stellt das Gebäude ein anschauliches Zeugnis aus der Frühzeit industriellen Brauens aus der ersten Hälfte des 19. Jahrhunderts dar.

Wir kehren auf der *Kirchstraße* bis zur Haus-Nr. 25 zurück, rechts davon gehen wir den Asphaltweg links hinunter, um zu einem links des Weges aufgestellten Sühnekreuz zu gelangen.

Sühnekreuz

Das aus Stein gehauene Kreuz ist von gedrungener Form. Es besitzt nach außen verbreiterte Arme (Tatzenkreuz). Es handelt sich um ein mittelalterliches **17.3** Sühnekreuz.

Wir gehen zurück zur *Kirchstraße*, wenden uns nach links und gehen dem Ortsende zu. Auf der rechten Seite passieren wir den Stettener Weiher mit dem 1993 neu errichteten „Weiherkreuz".

Kurz nach dem Ortsende treffen wir bei den Masten einer Überlandleitung auf eine Kreuzung und wählen den linken Teerweg, auf dem wir leicht bergauf dem Waldrand entgegengehen. Nach einem kurzen Stück Weg am Waldrand entlang biegen wir schräg rechts in einen geschotterten Weg ab, der mit dem Muschelzeichen als Jakobusweg gekennzeichnet ist. Diesen Weg gehen wir immer geradeaus weiter. Er führt leicht den Hang hinunter und stößt dort auf einen weiteren Schotterweg. An diesem Kreuzungsbereich biegen wir rechts in einen grasbewachsenen Waldweg ein. Die Muschel des Jakobusweges weist uns den Weg.

Sühnekreuze

Sühnekreuze sind Denkmäler mittelalterlichen Rechts (13.-16. Jahrhundert). Es handelt sich dabei um den Erfüllungsteil von Sühneverträgen, die zwischen zwei verfeindeten Parteien geschlossen wurden, um eine Blutfehde wegen eines begangenen Mordes oder Totschlags zu beenden. Wenn man nach einem erfolgten Verbrechen, beispielsweise einem Mord, den Täter gefasst hatte, erfolgte die Bestrafung des Täters in zwei Teilen. Der erste umfasste die kirchliche Buße in Form von Seelenmessen und zumeist auch einer Wallfahrt nach Einsiedeln, Aachen oder Santiago de Compostela, damit die Seelenruhe des Getöteten wieder hergestellt wurde.

Der zweite Teil betraf die weltliche Buße, also die finanzielle Entschädigung der Hinterbliebenen. Als Wiedergutmachung erfolgte darüber hinaus die eigenhändige Herstellung eines Sühnekreuzes aus einem schweren Natursteinbrocken, das dann, häufig über dem Grab des Verstorbenen oder an dem Ort des Geschehens, aufgestellt wurde. Wurden diese beiden Auflagen nicht befolgt, so glaubte man, dass die Seele des Getöteten keine Ruhe finden könnte und deshalb als Irrlicht oder Gespenst umherirren müsse.

Häufig besitzen Sühnekreuze Darstellungen, wie beispielsweise die Mordwaffen oder berufsbezeichnende Geräte des Erschlagenen, beispielsweise Rebmesser oder Pflug. Sehr selten tragen sie Jahreszahlen, Texte finden sich nicht. Im Laufe der Jahre rankten sich viele Legenden um einzelne Sühnekreuze. Häufig erzählte man sich, dass beispielsweise der Teufel bei diesen Steinen mitternachts sein Unwesen treibe. Darüber hinaus schrieb man ihnen magische Bedeutung zu und schabte etwas vom Kreuz ab, um den Steinstaub dann unter Speisen zu rühren.

Auch wenn die Aufstellung der Steine bis zum Ende des 16. Jahrhunderts fortgeführt wurde, erfolgte 1533 die offizielle Abschaffung durch die Einführung der Halsgerichtsordnung durch Kaiser Karl V. Damit wurden private Abmachungen und somit die Aufstellung von Süh- nekreuzen nicht mehr geduldet. Stattdessen erfolgte die ab nun geltende Verurteilung durch das ordentliche Gericht.

Nach etwa 50 Meter sehen wir auf der rechten Seite auf einer abgeholzten Fläche den Pumpschwengel eines alten Brunnens stehen. Aus diesem Brunnen entnahm in früheren Zeiten die ehemalige Schlossbrauerei in Stetten ihr Brauwasser. Der Brunnen ist heute noch funktionsfähig und fördert nach einigen kräftigen Pumpbewegungen frisches Wasser aus der Tiefe.

Zurück auf dem Weg gehen wir rechts auf dem beinahe unscheinbaren Grasweg geradeaus ungefähr 300 Meter weiter durch den Wald hindurch, bis wir wieder auf einen geschotterten Hauptweg stoßen.

An der Einmündung auf diesen Weg liegt auf der linken Seite „Bettelmanns Grab". Der Überlieferung nach wurde hier in früherer Zeit ein unbekannter, erschöpfter Wanderer in einer kalten Winternacht eingeschneit und erfror, nachdem er nicht mehr aus dem Wald herausfand. Ein Jäger fand den Erfrorenen und begrub in hier an dieser Stelle. Ein Gedicht von Graf Georg von Maldeghem am Grabkreuz soll immer an dieses Schicksal erinnern.

Wir gehen nun auf dem leicht ansteigenden, geschotterten Hauptweg rechts weiter und sehen nach etwa 500 Meter auf der Höhe angekommen und kurz vor dem Kreuzungsbereich mit altem Grenzstein auf der linken Seite, etwa 70 Meter im Wald, die gut erhaltenen Überreste (Erdwälle) einer Viereckschanze.

❹ Keltische Viereckschanze „Buschel-" oder „Büschelgraben"

Abgesehen von der Nordwestecke ist die annähernd quadratische Anlage mit einem Flächeninhalt von 1,1 Hektar hervorragend erhalten. Der südliche, durch das Tor unterbrochene Wall misst noch 3,5 Meter, die Grabentiefe 1,2 Meter. Der östliche Wall ist hier recht stark und vermutlich absichtlich abgetragen und der Graben auffällig flach.
Die im Sparenwald gelegene Anlage wurde im 16. Jahrhundert als Burgstall interpretiert. Anfang des 19. Jahrhunderts wurde versucht, die Anlage vor dem Hintergrund eines konkreten historischen Ereignisses zu deuten, und zwar mit der Belagerung Niederstotzingens durch Kaiser Karl V. Schließlich vermutete man einen Zusammenhang mit der in der Nähe verlaufenden Straße. So deutete man die Anlage nicht nur als Schwedenschanze, sondern auch als römische Straßenstation, bis sie schließlich als „gallisch", also keltisch angesprochen wurde. Wissenswert!

Weiter auf dem Hauptweg erreichen wir den Waldrand. Wir gehen links an diesem entlang bis er auf eine von Niederstotzingen kommende Straße stößt. Dieser folgen wir nun zunächst noch ein Stück am Waldrand entlang rechts in Richtung Niederstotzingen. Auf der rechten Seite sehen wir heute noch eine als Damm im Gelände erkennbare Römerstraße .

5 Römische Straße

Der **17.4** römische Straßendamm ist im Gelände heute noch sichtbar. Die Straße verlief einst von Günzburg nach Heidenheim. Etwa 900 Meter südlich der Straße liegt im Gewann „Kleinfeld" ein römischer Gutshof. Wissenswert!

16.4

Römerstraßen

Römischer Straßenbau war zuallererst durch militärische Interessen bedingt. Ihre Anlage erfolgte zunächst zügig, um Truppenbewegungen und ihre Versorgung zu gewährleisten. Im Laufe der Zeit wurden sie verbreitert und das Straßennetz flächendeckend erweitert. Die neue Infrastruktur war nicht nur den Militäreinheiten dienlich, sondern auch Kurieren für rasche Befehlsübermittlung und Warentransporten. Während die Finanzierung der Fernstraßen (*viae publicae*) vom Staat getragen wurde, gab es von Anwohnern und Gemeinden finanzierte Ortsverbindungen (*viae vicinales*) und Privatwege (*viae privatae*). Die westlich an der Viereckschanze „Buschel"- oder „Büschelgraben" vorbeiführende Straße war als *via publica* von überregionaler Bedeutung. Sie verlief in Nord-Süd-Richtung von Aalen nach Günzburg/Guntia durch die heutigen Orte Königsbronn, Heidenheim, Herbrechtingen, Hürben und Niederstotzingen.

17.4

Wissenswert

Wir gehen die Asphaltstraße weiter, vorbei an einer Kleingartenanlage, und erreichen schließlich wieder Niederstotzingen.

Auf der Anhöhe, auf der wir uns nun befinden, wurde in östlicher Richtung 1962 bei Bauarbeiten ein berühmtes **17.5** merowingerzeitliches Gräberfeld ausgegraben.

**Die merowingerzeitliche „Adelsnekropole"
von Niederstotzingen**

Wissenswert

17.5

Die Auffindung der kleinen Nekropole von Niederstotzingen im Jahr 1962 war alles andere als glücklich, wurde doch eines der wichtigsten Gräber durch einen Bagger angeschnitten und teilweise zerstört. Die sofort erfolgte Benachrichtigung des Denkmalamtes ermöglichte aber die Bergung des restlichen Grabes sowie elf weiterer Gräber.

Der Charakter der Nekropole ist in vielerlei Hinsicht einzigartig. So erfolgte die Belegung nur innerhalb einer kurzen Zeitspanne zwischen 600 und 630/40. Es wurden überwiegend männliche Tote beigesetzt, die zudem alle mit Waffen ausgestattet waren. Bemerkenswert sind zwei Gräber mit jeweils drei bestatteten männlichen Individuen. Handelt es sich hierbei um gleichzeitig vielleicht im Kampf gefallene Krieger, oder sind zwei treue Gefolgsleute ihrem verstorbenen Anführer freiwillig mit ins Grab gefolgt? Die beiden Gräber mit insgesamt drei bestatteten Pferden zeigen, dass die soziale Elite auch nach dem Tod nicht auf ein standesgemäßes Fortbewegungsmittel verzichten wollte.

In vielen Gräbern lassen die Beigaben auf enge Kontakte mit der mediterranen Welt, vor allem mit Italien schließen. Dazu zählen Waffen und Bronzegefäße, aber auch die Schnallen und Beschläge von Gürtelgarnituren verschiedenster Form. Die nicht nur durch die Pferdegräber, sondern auch durch die Beigabe von Trensen, Steigbügeln und Beschlägen des Pferdegeschirrs als beritten und daher mobil ausgewiesene Niederstotzinger Bestattungsgemeinschaft wird durch Aufenthalte in Italien – vielleicht im Zuge kriegerischer Aktivitäten – und durch Handel in den Besitz der mediterranen Stücke gekommen sein. Insgesamt ist die kleine Nekropole aufgrund der herausragenden Eigenschaften als Bestattungsplatz einer adelsähnlichen Familie anzusprechen.

Die Straße, die uns nach Niederstotzingen führt, nennt sich nun *Burgberger Straße* und geht bergab.

Fast am unteren Ende des Berges angekommen biegen wir rechts in die *Helmut-Hartmann-Straße* ab. Diese Seitenstraße geht sofort für etwa 20 Meter steil bergauf und verläuft dann geradeaus direkt auf die Schlossmauer zu, welche den Schlosspark des Niederstotzinger Schlosses eingrenzt. Die *Helmut-Hartmann-Straße* knickt an der Schlossmauer nun im rechten Winkel nach rechts ab. Wir verlassen die Straße aber ebenfalls im rechten Winkel nach links und gehen ein paar Stufen hinunter auf den gut ausgebauten Fußweg entlang der Schlossmauer. Dieser Fußweg führt uns nach etwa 200 Meter geradewegs an den Ausgangspunkt unserer Wanderung am Gasthaus Krone vorbei auf den Marktplatz in Niederstotzingen zurück.

Infoteil

Abri	überhängender Felsvorsprung mit Höhlencharakter
Altanenbau, Altane	auch Söller. Offene Plattform in oberen Stockwerken. Im Gegensatz zum Balkon, der gänzlich hervorragt, werden diese von Gebäudeteilen getragen oder von Pfeilern gestützt
Apsisbogen, Apsis	halbrunde oder vieleckige Altarnische
Arkadenkapitelle, Arkaden, Kapitelle	von Pfeilern oder Säulen getragener Bogen oberster Abschluss einer Säule
Artefakte	Gegenstand, der im Gegensatz zur Naturalie seine Form durch menschliche Einwirkung erhielt
dendrochronologisch	Jahrringdatierung von Hölzern
Dolomit	Sedimentgestein aus Calcium- und Magnesiumkarbonat
dorische Ordnung/Säulen	architektonische Ordnung aus dem antiken Griechenland, streng, klar strukturiert
Ecklisenen, Lisenen	schwach hervortretende, der Wand vorgelagerte Pfeiler, auch Mauerblenden genannt
Epitaphien	Grabinschriften
Flintartefakte	aus Feuerstein (Flint), von Menschen hergestellte Objekte
Gewann	Flurform, in Folge der Dreifelderwirtschaft entstanden, schmale, streifenförmige Ackerflächen
Hakenhof	landwirtschaftliches Gehöft mit in Winkeln angeordneten Gebäudeteilen

Glossar

Immaculatafigur	Mariendarstellung
Kielbogenfries, Kielbogen	auch Eselsrücken. In Architektur Spitzbogen mit kleinem Gegenbogen an der Spitze
Fries	waagrechter Streifen mit Ornamenten oder Figuren
Klinge	Tobel, kleine Schlucht
Laien	kirchlich: jemand, der nicht Geistlicher ist Sonst: jemand ohne Fachkenntnis
Mäanderfries	ein dem Mäander (Flussschlingen) nachempfundenes Ornament
Mandorla	mandelförmige Aura rund um die ganze Figur
Marstall	Gebäude für Pferde, Kutschen und weiteres Reitzubehör
Mikrolithen	kleine Steinartefakte
Mittelrisalit	Risalit: ein auf ganzer Höhe hervorspringender Gebäudeteil
Nekropole	größere Begräbnis - und Weihestätte des Altertums und der vor- und frühgeschichtlichen Zeit
Oculi	runde Öffnungen
Palas	Hauptwohngebäude einer mittelalterlichen Burg
Patrozinium	Kathl. Kirche: Schutzherrschaft eines Patrons oder Patronin, welcher man eine Einrichtung unterstellt, meist Heilige.
Pièta	Darstellung Marias mit dem Leichnam Christis
Pfisterei	alte, vor allem im südlichen deutschen Sprachraum vorkommende Bezeichnung für Bäckerei
Prälaten	Würdeträger der christlichen Kirche. Kath. Kirche: Inhaber ordentlicher Leitungsfunktionen z.B. Bischof, Abt
Prälatur	Wohnsitz des Prälaten
Probst	Titel innerhalb der Organisation der christlichen Kirche
Probstei	Hauptkirche einer Stadt und Region, Wohnsitz des Probstes
Procurator	Vermögensverwalter In der Neuzeit: Rechtsanwalt, Staatsanwalt
Profanarchitektur	Bauwerk für weltliche Zwecke, Gegensatz: Sakralbau
Sanktuarien, Sanktuarium	Heiligtum. Raum, der nicht von Laien betreten werden durfte

Glossar

Selden, Sölden	Kleinbauern
Simultankirche	von mehreren christlichen Konfessionen gemeinsam genutzter Sakralbau
Sondage	archäologisches Verfahren zur Abklärung von Schichtfolgen, Probegrabung
Stadtsyndicus	im Mittelalter zuständig für die Rechtsgeschäfte der Stadt
Stratigrafie	Schichtenkunde - Teilgebiet der Geowisssenschaft
Streckgehöft	landwirtschaftliches Gehöft mit in Reihe angeordneten Wohn- und Wirtschaftsgebäuden
Tympanon	reliefartig geschmücktes Giebelfeld oder das Feld über dem Türsturz, Schmuckfläche über Portalen
Umgangstempel	geschlossener Holztempel, umgeben von einem nach Außen geöffneten und überdachten Gang. Typische Form spätkeltischer und römischer Heiligtümer
Volutengiebel, Volute	Giebelform mit seitlich angebrachten Voluten. Mit Spiral- und Schneckenformen verziertes Bauelement. Deutscher Ausdruck: Schnörkel
Werde	Insel im Fluss

Denkmalpflege

V. Eidloth,
Historische Kulturlandschaft und Denkmalpflege. Denkmalpflege 55,1, 1997, 24-30.

V. Eidloth u. M. Goer,
Historische Kulturlandschaftselemente als Schutzgut. Denkmalpflege Baden-Württemberg 25, 1996, 148-157.

K. Fehn,
Aufgaben der Denkmalpflege in der Kulturlandschaftspflege. Überlegungen zur Standort-bestimmung. Denkmalpflege 55,1, 1997, 31-37.

W. Fuchs, J. Haspel, R. Sachse u. Ch. Wolf,
Bericht von der Jahrestagung der Landschaftspfleger in der Bundesrepublik Deutschland vom 10.-13. Juni 1996 in Schleswig-Holstein. Denkmalpflege 54,2, 1996, 92-118.

Vereinigung der Landesdenkmalpfleger in der Bundesrepublik Deutschland,
Denkmalpflege und historische Kulturlandschaft (http://www.home.t-online.de/home/Tom.Gunzelmann/Vereinigung%20der%20Landesdenkmalpfleger%20der%20BRD.htm)

J. N. Viebrock,
Denkmalschutzgesetze. Schriften des Deutschen Nationalkomitee für Denkmalschutz 54 (Bonn 2005).

Geologie

O. F. Geyer u. M. P. Gwinner,
Geologie von Baden-Württemberg (4. Aufl. Stuttgart 1991).

R. Groschopf u. E. Villinger (Bearb.), Geologische Schulkarte von Baden-Württemberg 1:1.000.000 (12. Aufl. Freiburg 1998).

W. Reiff u. W. Schloz, Geologie. In: Der Landkreis Heidenheim I. Kreisbeschreibungen des Landes Baden-Württemberg (Stuttgart 1999) 13-50.

Heimatverein Herbrechtingen, Lonetal - Lohnendes Tal, 1996, 2. Auflage 2002

W. Rosendahl, B. Junker, A. Megerle u. J. Vogt (Hrsg.),
Wanderungen in die Erdgeschichte (18) Schwäbische Alb, München 2006

Literaturhinweise

Touren

Archäologisches Landesmuseum Baden-Württemberg (Hrsg.),
Die Alamannen. Begleitband zur Ausstellung „Die Alamannen" in Stuttgart 1997 (Stuttgart 1997).

D. Beck, Das Mittelpaläolithikum des Hohlenstein – Stadel und Bärenhöhle – im Lonetal. Universitätsforschungen zur Prähistorischen Archäologie 56 (Bonn 1999).

K. Bittel, W. Kimmig u. S. Schiek (Hrsg.),
Die Kelten in Baden-Württemberg (Stuttgart 1981).

H. Bühler,
Zur Geschichte der Burg Herwartstein. Jahrbuch 1987/88 des Heimat- und Altertumsvereins Heidenheim an der Brenz e.V., 74–81.

B. Cichy, Die Kirche von Brenz (Heidenheim 1966).

S. Clarke, Lindenau, Römischer Gutshof. In:
Ulm und der Alb-Donau-Kreis. Führer zu archäologischen Denkmälern in Deutschland 33 (Stuttgart 1997) 91 f.

N. J. Conard, Altsteinzeitliche Ausgrabungen in den Höhlen der Schwäbischen Alb und die Anfänge von Kunst und Musik. In: Archäologie-Preis Baden-Württemberg 2002. Archäologische Informationen aus Baden-Württemberg 48 (Stuttgart 2002) 30-48.

N. J. Conard, St. Kölbl u. W. Schürle (Hrsg.),
Vom Neandertaler zum modernen Menschen. Begleitband Ausstellung Blaubeuren 2005. Alb und Donau, Kunst und Kultur 46 (Sigmaringen 2005).

Der Landkreis Heidenheim.
Kreisbeschreibungen des Landes Baden-Württemberg (Stuttgart 1999)

S. Haas-Campen, Hohlenstein-Fundstellen. In:
Ulm und der Alb-Donau-Kreis. Führer zu archäologischen Denkmälern in Deutschland 33 (Stuttgart 1997) 84-91.

S. Haas-Campen, Vogelherd-Höhle. In:
Ulm und der Alb-Donau-Kreis. Führer zu archäologischen Denkmälern in Deutschland 33 (Stuttgart 1997) 165-168.

S. Haas-Campen, Rammingen, Bockstein-Fundstellen. In:
Ulm und der Alb-Donau-Kreis. Führer zu archäologischen Denkmälern in Deutschland 33 (Stuttgart 1997) 169-174.

J. Hahn, Die steinzeitliche Besiedlung des Eselsburger Tales bei Heidenheim (Schwäbische Alb). Forschungen und Berichte zur Vor- und Frühgeschichte in Baden-Württemberg 17 (Stuttgart 1984).

J. Hahn, H. Müller-Beck u. W. Taute, Eiszeithöhlen im Lonetal. Führer zu vor- und frühgeschichtlichen Denkmälern in Württemberg und Hohenzollern 3 (2. Aufl. Stuttgart 1985).

H. Huber,
Das Eselsburger Tal, Schriftenreihe des Deutschen Naturkundevereins e.V.,
Nr. 32, 2005

H. Krins u. a., Brücke, Mühle und Fabrik. Technische Kulturdenkmale in Baden-Württemberg. Industriearchäologie in Baden-Württemberg 2 (Stuttgart 1991).

E. M. Neuffer, Untersuchungen im römischen Gutshof von Sontheim an der Brenz, Kreis Heidenheim. Fundberichte aus Baden-Württemberg 3, 1977, 334-354.

Literaturhinweise

Ch. Neuffer-Müller, Ein Reihengräberfeld in Sontheim an der Brenz. Veröffentlichungen des Staatlichen Amtes für Denkmalpflege Stuttgart A 11 (Stuttgart 1966).

H. U. Nuber, Sontheim a. d. Brenz, Römische Station und Kultbezirk. In: Ph. Filtzinger, D. Planck u. B. Cämmerer (Hrsg.), Die Römer in Baden-Württemberg (3. Aufl. Stuttgart, Aalen 1986) 560-563.

H. U. Nuber, Gradmesser römischer Zivilisation: Die ländlichen Einzelsiedlungen (villae) in Baden-Württemberg. In: Archäologie-Preis Baden-Württemberg 2000. Archäologische Informationen aus Baden-Württemberg 45 (Stuttgart 2000) 26-39.

H. U. Nuber u. G. Seitz, Straßenstation Sontheim/Brenz „Braike", Kreis Heidenheim. Archäologische Ausgrabungen in Baden-Württemberg 1994, 156-164.

P. Paulsen, Alamannische Adelsgräber von Niederstotzingen. Veröffentlichungen des Staatlichen Amtes für Denkmalpflege Stuttgart A 12 (Stuttgart 1967).

D. Planck, Nachruf auf Kurt Bittel. Fundberichte aus Baden-Württemberg 16, 1991, 653-655.

G. Riek, Drei jungpaläolithische Stationen am Bruckersberg in Giengen an der Brenz. Veröffentlichungen des Staatlichen Amtes für Denkmalpflege Stuttgart A 2 (Stuttgart 1957).

G. Schmitt, Burgenführer Schwäbische Alb. Band 6: Ostalb (Biberach 1995).

F. Seeberger, Steinzeit selbst erleben. Waffen, Schmuck und Instrumente – nachgebaut und ausprobiert. Stuttgart 2002

R. Sölch, Die Topographie des römischen Heidenheim. Forschungen und Berichte zur Vor- und Frühgeschichte in Baden-Württemberg 76 (Stuttgart 2001).

G. Stockinger, Geschichte der Stadt Niederstotzingen, 1966

Ulmer Museum (Hrsg.), Der Löwenmensch. Geschichte – Magie – Mythos. Ulm 2005

H. Weimert, Aus der Geschichte Heidenheims. Veröffentlichungen des Stadtarchivs Heidenheim an der Brenz 14 (Heidenheim 2005). Historisches Heidenheim, Veröffentlichungen des Stadtarchivs Heidenheim an der Brenz 11 (Heidenheim 2. Auflage 2006)

E. Wagner, Die Heidenschmiede in Heidenheim, ein Rastplatz der mittleren Altsteinzeit. Kulturdenkmale in Baden-Württemberg, Kleine Führer Blatt 10 (Stuttgart 1975).

G. Wesselkamp, Die bronze- und hallstattzeitlichen Grabhügel von Oberlauchringen, Kr. Waldshut. Materialhefte zur Vor- und Frühgeschichte in Baden-Württemberg 17 (Stuttgart 1993).

Informationen

In den Touren haben wir auf Museen und sonstige Infostellen hingewiesen. Näheres, wie Adressen, Öffnungszeiten und anderes finden Sie hier.

Tour 3: Georg-Elser-Gedenkstätte
Herwartstraße 2 • 89551 Königsbronn
Tel.: 07328 9625-0 • Fax: 07328 9625-27
E-Mail: elser-gedenkstaette@koenigsbronn.de • Web: www.koenigsbronn.de
Öffnungszeiten: Sonn- und feiertags, 11-17 Uhr

Torbogen- und Landesfischereimuseum
Paul-Reusch-Straße 3-4 • 89551 Königsbronn
Tel.: 07328 9625-0 • Fax: 07328 9625-27
E-Mail: rathaus@koenigsbronn.de • Web: www.koenigsbronn.de
Öffnungszeiten: April - Oktober, sonn- und feiertags, 11-17 Uhr

Museum Wasseralfingen (Geschichte von Berg-u.Hüttenwerk)
Stefansplatz 5 • 73433 Aalen-Wasseralfingen
Tel: 07361 979143 • Fax: 07361 523921
E-Mail: Museum@aalen.de • Web: www.museum-aalen.de

Tour 4: Benediktinerabtei Neresheim – Führungen
Bruder Wolfgang Aumer • 73450 Neresheim
Tel.: 07326 8501 • Fax: 07326 85133
E-Mail: verwaltung@abtei-neresheim.de • Web: www.abtei-neresheim.de

Tour 5: Korallen- und Heimatmuseum Nattheim
Neresheimer Straße 9 • 89564 Nattheim
Tel.: 07321 9784-0 • Fax: 07321 9784-32
E-Mail: info@nattheim.de • Web: www.nattheim.de
Öffnungszeiten: Sonntags 14-17 Uhr und nach Vereinbarung

Museum Schloss Hellenstein
siehe Tour 10

Tour 6: Korallen- und Heimatmuseum Nattheim
siehe Tour 5

Benediktinerabtei Neresheim
siehe Tour 4

Tour 7: Ländliche Bildgalerie
Schloss Ballmertshofen • 89561 Dischingen-Ballmertshofen
Tel.: 07327 6387 • Fax: 07327 921147
E-Mail: klausmoosmaier@heidenheim.com • Web: www.dischingen.de
Öffnungszeiten: Mai - Oktober an jedem ersten Sonntag im Monat, 11-12 Uhr

Landeswasserversorgung
Ausstellungsort Wasserwerke Langenau
Am Spitzigen Berg 1 • 89129 Langenau
Montag - Freitag 9-17 Uhr • Sonntag 10-15 Uhr • Eintritt frei
Führungen im Wasserwerk Langenau und Dischingen:
Jeweils nach Voranmeldung unter Tel.: 0711 2175212
in Gruppen zwischen 10 und 50 Personen.

Härtsfeldbahn „Schättere"
Dischinger Straße 11 • 73450 Neresheim
Tel.: 07326 5755 oder 0172 9117193 • Fax: 07326 5755
Web: www.hmb-ev.de
Fahrzeiten: jeden 1. Sonntag in den Monaten Mai bis Oktober
sowie an bestimmten Feiertagen und Veranstaltungen.

Dischingen-Heimatmuseum
Hauptstr. 5 • 89561 Dischingen
Tel.: 07327 6387 oder 07327 921147
E-Mail: klausmoosmaier@heidenheim.com • Web: www.dischingen.de
Öffnungszeiten: Mai - Oktober an jedem 1. Sonntag im Monat,
10-12 und 14-16 Uhr

Tour 8: Burg Katzenstein
Oberer Weiler 1-3 • 89561 Dischingen-Katzenstein
Tel.: 07326 919656 • Fax: 07326 963524
E-Mail: info@burgkatzenstein.de • Web: www.burgkatzenstein.de
Öffnungszeiten: Täglich (außer Montag), 10-18 Uhr.
Im Februar geschlossen

Härtsfeldbahn „Schättere"
siehe Tour 7

Tour 9: Museum - Heimatstube
auf dem Klosterhof/Donauschwaben
Klosterhof 2 • 89555 Steinheim
Tel.: 07329 9606-56 • Fax: 07329 9606-70
E-Mail: c.abele@steinheim.com • Web: www.steinheim.com
Öffnungszeiten: Sonntags, Mai bis 3. Oktober, 14-16.30 Uhr

Meteorkrater-Museum
Hochfeldweg 5 • 89555 Steinheim-Sontheim
Tel.: 07329 9606-56 oder 07329 921451 • Fax: 07329 9606-70
E-Mail: info@steinheim.com • Web: www.steinheim.com/meteor/
Öffnungszeiten: März - Oktober, Sa./So. 9-12 Uhr und 14-17 Uhr,
Di.-Fr. nach Voranmeldung

Tour 10: Museum im Römerbad
Theodor-Heuss-Str. 3 • 89518 Heidenheim
Tel.: 07321 327-4720 • Fax: 07321 327-4711
Web: www.heidenheim.de
Öffnungszeiten: unter www.heidenheim.de

Museum Schloss Hellenstein
Schloss Hellenstein • 89522 Heidenheim
Tel.: 07321 43381 • Web: www.heidenheim.de
Öffnungszeiten: 15. März - 15. November, DI.-Sa. 10-12 Uhr und
14-17 Uhr, sonn- und feiertags, 10-17 Uhr

Museum für Kutschen Chaisen Karren
Fruchtkasten Schloss Hellenstein • 89522 Heidenheim
Tel.: 07321 327-4717
Web: www.heidenheim.de oder www.landesmuseum-stuttgart.de
Öffnungszeiten: 15. März - 15. November, Di.-Sa. 10-12 Uhr und
14-17 Uhr, sonn- und feiertags, 10-17 Uhr

Tour 11: Riff- und Eisenbahnmuseum Gerstetten
Am Bahnhof 1 • 89547 Gerstetten
Tel.: 07323 84-0 • Fax: 07323 8482
E-Mail: Riffmuseum@Gerstetten.de • Web: www.gerstetten.de
Öffnungszeiten: März - Oktober, sonn- und feiertags, 10-17 Uhr

Wasserturm Gerstetten
Falkensteinstraße 2 • 89547 Gerstetten
Tel.: 07323 6524 oder 07323 5781
Web: www.gerstetten.de
Öffnungszeiten: Sonn- und feiertags, 14-16 Uhr,
(bei schönem Wetter)

Informationen

Tour 12 Heimatmuseum in Herbrechtingen
Eselsburger Straße 28 • 89542 Herbrechtingen
Tel.: 07324 41522
E-Mail: kraemer_gerhard@web.de • Web: www.herbrechtingen.de
Öffnungszeiten: Ostern - letzter Oktobersonntag, sonn - und feiertags,
14-16 Uhr (Sommerferien geschlossen)

Tour 13 Die Welt von Steiff – Museum
Margarete-Steiff-Platz 1 • 89537 Giengen/Brenz
Tel.: 07322 131-500 • Fax: 07322 131-700
E-Mail: die-welt-von-steiff@steiff.de • Web: www.steiff.de
Öffnungszeiten: April - Oktober 9.30-19 Uhr, November - März 10-18 Uhr

Stadtmuseum Giengen
ehemaliges Rathaus im Ortsteil Hürben
Dettinger Straße 3 • 89537 Giengen-Hürben
Tel.: 07322 4803 oder 07324 6513
E-Mail: stadtarchiv@giengen.com • Web: www.giengen.de
Öffnungszeiten: März - Oktober, sonn- und feiertags, 10-12 Uhr
und 13-16 Uhr

Tour 14 GeoPark-Infostelle – Infostation Höhle des Löwenmenschen
89192 Rammingen / Lindenau
Tel.: 07345 9125-0 • Fax: 07345 9125-12
E-Mail: info@rammingen-bw.de • Web: www.lonetal.net

Ulmer Museum
Marktplatz 9 • 89073 Ulm
Tel.: 0731 161-4330 • Fax: 0731 161 1626
E-Mail: info.ulmer-museum@ulm.de • Web: www.museum.ulm.de
Öffnungszeiten: Di.-So. 11-17 Uhr, Do. (Sonderausstellungen) 11-20 Uhr

Urgeschichtliches Museum Blaubeuren
Karlstr. 21 • 89143 Blaubeuren
Tel.: 07344 9286-0 • Fax: 07344 9286-15
E-Mail: urmu-blb@web.de • Web: www.urmu.de
Öffnungszeiten: bitte anfragen

Tour 15 Alte Mühle/Burgberg
Breite Furt 4 • 89537 Giengen-Burgberg
Tel.: 07322 9195-13 oder 07322 7820 • Fax: 07322 9195-15
E-Mail: Info@muehlenverein-burgberg.de
Web: www.muehlenverein-burgberg.de oder www.muehlengoischter.de
Öffnungszeiten: 1. Mai - 3. Oktober, sonn- und feiertags, 13.30-18 Uhr

Charlottenhöhle/HöhlenHaus – GeoPark-Infostelle
Tel.: 07324 987146 •   Fax: 07324 986043
E-Mail: HoehlenErlebnisWelt@giengen.de
Kontakt: i-Punkt: Tel.: 07322 952-2920 • Fax: 07322 952-1111
E-Mail: tourist-info@giengen.de • Web: www.giengen.de
Charlottenhöhle: April - Oktober 9-11.30 Uhr, 13.30-16.30 Uhr,
sonn- und feiertags 9-16.30 Uhr
HöhlenHaus: mit Bewirtung, April - September 9-19 Uhr, Oktober 9-18 Uhr,
November - Ende März täglich 14-18 Uhr, So. 10-18 Uhr

GeoPark-Infostellen Schwäbische Alb
Riffmuseum Gerstetten *siehe Tour 11*
Meteorkrater-Museum Steinheim-Sontheim *siehe Tour 9*
Burg Katzenstein *siehe Tour 8*
Urgeschichtliches Museum Blaubeuren *siehe Tour 14*
Infostation Höhle des Löwenmenschen *siehe Tour 14*
Weitere: www.geopark-alb.de

Tour 16   Heimat- und Bauernkriegsmuseum Blaue Ente
          Stadtberg 1 • 89340 Leipheim
          Tel.: 08221 7070 • Fax: 08221 70790
          Web: www.leipheim.de
          Öffnungszeiten: Sa. und So. 14-17 Uhr

          Limesmuseum Aalen
          St.Johann-Str. 5 • 73430 Aalen
          Tel.: 07361 961819 • Fax: 07361 961839
          E-Mail: limesmuseum.aalen@t-online.de
          Web: www.limesmuseum.de oder www.museen-aalen.de
          Öffnungszeiten: Di.-So. sowie feiertags 10-17 Uhr.
                    Geschlossen: 24.12.; 25.12.; 31.12.; 01.01.

          Museum im Römerbad
          siehe Tour 10

          Heimatmuseum Schloss Brenz
          89567 Sontheim
          Tel.: 07325 17-28 • Fax: 07325 17-47
          E-Mail: ordnungsamt@sontheim-an-der-brenz.de
          Web: www.sontheim-brenz.de
          Öffnungszeiten: 1. Mai bis letzter So. im Oktober, 10-12 Uhr, 14-16 Uhr

          mooseum – Forum Schwäbisches Donautal
          (Dauerausstellung über die Region Schwäbisches Donautal)
          Schloßstr. 7 • 89431 Bächingen
          Tel.: 07325 952583 oder 07325 951110
          E-Mail:sekretariat@mooseum.net • Web: www.mooseum.net
          Öffnungszeiten: So. 13-17 Uhr

          Landeswasserversorgung Ausstellungsort Langenau *siehe Tour 7*

Weitere Museen mit Infos zum Buchinhalt:

Urweltmuseum Aalen • Web: www.urweltmuseum-aalen.de
Alamannenmuseum Ellwangen • Web: www.alamannenmuseum-ellwangen.de
Federseemuseum Bad Buchau • Web: www.federseemuseum.de

Tourist-Informationsstellen

Gemeinde Dischingen
Marktplatz 9 • 89561 Dischingen
Tel.: 07327 81-0 • Fax: 07327 81-40
E-Mail: rathaus@dischingen.de • Web: www.dischingen.de

Gemeinde Gerstetten
Wilhelmstraße 31 • 89547 Gerstetten
Tel.: 07323 84-0 • Fax: 07323 84-18
E-Mail: rathaus@gerstetten.de • Web: www..gerstetten.de

Große Kreisstadt Giengen, Touristinformation
Marktstraße 9 • 89537 Giengen a. d. Brenz
Tel.: 07322 952-2920 • Fax: 07322 952-1111
E-Mail: tourist-info@giengen,de • Web: www.giengen.de

Große Kreisstadt Heidenheim, Touristinformation
Hauptstraße 34, 89522 Heidenheim a. d. Brenz
Tel.: 07321 327-4910 • Fax: 07321 327-4911
E-Mail: tourist-information@heidenheim.de • Web: www.heidenheim.de

Informationen

Stadt Herbrechtingen
Lange Straße 58 • 89542 Herbrechtingen
Tel.: 07324 955-0 • Fax: 07324 955-140
E-Mail: info@herbrechtingen.de • Web: www.herbrechtingen.de

Gemeinde Hermaringen
Karlstraße 12 • 89568 Hermaringen
Tel.: 07322 9547-0 • Fax: 07322 9547-40
E-Mail: info@hermaringen.de • Web: www.hermaringen.de

Gemeinde Königsbronn
Herwartstraße 2 • 89551 Königsbronn
Tel.: 07328 9625-0 • 07328 9625-27
E-Mail: info@koenigsbronn.de • Web: www.koenigsbronn.de

Stadt Langenau
Kulturamt
89129 Langenau
Tel.: 07345 9622144 • Fax: 07345 9622155
E-Mail: touristik@langenau.de • Web: www.langenau.de

Gemeinde Nattheim
Fleinheimer Str. 2 • 89564 Nattheim
Tel.: 07321 9784-0 • 07321 9784-32
E-Mail: info@nattheim.de • Web: www.nattheim.de

Stadt Niederstotzingen
Im Städtle 26 • 89168 Niederstotzingen
Tel.: 07325 102-0 • Fax: 07325 102-36
E-Mail: info@niederstotzingen.de • Web: www.niederstotzingen.de

Gemeinde Sontheim an der Brenz
Brenzer Str. 25 • 89567 Sontheim
Tel.: 07325 17-0 • Fax: 07325 17-47
E-Mail: info@sontheim-an-der-brenz.de • Web: www.sontheim-brenz.de

Gemeinde Steinheim am Albuch
Hauptstraße 24 • 89555 Steinheim
Tel.: 07329 9606-0 • Fax: 07329 9606-70
E-Mail: info@steinheim.com • Web: www.steinheim.com

Unsere Tipps zum Einkehren in der Brenzregion finden Sie im Flyer.

OstalbLamm® ist die regionale Spezialität für Genießer. Es wird Ihnen in ausgewählten Gaststätten und Restaurants des Landkreises Heidenheim angeboten. www.ostalblamm.de

Anfahrtsbeschreibung:

Die Gemeinden des Landkreises Heidenheim laden Sie ein und freuen sich auf Ihr Kommen. Sie erreichen uns am Besten über das gut ausgebaute Straßennetz oder die Bahnlinie Aalen–Ulm.

Detailliertere Anfahrtsbeschreibungen zu den Startpunkten der Touren finden Sie im Kurzinfo-Teil zu Beginn der jeweiligen Tour und in den Flyern.

ÖPNV:

Über www.efa-bw.de erhalten Sie Auskunft über die Fahrtzeiten des öffentlichen Nahverkehrs (ÖPNV). www.landkreis-heidenheim.de/htv.html informiert über den Heidenheimer Tarifverbund.

Kontakt

Landratsamt Heidenheim
Wirtschaftsförderung und Tourismus
Felsenstraße 36 • 89518 Heidenheim
Tel.: 07321 321-594 oder 593 • Fax: 07321 321-592
E-Mail: wiftour@landkreis-heidenheim.de
Web: www.landkreis-heidenheim.de

Helfer

Viele freiwillige Helfer haben uns bei der Umsetzung dieses Projektes unterstützt. Unser besonderer Dank gilt:

Testwanderung und Korrekturen:

Helmut Bayer, Norbert Becker, Hans Burger, Dieter Eberth, Hans-Gerd Gaiser, Werner Geiger, Ulrich Hackel, Peter Heinzelmann, Hermann Huber, Hans Kreutner, Rolf Lanzinger, Klaus Moosmaier, Walter Nagel, Max Riehle, Hans-Rainer Schmid, Dr. Harald Schwenk, Franz Schwenk, Dr. Alexander Usler, Dr. Helmut Weimert, Hans Weiß, verschiedene Ortsgruppen des Schwäbischen Albvereins, Lottowandergruppe Landratsamt Heidenheim, Forstdirektor Hans Schmid mit Fachbereich Forsten

Fotografien:

Gerhard Theilacker, Titelfoto: Wanderschuhe u.a.
Autoren, Dr. S. Kleingärnter, Dr. J. Drauschke, verschiedene Museen, Tourismusgemeinschaften, Gemeinden und Städte, Härtsfeld-Museumsbahn e.V., Universität Tübingen – Institut für Ur- und Frühgeschichte: Hilde Jensen, Limesmuseum Aalen, Federseemuseum Bad Buchau, Ulmer Museum, Landratsamt Heidenheim mit Kreismedienzentrum, Landesamt für Denkmalpflege, Landeswasserversorgung, Geopark Schwäbische Alb: Ulrich Sauerborn, M. Grohe, Stadtwerke Heidenheim und Aalen
Dr. Jochen Bayer, Norbert Becker, Birgit Beyrle, Familie Beyrle, Frank Bittner, Hans Burger, Michael Feiler, Werner Geiger, Lothar Hänle, Firma Hartmann, Beate Hornischer, Dr. Guido Huth, Rolf Lanzinger, Claudia Lohrum, Margarete-Steiff-GmbH, NABU: Markus Schmid, Manfred Schäffler
Anneliese Patzer, Matthias Roller, J. Seidel, Naturfreude, Peter Seidel, Eberhard Stabenow, Margit Stumpp, Monika Suckut, Ulmer Eisenbahnfreunde, Familie Walter, Helga Winkler, Helga Wintergerst, Württemberger Ritter, Jürgen Zöller

Impressum

Herausgeber:

Landratsamt Heidenheim
Felsenstraße 36 • 89518 Heidenheim
Tel.: 07321 321-594 oder 593 • Fax: 07321 321-592
E-Mail: wiftour@landkreis-heidenheim.de

Landesamt für Denkmalpflege
Regierungspräsidium Stuttgart
Berlinerstraße 12 • 73728 Esslingen a. N.

Projektleitung:

Landratsamt Heidenheim
Wirtschaftsförderung und Tourismus
Monika Suckut
siehe Herausgeber

Text, Konzept:

Dr. Jörg Drauschke
Dr. Sunhild Kleingärtner

Gestaltung, Designkonzeption:

Dreamland GmbH & Co. KG
Agentur für visuelle Kommunikation
Schwabstraße 43 • 89555 Steinheim
Tel.: 07329 9181-0 • Fax: 07329 9181-20
E-Mail: info@dreamland.de
Web: www.dreamland.de

Herstellung:

Druckerei Wolf Printkommunikation GmbH
Wilhelmstraße 102 • 89518 Heidenheim
Tel.: 07321 9835-0 • Fax: 07321 9835-20
E-Mail: info@wolf-printkommunikation.de
Web: www.wolf-printkommunikation.de

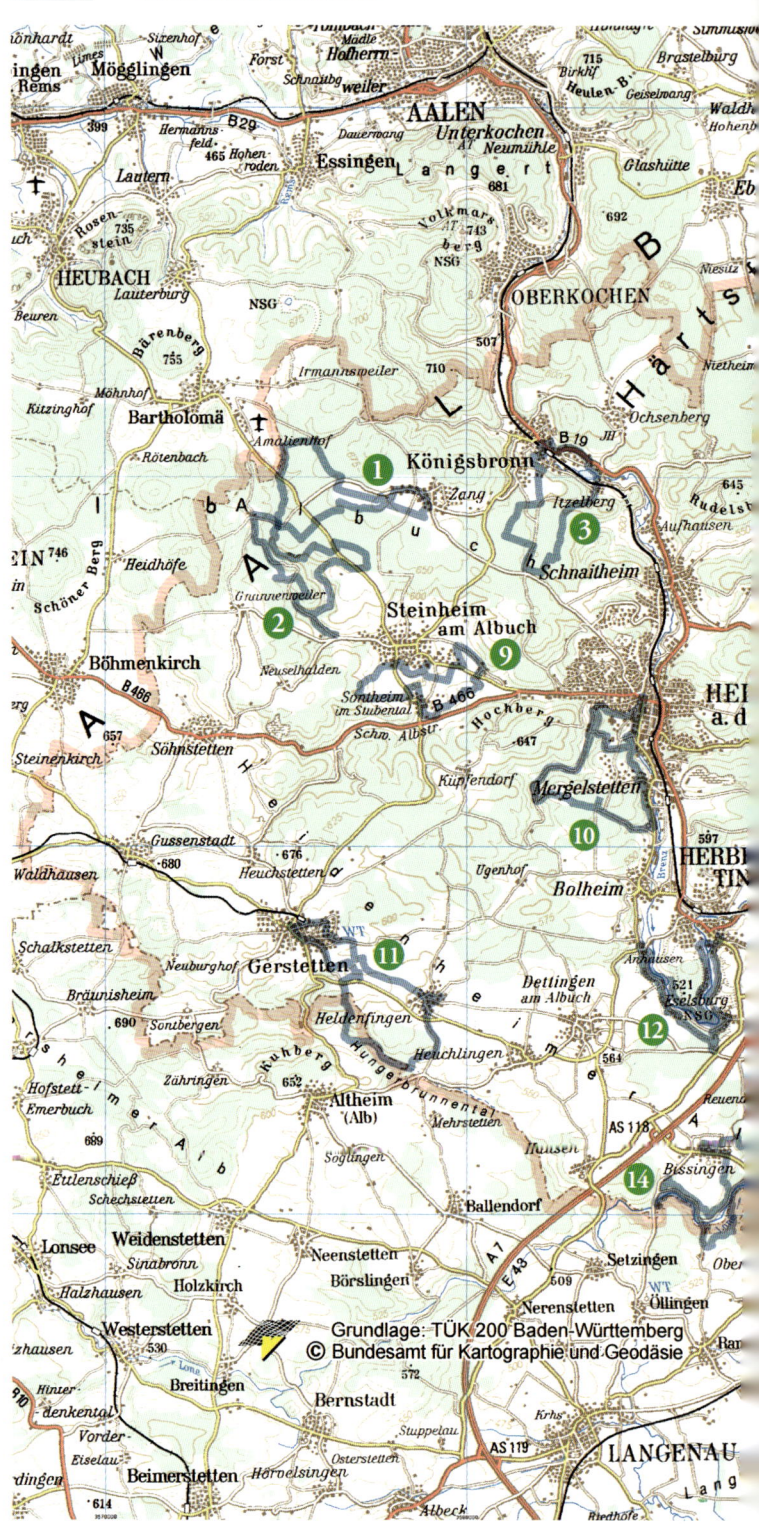

Grundlage: TÜK 200 Baden-Württemberg
© Bundesamt für Kartographie und Geodäsie